今すぐ使えるかんたんmini **PLUS**

# Excel

AYURA 著

関数

2019/2016/
2013/2010/
365対応版

超 事典

スーパー

［数学/三角］［統計］［日付/時刻］［財務］［論理］［情報］
［検索/行列］［データベース］［文字列操作］
［エンジニアリング］［キューブ/Web］［互換性関数］

JN014384

技術評論社

# 本書の使い方

関数の分類を示しています。

関数名とその機能を表示しています。互換が付いている関数には互換性関数があります。

次のような項目を配置しています。
機 能：
関数の機能の説明
解 説：
補足的な解説
使用例：
かんたんな使用例

使用しているサンプルファイル名を表示しています。サンプルファイルはサポートページからダウンロードできます。

Excel 2010/2013/2016/2019 および Microsoft 365（Office 365）での対象バージョンを示しています。■■■■ 使用可能、■■■■ 使用不可です。

日付／時刻　　期間　　　　　　　　　　2010 2013 2016 2019 365

ネットワーク・デイズ
## NETWORKDAYS
### 期間内の稼働日数を求める

書 式　NETWORKDAYS(開始日, 終了日 [, 休日])

計算例　NETWORKDAYS("2020/9/1","2020/12/1")
[2020/9/1] から [2020/12/1] までの稼働日数 [66] 日を返す（ここでは土日のみ除外）。

機 能　NETWORKDAYS関数は、2つの日付をシリアル値または日付文字列で指定し、その2つの日付の間の稼働日数を計算します。土日の休日のほかに、祝日や公休などを指定することができます。

### 使用例　月ごとの営業日数を求める

下表では、月ごとの営業日数を計算しています。土日、土日と祝日、土日と祝日と公休をそれぞれ除いた営業日数は、NETWORKDAYS関数の引数[休日]に、「祝日のリスト」（P.121参照）に定義した名前（祝日、祝日公休）を指定しています。
たとえば、セル [F3] には「=NETWORKDAYS($B3,$C3,祝日公休)」と入力しています。

| | A | B | C | D | E | F | G | H | I |
|---|---|---|---|---|---|---|---|---|---|
| 1 | 月 | 開始日 | 終了日 | 営業日数 | | | | | |
| 2 | | | | 休日 | 休日 | 休日祝 | | | |
| 3 | 1月 | 1月1日 | 1月31日 | 23 | 21 | 23 | | | |
| 4 | 2月 | 2月1日 | 2月29日 | 20 | 19 | 20 | | | |
| 5 | 3月 | 3月1日 | 3月31日 | 22 | 21 | 22 | | | |
| 6 | 4月 | 4月1日 | 4月30日 | 22 | 21 | 22 | | | |
| 7 | 5月 | 5月1日 | 5月31日 | 21 | 18 | 21 | | | |
| 8 | 6月 | 6月1日 | 6月30日 | 22 | 22 | 22 | | | |
| 9 | 7月 | 7月1日 | 7月31日 | 23 | 21 | 23 | | | |
| 10 | 8月 | 8月1日 | 8月31日 | 21 | 20 | 18 | | | |
| 11 | 9月 | 9月1日 | 9月30日 | 22 | 20 | 22 | | | |
| 12 | 10月 | 10月1日 | 10月31日 | 22 | 22 | 22 | | | |
| 13 | 11月 | 11月1日 | 11月30日 | 21 | 20 | 21 | | | |
| 14 | 12月 | 12月1日 | 12月31日 | 23 | 23 | 21 | | | |
| 15 | 合計 | | | 262 | 248 | 256 | | | |
| 16 | 最大値 | | | 23 | 23 | 23 | | | |

F3　　=NETWORKDAYS($B3,$C3,祝日公休)

📄 03-07

関連　WORKDAY ................ P.121

- 本書では、各関数の先頭に関数の書式とかんたんな計算例を示して、関数の概略がわかるようにしています。
- 特に使用頻度の高い関数や使用方法が難しい関数に関しては、「使用例」をあげて解説しています。本書で使用したサンプルは、以下の URL のサポートページからダウンロードできます。

https://gihyo.jp/book/2020/978-4-297-11337-7/support

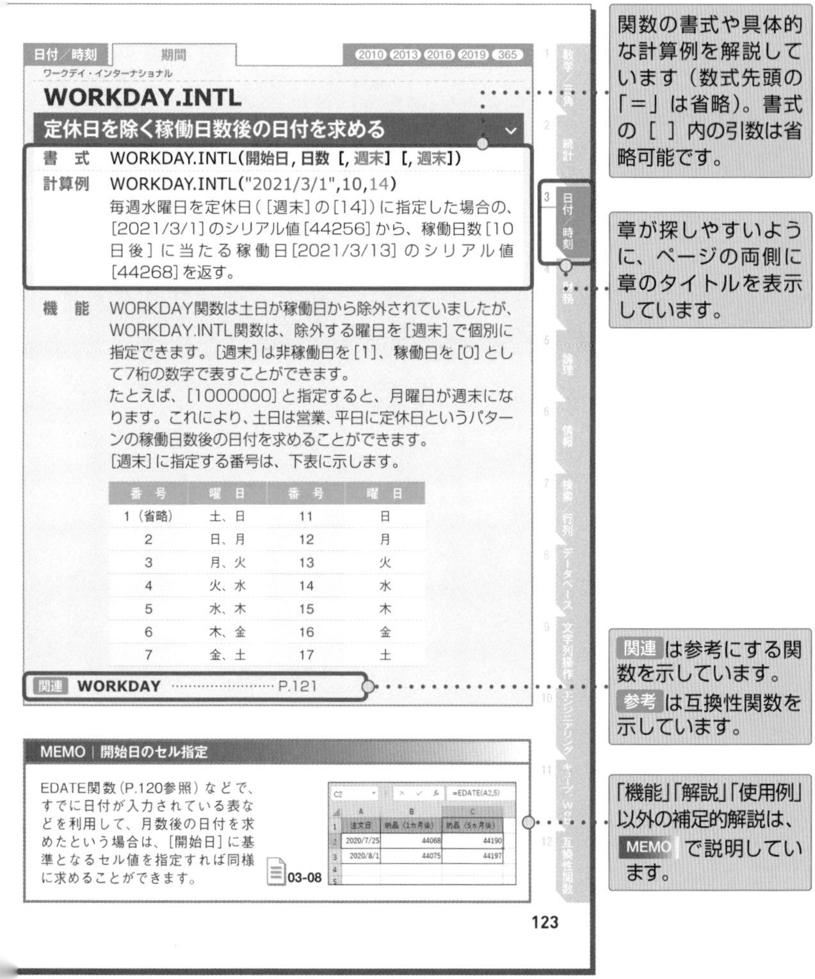
日付／時刻　期間　2010 2013 2016 2019 365

ワークデイ・インターナショナル

**WORKDAY.INTL**

**定休日を除く稼働日数後の日付を求める**

書式　WORKDAY.INTL(開始日, 日数［, 週末］［, 週末］)

計算例　WORKDAY.INTL("2021/3/1",10,14)
毎週水曜日を定休日（[週末]の[14]）に指定した場合の、[2021/3/1]のシリアル値[44256]から、稼働日数[10日後]に当たる稼働日[2021/3/13]のシリアル値[44268]を返す。

機能　WORKDAY関数は土日が稼働日から除外されていましたが、WORKDAY.INTL関数は、除外する曜日を[週末]で個別に指定できます。[週末]は非稼働日を[1]、稼働日を[0]として7桁の数字で表すことができます。
たとえば、[1000000]と指定すると、月曜日が週末になります。これにより、土日は営業、平日に定休日というパターンの稼働日数後の日付を求めることができます。
[週末]に指定する番号は、下表に示します。

| 番号 | 曜日 | 番号 | 曜日 |
|---|---|---|---|
| 1（省略） | 土、日 | 11 | 日 |
| 2 | 日、月 | 12 | 月 |
| 3 | 月、火 | 13 | 火 |
| 4 | 火、水 | 14 | 水 |
| 5 | 水、木 | 15 | 木 |
| 6 | 木、金 | 16 | 金 |
| 7 | 金、土 | 17 | 土 |

関連　WORKDAY ……………………… P.121

MEMO｜開始日のセル指定

EDATE関数（P.120参照）などで、すでに日付が入力されている表などを利用して、月数後の日付を求めたという場合は、[開始日]に基準となるセル値を指定すれば同様に求めることができます。

03-08

123


1 数学／三角
2 統計
3 日付／時刻
4 財務
5 論理
6 情報
7 検索／行列
8 データベース
9 文字列操作
10 エンジニアリング
11 キューブ／Web
12 互換性関数
C2
=EDATE(A2,5)
注文日
納品（1カ月後）
納品（5カ月後）
2020/7/25
44068
44190
2020/8/1
44075
44197
関数の書式や具体的な計算例を解説しています（数式先頭の「=」は省略）。書式の［ ］内の引数は省略可能です。
章が探しやすいように、ページの両側に章のタイトルを表示しています。
関連 は参考にする関数を示しています。
参考 は互換性関数を示しています。
「機能」「解説」「使用例」以外の補足的解説は、MEMO で説明しています。

## 本書の特長

### ■本書に掲載した関数の分類 　　　　　　　　　　　　　　　　∨

本書では、Excelのすべての関数485種類（2020年4月現在）を、関数の用途に応じて、分類／整理して掲載しています。主な分類と概要は表のとおりです。なお、互換性関数は12章にまとめています。

### ■基礎知識をフォローする 　　　　　　　　　　　　　　　　　∨

演算子の種類やセル参照、表示形式と書式記号、配列数式と配列定数など、関数を利用する際に必要な基礎的な知識を「付録」にまとめています。

### ■関数を探しやすくする 　　　　　　　　　　　　　　　　　　∨

目的に応じた関数をすばやく探せるように、巻末に「用語索引」「目的別索引」「関数索引」を用意しています。「目的別索引」は用途（機能）で、「関数索引」はすべての関数をアルファベット順で探すことができます。関数名以外の用語は「用語索引」を利用してください。

| 大分類（章） | 2010 | 2013 | 2016 | 2019 | 小分類（一部） | 概　要 |
|---|---|---|---|---|---|---|
| 1 数学／三角 | 64 | 79 | | 81 ※1 | 四則計算 | 合計や積など四則計算のための関数 |
| | | | | | 整数計算 | 切り捨てや切り上げ、四捨五入など整数にかかわる計算を行う関数 |
| | | | | | 階乗／組み合わせ | 階乗や組み合わせ、多項係数、べき級数を求める関数 |
| | | | | | 変換計算 | 進数や数値、ラジアンなどを変換する関数 |
| | | | | | 指数／対数／べき乗 | 指数関数、対数関数、べき乗を求める関数 |
| | | | | | 三角関数など | サイン／コサイン／タンジェントなどを求める三角／逆三角関数、双曲線関数、円周率、平方根などを求める関数 |
| | | | | | 行列／行列式 | 行列／逆行列を求める関数 |
| | | | | | 乱数／配列 | 乱数の生成や配列の作成のための関数 |
| 2 統計 | 136 | 142 | | 149 | 代表値 | 平均値／最大値／最小値／中央値、標準偏差などデータの特徴を表す数値を求める関数 |
| | | | | | 順位 | データの順位を計算したり、上位何割かに位置するデータを抽出したりする関数 |
| | | | | | 分布確率 | データの数が数えられる場合、数えられない場合の出現確率などを計算する関数 |
| | | | | | 検定 | 仮説検定を行うための関数 |
| | | | | | 相関／回帰 | 2組のデータの相関関係やデータの集まりを直線または曲線で近似して分析する関数 |
| 3 日付時刻 | 24 | | 26 | | 現在日時 | 現在の日付や時刻を求める関数 |
| | | | | | 指定日時 | 指定した日付や時刻から指定した形式で表示したり、シリアル値に変換したりする関数 |

※1 Microsoft 365（Office 365）の2つを含む

| 大分類(章) | 2010 | 2013 | 2016 | 2019 | 小分類(一部) | 概要 |
|---|---|---|---|---|---|---|
| 3 日付/時刻 | 24 | 26 | | | 日時情報 | シリアル値から日付や時刻を求める関数 |
| | | | | | 週情報 | 日付から曜日やその年の何週目かを計算する関数 |
| | | | | | 期間 | 2つの日付の期間に対して、稼働日数や年数、日数などを計算する関数 |
| 4 財務 | 53 | 55 | | | 借入返済/投資評価 | 元利返済の利息や支払回数、投資の現在価値、将来価値にかかわる関数 |
| | | | | | 変数関数 | 分数や小数表示を変換する関数 |
| | | | | | 減価償却 | 減価償却費を計算する関数 |
| | | | | | 証券/利付債 | 証券の満期額、利率、利回り、利払日などを計算する関数 |
| 5 論理 | 7 | 9 | 11 | | 条件/エラー | IF関数、AND関数、OR関数など条件を満たす値を求める関数 |
| 6 情報 | 17 | 20 | | | 検査 | 対象が文字列か数値か、奇数か偶数か、空白セルかなどを検査する関数 |
| | | | | | 情報抽出 | データ型、シート数、エラー値のタイプなどを求める関数 |
| 7 検索/行列 | 18 | 19 | | 26 ※2 | データ検索 | 指定した検索値に対するセルの値、または引数の値を抽出する関数 |
| | | | | | 相対位置 | 指定した検索値に対する位置を表す値を求める関数 |
| | | | | | セル参照 | 指定した条件を満たすセル参照を計算する関数 |
| | | | | | リンク/ピボットテーブル | ほかのブックへのリンク作成やピボットテーブルの値を求める関数 |
| | | | | | データ抽出 | 条件を指定してデータを抽出する関数 |
| | | | | | 並べ替え | データを並べ替える関数 |
| 8 データベース | 12 | | | | — | 数学/三角関数や統計関数を、リスト形式のデータに対して適用できるように手を加えた関数 |
| 9 文字列操作 | 36 | 39 | 41 | | 文字列結合 | 複数の文字列に対して結合を行う関数 |
| | | | | | 文字列長/文字列抽出 | 文字列数や文字列自体の抽出を行う関数 |
| | | | | | 検索/置換 | 文字列の位置の検索や文字列の検索を行う関数 |
| | | | | | 文字列変換 | 数値・漢数字、半角・全角、大文字・小文字などに変換する関数 |
| | | | | | その他 | 文字コード、Unicode、地域表示形式などの変換や文字列削除などを行う関数 |
| 10 エンジニアリング | 41 | 54 | | | ビット演算 | 論理積、論理和、排他的論理和を求める関数 |
| | | | | | 基数変換 | n進数の変換を行う関数 |
| | | | | | 比較/単位変換 | 2つの数値の比較、しきい値との比較、数値の単位変換を求める関数 |
| | | | | | 複素数 | 複素数Excelで利用するための関数 |
| | | | | | 誤差分析 | 誤差関数や相補誤差関数の積分値を求める関数 |
| | | | | | ベッセル関数 | ベッセル関数や修正ベッセル関数の計算を行う関数 |
| 11 キューブ/Web | 7 | | | | キューブ | SQL Server上のデータを連結して、多次元データベース「キューブ」を操作する関数 |
| | | | 3 | | Web | WebやWebサービスからの情報を取得するための関数 |
| 合計 | 415 | 465 | 476 | 485 | | |

※2 Microsoft 365（Office 365）の7つを含む

# 目次

# CONTENTS

| 第2章 | 統計 | ∨ |

# CONTENTS

# CONTENTS

| 第**3**章 | 日付／時刻 | | ∨ |
|---|---|---|---|

## 第4章　財務

# CONTENTS

## 第5章　論理

| 第7章 | 検索／行列 | | ∨ |
|---|---|---|---|

# CONTENTS

## 第10章 エンジニアリング

| 第11章 | キューブ／ Web | | ∨ |
| --- | --- | --- | --- |

# CONTENTS

## 付　録

# 第 1 章
# 数学／三角

Excel の数学関数は、表に入力された連続した
数値の和や平均などの計算、数値の四捨五入や
小数点以下の桁数の指定、整数化など、基本的
な四則演算などを行います。三角関数は科学技
術や工業技術などの分野に利用されるもので、
これらをかんたんに計算することができるよう
各種関数が用意されています。
このほか、1 つまたは複数の条件で処理を変え
る、乱数を作る関数なども用意されています。

サム
# SUM

## 数値を合計する　　　　　　　　　　　　　　　　⌄

**書　式**　SUM(数値 1 [, 数値 2,…])

**計算例**　SUM(60,30,10)
　　　　　数値 [60] [30] [10] の合計を計算する。

**機　能**　引数として、数値やセル参照を入力します。最もよく使われ
　　　　　るのは、セル範囲に表示された数値の合計を求める計算です。
　　　　　その場合は、合計したい数値のセル範囲を引数に指定します。

### 使用例　商品の売上合計を求める　　　　　　　　　　　　⌄

SUM関数を入力するには、<オートSUM> Σ で入力するのが手軽で
す。この場合、引数も自動的に認識されるので指定の必要はありません。
SUM関数を入力したいセルを選択し、<ホーム>タブの<オート
SUM>ボタン Σ をクリックすると、下表に示すように、引数の「候補」
と関数書式が表示されます。

| | A | B | C | D | E | F | G |
|---|---|---|---|---|---|---|---|
| 1 | 商品名 | 商品A | 商品B | 商品C | 合計 | | |
| 2 | 2020年4月 | 12 | 15 | 30 | | | |
| 3 | 2020年5月 | 15 | 17 | 33 | | | |
| 4 | 2020年6月 | 12 | 12 | 40 | | | |
| 5 | 合計 | =SUM(B2:B4) | | | | | |
| 6 | | SUM(数値1, [数値2], ...) | | | | | |
| 7 | | | | | | | |

📄 **01-01**

自動選択されているセル範囲が正しい場合は [Enter] を押すと、SUM
関数が入力され、計算結果が表示されます。
自動選択されているセル範囲が正しくない場合は、上の表の状態でセ
ル範囲を選択し直してから [Enter] を押します。
入力した関数を右隣のセル範囲にコピーしていくと、下の表が完成し
ます。

| | A | B | C | D | E | F | G |
|---|---|---|---|---|---|---|---|
| 1 | 商品名 | 商品A | 商品B | 商品C | 合計 | | |
| 2 | 2020年4月 | 12 | 15 | 30 | | | |
| 3 | 2020年5月 | 15 | 17 | 33 | | | |
| 4 | 2020年6月 | 12 | 12 | 40 | | | |
| 5 | 合計 | 39 | 44 | 103 | | | |
| 6 | | | | | | | |
| 7 | | | | | | | |

**関連** **SUMIF** ･･････････････････････････････ P.3

サム・イフ

# SUMIF

## 条件を指定して数値を合計する ⌄

| 書　式 | SUMIF(検索範囲, 検索条件 [, 合計範囲]) |
|---|---|
| 計算例 | SUMIF(商品名,"商品A",売上高)<br>セル範囲[商品名]の[商品A]の行（または列）に対応するセル範囲[売上高]の数値を合計する。 |

機　能　SUMIF関数を利用すると、「条件に合う数値を合計する」ことができます。SUMIF関数は、[検索範囲] に含まれるセルのうち、[検索条件] を満たすセルに対応する [合計範囲] のセルの数値を合計します。

たとえば全体の売上とは別に「商品ごと」の売上も必要な場合は、条件に「商品」を指定します。

### 使用例　指定した商品名の売上合計を求める ⌄

下表では、商品名のセル範囲 [A2：A10] を検索して、セル [A14] の条件（商品A）を満たすもののうち、セル範囲 [C2：C10] の売上データを合計して、セル [C14] に商品Aの売上を出力しています。

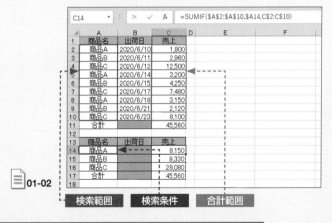

01-02

検索範囲　　　検索条件　　　合計範囲

$f(x)$ **=SUMIF($A$2:$A$10,$A14,C$2:C$10)**

サム・イフス

# SUMIFS

## 複数の条件を指定して数値を合計する ∨

**書　式**　SUMIFS( 合計範囲, 検索範囲 1, 検索条件 1[, 検索範囲 2, 検索条件 2,…])

**計算例**　SUMIFS(売上高, 商品名, 商品名, 出荷日," 出荷日付 ")
　　　　　セル範囲 [商品名] の [商品A] の行（または列）であってかつ、セル範囲 [出荷日] の [出荷日付] の行（または列）に対応するセル範囲 [売上高] の数値の合計を求める。

**機　能**　SUMIF関数を利用すると、「1つの条件を付けて数値を合計する」ことができます。これに対してSUMIFS関数は、「複数の条件を付けて数値を合計する」ことができます。条件は127個まで追加できます。
　　　　　条件が2個の場合、SUMIFS関数を利用すると、[検索範囲1] の中で [検索条件1] を満たすものであって、かつ、[検索範囲2] の中で [検索条件2] を満たすセルに対応する [合計範囲] のセルの数値を合計します。

### 使用例　指定した出荷日と商品名の売上合計を求める ∨

複数の条件を指定して合計するような計算を行うには、次ページ上段の例のように、まず複数の条件を満たすかどうかを判断して1つにまとめます。次に、その結果を使ってSUMIF関数で集計する方法もあります。しかし、SUMIFS関数を利用することで、その手間を省くことができます。

次ページ下段の例では、まずセル範囲 [B2：B10] の商品名の範囲でセル [B14] の条件を満たすものを検索します。その中で、次にセル範囲 [A2：A10] の出荷日の範囲でセル [A14] の条件を満たすものを検索します。セル範囲 [C2：C10] の数値から2つの条件に合った数値を選別して合計し、セル [C14] に出力しています。

**関連**　**SUMIF** ………………………… P.3

1 数学／三角

2 統計

3 日付／時刻

4 財務

5 論理

6 情報

7 検索／行列

8 データベース

9 文字列操作

10 エンジニアリング

11 キューブ／Web

12 互換性関数

●SUMIFS関数を使わないと複数の条件を指定する必要があります

$f(x)$ **=IF(AND(B2=$B$14,A2=$A$14),"○","")**

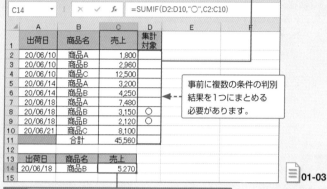

| | A | B | C | D | E | F |
|---|---|---|---|---|---|---|
| 1 | 出荷日 | 商品名 | 売上 | 集計対象 | | |
| 2 | 20/06/10 | 商品A | 1,800 | | | |
| 3 | 20/06/10 | 商品B | 2,960 | | | |
| 4 | 20/06/10 | 商品C | 12,500 | | | |
| 5 | 20/06/14 | 商品A | 3,200 | | | |
| 6 | 20/06/14 | 商品B | 4,250 | | | |
| 7 | 20/06/18 | 商品A | 7,480 | | | |
| 8 | 20/06/18 | 商品B | 3,150 | ○ | | |
| 9 | 20/06/18 | 商品B | 2,120 | ○ | | |
| 10 | 20/06/21 | 商品C | 8,100 | | | |
| 11 | | 合計 | 45,560 | | | |
| 12 | | | | | | |
| 13 | 出荷日 | 商品名 | 売上 | | | |
| 14 | 20/06/18 | 商品B | 5,270 | | | |
| 15 | | | | | | |

C14 ▼ : × ✓ $f_x$ =SUMIF(D2:D10,"○",C2:C10)

> 事前に複数の条件の判別結果を1つにまとめる必要があります。

📄 01-03

$f(x)$ **=SUMIF(D2:D10,"○",C2:C10)**

●SUMIFS関数はSUMIF関数より多くの上限を指定できます

検索範囲2　　検索範囲1

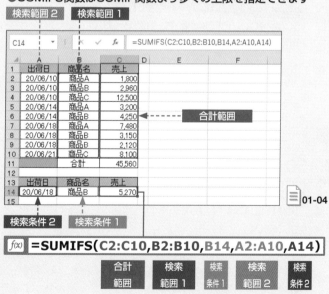

C14 ▼ : × ✓ $f_x$ =SUMIFS(C2:C10,B2:B10,B14,A2:A10,A14)

| | A | B | C | D | E | F |
|---|---|---|---|---|---|---|
| 1 | 出荷日 | 商品名 | 売上 | | | |
| 2 | 20/06/10 | 商品A | 1,800 | | | |
| 3 | 20/06/10 | 商品B | 2,960 | | | |
| 4 | 20/06/10 | 商品C | 12,500 | | | |
| 5 | 20/06/14 | 商品A | 3,200 | | | |
| 6 | 20/06/14 | 商品B | 4,250 | | | |
| 7 | 20/06/18 | 商品A | 7,480 | | | |
| 8 | 20/06/18 | 商品B | 3,150 | | | |
| 9 | 20/06/18 | 商品B | 2,120 | | | |
| 10 | 20/06/21 | 商品C | 8,100 | | | |
| 11 | | 合計 | 45,560 | | | |
| 12 | | | | | | |
| 13 | 出荷日 | 商品名 | 売上 | | | |
| 14 | 20/06/18 | 商品B | 5,270 | | | |
| 15 | | | | | | |

合計範囲

📄 01-04

検索条件2　　検索条件1

$f(x)$ **=SUMIFS(C2:C10,B2:B10,B14,A2:A10,A14)**

| 合計範囲 | 検索範囲1 | 検索条件1 | 検索範囲2 | 検索条件2 |
|---|---|---|---|---|

数学／三角
統計
日付／時刻
財務
論理
情報
検索／行列
データベース
文字列操作
エンジニアリング
キューブ Web
互換性関数

数学／三角　　四則計算　　　　2010 2013 2016 2019 365

プロダクト

# PRODUCT

## 積を求める

| 書　式 | PRODUCT(数値 1[, 数値 2,…]) |
|---|---|
| 計算例 | PRODUCT(600,80%,10)<br>単価 [600]、掛け率 [80%]、数量 [10] の積の計算をする。 |
| 機　能 | 複数の数値の積を求めます。また、[1] から順に整数を掛け続けると、階乗を計算することもできます。引数として、よく使われるのは、縦1列または横1行に連続したセル範囲です。 |

---

数学／三角　　四則計算　　　　2010 2013 2016 2019 365

サム・プロダクト

# SUMPRODUCT

## 配列要素の積を合計する

| 書　式 | SUMPRODUCT(配列 1, 配列 2[, 配列 3,…]) |
|---|---|
| 計算例 | SUMPRODUCT(単価配列, 数量配列)<br>[単価配列] と [数量配列] を掛けた積の和を計算する。 |
| 機　能 | 引数として指定した複数の配列またはセル範囲の対応する要素を掛け合わせ、その合計を返します。検算にも利用できます。 |

---

数学／三角　　四則計算　　　　2010 2013 2016 2019 365

サム・スクエア

# SUMSQ

## 平方和を求める

| 書　式 | SUMSQ(数値 1[, 数値 2,…]) |
|---|---|
| 計算例 | SUMSQ(1,2,3)<br>数値 [1] [2] [3] の2乗の合計 [14] を返す。 |
| 機　能 | 引数の値それぞれの平方（2乗）の和を求めます。<br>統計の計算においては、平均値と各データの差を引数に指定すると、偏差平方和を求めることができます。分散を計算する途中段階で利用すると便利です。 |

サム・オブ・エックス・スクエアエド・マイナス・ワイ・スクエアド

# SUMX2MY2

## 配列要素の平方差を合計する

書　式　**SUMX2MY2(配列1, 配列2)**
対応する組の数値の平方差の合計を返す。

機　能　2つの数値の組の平方差を合計します。最初の組の要素は [X]、次の組の要素を [Y] で表すと、次のようになります。

$$\text{SUMX2MY2} = \Sigma\,(X^2 - Y^2) \rightarrow \text{SUM of } X^2 \text{ Minus } Y^2$$

---

数学／三角　　四則計算　　2010 2013 2016 2019 365

サム・オブ・エックス・スクエアエド・プラス・ワイ・スクエアド

# SUMX2PY2

## 配列要素の平方和を合計する

書　式　**SUMX2PY2(配列1, 配列2)**
対応する組の数値の平方和の合計を返す。

機　能　2つの数値の組の平方和を合計します。最初の組の要素は [X]、次の組の要素を [Y] で表すと、次のようになります。

$$\text{SUMX2PY2} = \Sigma\,(X^2 + Y^2) \rightarrow \text{SUM of } X^2 \text{ Plus } Y^2$$

---

数学／三角　　四則計算　　2010 2013 2016 2019 365

サム・オブ・エックス・マイナス・ワイ・スクエアド

# SUMXMY2

## 配列要素の差の平方和を求める

書　式　**SUMXMY2(配列1, 配列2)**
対応する組の数値の差を2乗してその合計を返す。

機　能　2つの数値の組の差の平方和を合計します。最初の組の要素は [X]、次の組の要素を [Y] で表すと、次のようになります。

$$\text{SUMXMY2} = \Sigma\,(X - Y)^2 \rightarrow \text{SUM of } (X \text{ Minus } Y)^2$$

数学／三角

統計 2

日付／時刻 3

財務 4

論理 5

情報 6

検索／行列 7

データベース 8

文字列操作 9

エンジニアリング 10

キューブ Web 11

互換性関数 12

数学／三角 | 四則計算 | (2010) (2013) (2016) (2019) (365)

サブトータル

# SUBTOTAL

## さまざまな集計値を求める ∨

**書 式** SUBTOTAL(集計方法, 範囲1[, 範囲2,…])

**計算例** SUBTOTAL(1, データ表)

[データ表]という名前の付いたセル範囲の平均値(集計方法: 1)を求める。

**機 能** SUBTOTAL関数は、作成した集計リストを頻繁に修正するような場合に利用します。<データ>タブの<アウトライン>→<小計>で挿入される集計行にも使用されています。指定した範囲内にほかの集計値が挿入されている場合、小計のみを集計したり、また、非表示のセルを計算対象から外し、表示されたセルのみ集計したりすることができます。
SUBTOTAL関数は、リスト形式を成していないデータの集計にも利用でき、11種類もの関数の計算が1つの関数を入力するだけで実現できるのも特徴です。

### 使用例 明細に含まれる小計行のみ合計する ∨

小計が含まれたセル範囲の合計を計算する際は、SUBTOTAL関数を用います。連続したセル範囲で引数を指定しても、小計だけを合計することができます。

| D12 | | × ✓ fx | =SUBTOTAL(9,D2:D10) | |
|---|---|---|---|---|
| | A | B | C | D | E |
| 1 | 日付 | 担当者 | 商品名 | 売上高 | |
| 2 | 5/15 | 福間早苗 | プリンタ | 1,440,000 | |
| 3 | 5/15 | 上田麻奈 | プリンタ | 1,680,000 | |
| 4 | 5/15 | 齋藤幸子 | スキャナ | 910,000 | |
| 5 | 5/15 | 宮越清香 | スキャナ | 520,000 | |
| 6 | 5/15 集計 | | | 4,550,000 | |
| 7 | 5/31 | 福間早苗 | プリンタ | 1,320,000 | |
| 8 | 5/31 | 上田麻奈 | プリンタ | 1,560,000 | |
| 9 | 5/31 | 福間早苗 | スキャナ | 1,495,000 | |
| 10 | 5/31 | 宮越清香 | スキャナ | 1,105,000 | |
| 11 | 5/31 集計 | | | 5,480,000 | |
| 12 | 総計 | | | 10,030,000 | |
| 13 | | | | | |

01-05

$f(x)$ **=SUBTOTAL(9,D2:D10)**

▼集計方法の番号

| 1 または 101 | AVERAGE |
|---|---|
| 2 または 102 | COUNT |
| 3 または 103 | COUNTA |
| 4 または 104 | MAX |
| 5 または 105 | MIN |
| 6 または 106 | PRODUCT |
| 7 または 107 | STDEV |
| 8 または 108 | STDEVP |
| 9 または 109 | SUM |
| 10 または 110 | VAR |
| 11 または 111 | VARP |

※ 101〜111は非表示の値を含まない場合で、SUBTOTAL関数のみ指定できます。

**関連** AGGREGATE ⋯⋯⋯⋯⋯⋯ P.9

アグリゲート

# AGGREGATE

## さまざまな集計値や順位を求める ∨

**書　式**　AGGREGATE(集計方法 1 ～ 13, **オプション**, 参照 1[,
参照 2, …])

**書　式**　AGGREGATE(集計方法 14 ～ 19, **オプション**, 配列, 順位)

**計算例**　AGGREGATE(9,6,D2:D4)
セル範囲[D2:D4]内にあるエラーは無視して合計を求める。

**機　能**　AGGREGATE関数は、SUBTOTAL関数の機能拡張版です。
[集計方法]が19種類に増え、[オプション]の指定により、
リスト内のエラーや非表示行を無視した集計が可能です。

### 使用例　エラーを無視して合計を求める ∨

SUBTOTAL関数では、集計対象に1つでもエラーがあると集計結果もエラーになりますが、AGGREGATE関数はエラーを無視した集計が可能です。

📄 01-06

▼集計方法の番号（1 ～ 11 は、P.8 の SUBTOTAL 関数と同じ）

| 12 | MEDIAN | 16 | PERCENTILE(PERCENTILE.INC) |
|----|--------|----|----|
| 13 | MODE(MODE.SNGL) | 17 | QUARTILE(QUARTILE.INC) |
| 14 | LARGE | 18 | PERCENTILE.EXC |
| 15 | SMALL | 19 | QUARTILE.EXC |

▼オプションの番号

| 0 (省略) | リスト内に含まれる集計値を無視 | 4 | 何も無視しない |
|----|----|----|----|
| 1 | オプション[0]+ 非表示行の無視 | 5 | 非表示行の無視 |
| 2 | オプション[0]+ エラーの無視 | 6 | エラーの無視 |
| 3 | オプション[0]+[1]+[2] | 7 | オプション[5]+[6] |

**関連**　**SUBTOTAL** …………… P.8

数学／三角

統計

日付・時刻

財務

論理

情報

検索／行列

データベース

文字列操作

エンジニアリング

キューブ

Web

互換性関数

1

2

3

4

5

6

7

8

9

10

11

12

インテジャー

# INT

## 小数点以下を切り捨てる　　　　　　　　　　　　　　　　⌄

書　式　INT(数値)

計算例　INT(12.3)

数値 [12.3] の小数部を切り捨て整数部 [12] を求める。

機　能　数値を整数にする最もかんたんな関数はINT関数です。「 [数値] を超えない最大の整数」が得られるように、数値を切り下げます。したがって、「−12.3」と指定した場合は「−13」となります。

単に、数値の小数点以下の値を切り捨てて整数にするだけならTRUNC関数が利用できます。

### 使用例　税込み円単価を求める　　　　　　　　　　　　　　　⌄

下表は、ケースごと仕入れた缶ジュースなどの販売で、ほぼ同一の利益率以上の利益を乗せる場合にいくらにすればよいか、という計算を行い、1円未満を切り捨てています。

「販売単価」から「販売円単価」を求めるためにINT関数を使用して、セル [G4] に「=INT(F4)」と入力し、入力した関数をセル範囲 [G5：G8] にコピーしています。この計算では、切り捨ての結果、実質利益率が若干変動しています。

| G4 | ▾ : × ✓ *fx* | =INT(F4) | | | | | |
|---|---|---|---|---|---|---|---|
| ⬜ | A | B | C | D | E | F | G | H |
| 1 | 販売価格の計算 | | | | | | | |
| 2 | | 仕入価格 | | | | 販売価格 | | |
| 3 | 商品名 | ケース単価 | 数量 | 缶単価 | 利益率 | 販売単価 | 販売円単価 | 実質利益率 |
| 4 | コーヒー | 2,200 | 24 | 91.67 | 25% | 122.2222 | 122.0000 | 24.86% |
| 5 | ミルクコーヒー | 1,080 | 12 | 90.00 | 25% | 120.0000 | 120.0000 | 25.00% |
| 6 | 野菜ジュース | 2,380 | 24 | 99.17 | 25% | 132.2222 | 132.0000 | 24.87% |
| 7 | ラムネ | 920 | 12 | 76.67 | 25% | 102.2222 | 102.0000 | 24.84% |
| 8 | トマトジュース | 2,100 | 24 | 87.50 | 25% | 116.6667 | 116.0000 | 24.57% |
| 9 | ミルクティ | 1,050 | 12 | 87.50 | 25% | 116.6667 | 116.0000 | 24.57% |
| 10 | アップルティ | 1,900 | 24 | 79.17 | 25% | 105.5556 | 105.0000 | 24.60% |
| 11 | | | | | | | | |
| 12 | | | | | | | | |
| 13 | | | | | | | | |

📄 01-07

関連　**TRUNC**‥‥‥‥‥‥‥‥‥‥‥‥‥‥‥‥‥P.11

トランク

# TRUNC

## 桁数を指定して切り捨てる　∨

| 書　式 | TRUNC(数値 [, 桁数]) |
|---|---|
| 計算例 | TRUNC(12.345,1)<br>数値 [12.345] を小数点第2位で切り捨てて、小数第1位までの数値 [12.3] を求める。 |
| 機　能 | TRUNC関数は、[数値] を指定した [桁数] の数値になるように、それ以下の部分を切り捨てます。[桁数] を省略したときは、[数値] が正の場合はINT関数と同じ結果を返しますが、[数値] が負の場合は計算結果が異なります。たとえば、「-12.3」を指定した場合は、単に「-12」となります。<br>ROUNDDOWN関数では [桁数] は省略できませんが、TRUNC関数では省略でき、また切り捨てを行ったあとの小数点を基準にした桁数を指定できます。たとえば、「=TRUNC(12.345,2)」とした場合は[12.34]になります。 |

関連　INT ……………………………………P.10
　　　ROUNDDOWN ………………………P.12

ラウンド

# ROUND

## 指定桁数で四捨五入する　∨

| 書　式 | ROUND(数値, 桁数) |
|---|---|
| 計算例 | ROUND(12345,-2)<br>数値 [12345] を十の位で四捨五入して100単位の数値 [12300] を返す。 |
| 機　能 | 数値を四捨五入するには、ROUND関数を使用します。この関数は、[数値] の小数点以下の桁数を [桁数] で指定します。[桁数] が正の場合は小数部を、負の場合は整数部を四捨五入し、[桁数] が [0] の場合は整数化します。 |

関連　ROUNDUP……………………………P.12
　　　ROUNDDOWN ………………………P.12

統計 2　日付／時刻 3　財務 4　論理 5　情報 6　検索／行列 7　データベース 8　文字列操作 9　エンジニアリング 10　キューブ／Web 11　互換性関数 12

## 数学／三角　整数計算　2010 2013 2016 2019 365

ラウンドアップ

# ROUNDUP

## 指定桁数に切り上げる ⌄

**書　式**　ROUNDUP(数値, 桁数)

**計算例**　ROUNDUP(12.345,1)
数値 [12.345] を小数点第2位で切り上げて、小数点第1位
までの数値 [12.4] を求める。

**機　能**　ROUNDUP関数は [数値] の桁数が指定した [桁数] になるよ
うに切り上げます。[桁数] が正の場合は小数部を、負の場合
は整数部を切り上げ、[0] の場合は整数化します。

## 数学／三角　整数計算　2010 2013 2016 2019 365

ラウンドダウン

# ROUNDDOWN

## 指定桁数に切り捨てる ⌄

**書　式**　ROUNDDOWN(数値, 桁数)

**計算例**　ROUNDDOWN(12345,-2)
数値 [12345] を十の位で切り捨てて、100単位の数値
[12300] を求める。

**機　能**　ROUNDUP関数は [数値] の桁数が指定した [桁数] になるよ
うに切り上げます。[桁数] が正の場合は小数部を、負の場合
は整数部を切り捨て、[0] の場合は整数化します。

### MEMO | 切り捨て／切り上げ関数の比較

「ROUND」の付く関数は、四捨五入のROUND関数、切り上げのROUNDUP関数、切り捨てのROUNDDOWN関数の3つです。
下表は、さまざまな [数値] に対しての [桁数] を適用した結果です。

| | A | B | C | D | E | F | G |
|---|---|---|---|---|---|---|---|
| 1 | 元の数値 | 123.456 | 123.456 | 123.456 | -123.456 | -123.456 | -123.456 |
| 2 | 関数 桁数 | ROUND | ROUNDUP | ROUNDDOWN | ROUND | ROUNDUP | ROUNDDOWN |
| 3 | -2 | 100 | 200 | 100 | -100 | -200 | -100 |
| 4 | -1 | 120 | 130 | 120 | -120 | -130 | -120 |
| 5 | 0 | 123 | 124 | 123 | -123 | -124 | -123 |
| 6 | 1 | 123.5 | 123.5 | 123.4 | -123.5 | -123.5 | -123.4 |
| 7 | 2 | 123.46 | 123.46 | 123.45 | -123.46 | -123.46 | -123.45 |
| 8 | | | | | | | |

01-08

シーリング・プリサイス

# CEILING.PRECISE　　　　　　　　　　　　　互換

アイ・エス・オー・シーリング

# ISO.CEILING

## 指定値の倍数に切り上げる　　　　　　　　　　　∨

| 書　式 | CEILING.PRECISE(数値 [, 基準値]) |
|---|---|
| 計算例 | CEILING.PRECISE(123.45)<br>[123.45] を1の倍数で切り上げ [124] を求める。 |

| 書　式 | ISO.CEILING(数値,[基準値]) |
|---|---|
| 計算例 | ISO.CEILING(123.45,2)<br>[123.45] を2の倍数で切り上げ [124] を求める。 |

| 機　能 | CEILING.PRECISE関数とISO.CEILING関数は、[数値] を [基準値] (省略時は [1]) の倍数に切り上げます。[数値] が正の場合は [0] から離れた整数に、負の場合は [0] に近い整数に切り上げます。この2つの関数は、関数ライブラリや＜関数の挿入＞には表示されません。直接入力して使用します。 |
|---|---|

関連　**CEILING** ……………………… P.280

---

シーリング・マス

# CEILING.MATH

## 指定した方法で倍数に切り上げる　　　　　　　　∨

| 書　式 | CEILING.MATH(数値 [, 基準値] [, モード]) |
|---|---|
| 計算例 | CEILING.MATH(123,10)<br>[123] を10の倍数で切り上げ [130] を求める。 |

| 機　能 | CEILING.MATH関数は、[数値] を[モード]の方法で[基準値] (省略時は [1]) の倍数に切り上げます。[モード] を省略もしくは [0] にすると、[数値] が正なら [0] から離れた整数に、負なら [0] に近い整数に切り上げます。[0] 以外を指定すると、必ず [0] から離れた整数に切り上げ(絶対値で切り上げ)ます。 |
|---|---|

関連　**FLOOR.MATH** ……………………P.14

数学／三角　統計　日付・時刻　財務　論理　情報　検索・行列　データベース　文字列操作　エンジニアリング　キューブ・Web　互換性関数

フロア・プリサイス

# FLOOR.PRECISE

互換

## 指定値の倍数に切り捨てる ∨

| 書　式 | FLOOR.PRECISE(数値 [, 基準値]) |
|---|---|
| 計算例 | FLOOR.PRECISE(123.45,1)<br>[123.45]を1の倍数になるように切り捨て、[123]を求める。 |
| 機　能 | FLOOR.PRECISE関数は指定された[基準値]の倍数のうち、最も近い値かつ[0]に近い値に数値を切り捨てます。[基準値]の省略が可(省略時は[1])です。 |

参照 **FLOOR** ································ P.280

フロア・マス

# FLOOR.MATH

## 指定した方法で倍数に切り捨てる ∨

| 書　式 | FLOOR.MATH(数値 [, 基準値] [, モード]) |
|---|---|
| 計算例 | FLOOR.MATH(-123.45,,0)<br>[-123.45,,0]の[-123.45]を負の方向に基準値で切り捨て、[-124]を求める。 |
| 機　能 | FLOOR.MATH関数は、[数値]を[モード]の方法で[基準値]の最も近い倍数になるように切り捨てます。<br>[基準値]は省略した場合は[1]です。<br>[モード]を省略もしくは[0]を指定すると、負の数値を丸める方向を変更します。[0]以外を指定すると、必ず[0]に近い整数に切り下げ(絶対値で切り下げ)ます。<br>たとえば、[数値]が[-3.14]である場合に[基準値]を[1]、[モード]を省略または[0]に指定すると結果は[-3]になり、[1]にすると[-4]になります。 |

関連 **CEILING.MATH** ················ P.13

ラウンド・トゥ・マルチプル

# MROUND

## 指定値の倍数で四捨五入する

| 書 式 | MROUND(数値, 倍数) |
|---|---|
| 計算例 | MROUND(123,5)<br>[123]を5の倍数で四捨五入して、[125]を求める。 |
| 機 能 | MROUND関数は[数値]を[倍数]で指定した倍数になるように四捨五入します。[数値]を[倍数]で割った余りが、[倍数]の半分以上の場合には切り上げ、半分未満の場合には切り捨てます。切り上げはCEILING.PRECISE関数、切り捨てはFLOOR.PRECISE関数を同じ結果を返します。 |

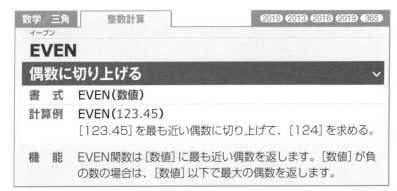

イーブン

# EVEN

## 偶数に切り上げる

| 書 式 | EVEN(数値) |
|---|---|
| 計算例 | EVEN(123.45)<br>[123.45]を最も近い偶数に切り上げて、[124]を求める。 |
| 機 能 | EVEN関数は[数値]に最も近い偶数を返します。[数値]が負の数の場合は、[数値]以下で最大の偶数を返します。 |

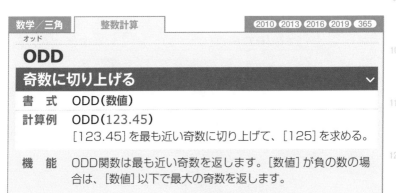

オッド

# ODD

## 奇数に切り上げる

| 書 式 | ODD(数値) |
|---|---|
| 計算例 | ODD(123.45)<br>[123.45]を最も近い奇数に切り上げて、[125]を求める。 |
| 機 能 | ODD関数は最も近い奇数を返します。[数値]が負の数の場合は、[数値]以下で最大の奇数を返します。 |

クオウシェント

# QUOTIENT

## 商を求める ∨

**書 式** QUOTIENT(数値, 除数)

**計算例** QUOTIENT(12345,100)
[12345]を[100]で割った商[123]を求める。

**機 能** QUOTIENT関数は、[数値]を[除数]で割ったときの「商の整数部」を返します。

---

モデュラス

# MOD

## 余りを求める ∨

**書 式** MOD(数値, 除数)

**計算例** MOD(12345,100)
[12345]を[100]で割って、余り[45]を求める。

**機 能** MOD関数は、[数値]を[除数]で割ったときに余りを返します。

### 使用例 切り捨て／切り上げ関数の比較 ∨

下表は、QUOTIENT関数とMOD関数を使った金種計算の例です。もとの金額（セル[C2]）を金種の金額（A列）で割った「商」が紙幣または硬貨の枚数（B列）になり、余りの金額（C列）を金種の金額（A列）で割った「余り」（C列の次の行）が次の金種に引き継がれる金額になります。

$f(x)$ **=QUOTIENT(C2,A3)**　$f(x)$ **=MOD(C2,A3)**

| | A | B | C | D | E | F |
|---|---|---|---|---|---|---|
| 1 | 金種 | 枚数 | 余り | | | |
| 2 | | 43 | ¥326,548 | | | |
| 3 | ¥10,000 | 32 | ¥6,548 | | | |
| 4 | ¥5,000 | 1 | ¥1,548 | | | |
| 5 | ¥1,000 | 1 | ¥548 | | | |
| 6 | ¥500 | 1 | ¥48 | | | |
| 7 | ¥100 | 0 | ¥48 | | | |
| 8 | ¥50 | 0 | ¥48 | | | |
| 9 | ¥10 | 4 | ¥8 | | | |
| 10 | ¥5 | 1 | ¥3 | | | |
| 11 | ¥1 | 3 | ¥0 | | | |

01-09

グレーティスト・コモン・ディバイザー

# GCD

## 最大公約数を求める

書　式　**GCD(数値 1[, 数値 2,…])**
整数の最大公約数を求める。

機　能　GCD関数は、複数の整数の最大公約数を返します。
[数値1]は必ず指定します。[数値2]以降は省略可で、最大
公約数を求める1〜255個の数値を指定します。[数値]に
整数以外を指定すると、小数点以下が切り捨てられます。

### 使用例　最大公約数の適用例

60人の社員旅行で、大型バス3台に分乗する行程と、中型バス4台に
分乗する行程と、列車2両に分乗する3つの行程があります。
全行程でグループが分かれないためには、
「=GCD(60/2, 60/3, 60/4)=GCD(30, 20, 15)=5」
で、5人ごとのグループに分ければよいことがわかります。

リースト・コモン・マルチプル

# LCM

## 最小公倍数を求める

書　式　**LCM(数値 [, 数値 2,…])**
整数の最小公倍数を求める。

機　能　LCM関数は、複数の整数の最小公倍数を返します。
[数値1]は必ず指定します。[数値2]以降は省略可で、最小
公倍数を求める1〜255個の数値を指定します。[数値]に
整数以外を指定すると、小数点以下が切り捨てられます。

### 使用例　最小公倍数の適用例

午前8時に3系統のバスが同時に出発して、A系統は20分、B系統は
25分、C系統は30分おきに運行されている場合、次に同時に出発す
る時刻を求めるには、「=LCM(20, 25, 30)=300」となり、次は5
時間後(午後1時)ということがわかります。

数学／三角　┃　階乗／組み合わせ　　　　　　　　2010 2013 2016 2019 365

ファクト

# FACT

## 階乗を求める　　　　　　　　　　　　　　　　　∨

書　式　**FACT(数値)**

計算例　**FACT(5)**
　　　　　[5] の階乗 [120] を返す。

機　能　FACT関数は、[数値] の階乗（1 ～ [数値] の範囲にある整数の積）を返します。COMBIN関数で計算する「組み合わせの数」も、統計関数であるPERMUT関数で計算する「順列の数」も、階乗の組み合わせで表現されます。
　　　　数値を [3] とした場合の階乗は、次の式になります。

$$3!=3×2×1=6$$

関連　**COMBIN** ……………………………… P.19
　　　　**PERMUT** ……………………………… P.68

---

数学／三角　┃　階乗／組み合わせ　　　　　　　　2010 2013 2016 2019 365

ファクト・ダブル

# FACTDOUBLE

## 数値の二重階乗を求める　　　　　　　　　　　　∨

書　式　**FACTDOUBLE(数値)**

計算例　**FACTDOUBLE(4)**
　　　　　[4] の二重階乗 [8] を返す。

機　能　FACTDOUBLE関数は [数値] の二重階乗（[数値] ～ 1または2まで2ずつ減る整数の積）を返します。
　　　　[数値] に4（偶数）を指定した場合は、次の数式が成立します。

$$n!!=n×(n-2)=4×(4-2)=4×2=8$$

　　　　[数値] に5（奇数）を指定した場合は、次の数式が成立します。

$$n!!=n×(n-2)×(n-4)=5×(5-2)×(5-4)=5×3×1=15$$

関連　**FACT** ……………………………… P.18

コンビネーション

# COMBIN

## 組み合わせの数を求める ✓

**書 式** COMBIN(総数, 抜き取り数)

**計算例** COMBIN(12,9)
[12]から[9]を抜き取る組み合わせ[220]を返す。

**機 能** COMBIN関数は、[総数]から[個数]を、「区別しないで選択する」ときの組み合わせの数を返します。
[n]を[総数]、[k]を[抜き取り数]とし、階乗を使って表すと、次の式になります。これは(a+b)$^n$の係数を表すので「二項係数」とも呼ばれます。

$$nCk = \binom{n}{k} = \frac{n!}{k!(n-k)!}$$

**関連** COMBINA ·············· P.19
PERMUT ·············· P.68

---

コンビネーション・エー

# COMBINA

## 重複組み合わせの数を求める ✓

**書 式** COMBINA(総数, 抜き取り数)

**計算例** COMBINA(12,9)
[12]と[9]の重複組み合わせの数[167960]を求めます。

**機 能** COMBINA関数は、[総数]から[個数]を選択する重複組み合わせを返します。重複組み合わせは、分配方法の組み合わせなどを求めるときに利用できます。
[総数]は[0]以上で抜き取り数以上の数値を必ず指定します。
[抜き取り数]は[0]以上の数値を必ず指定します。引数に整数以外の値を指定したときは、小数部分は切り捨てられます。

**関連** COMBIN ·············· P.19
PERMUTATIONA ·············· P.69

1 数学／三角
2 統計
3 日付／時刻
4 財務
5 論理
6 情報
7 検索／行列
8 データベース
9 文字列操作
10 エンジニアリング
11 キューブ／Web
12 互換性関数

マルチノミアル

# MULTINOMIAL

## 多項係数を求める　　　　　　　　　　　　　　　　　　∨

**書　式**　MULTINOMIAL(数値1[, 数値2,…])

**計算例**　MULTINOMIAL(1,2,3)
数値[1,2,3]の多項係数[60]を返す。

**機　能**　MULTINOMIAL関数は、多項係数(数値の和の階乗と各数値の階乗の積との比)を求めます。多項係数は$(a+b+c...)^n$の係数を表し、二項係数$(a+b)^n$の係数を拡張したものに相当します。

**関連**　**COMBIN**……………………P.19

---

シリーズ・サム

# SERIESSUM

## べき級数を求める　　　　　　　　　　　　　　　　　　∨

**書　式**　SERIESSUM(変数値, べき初期値, べき増分, 係数配列)

**計算例**　SERIESSUM(PI()/4,0,2,B2:E2)
変数値(べき級数に代入する値)を[PI()/4]、初期値を[0]、増分を[2]として、xの(n+m)乗の乗算のセル範囲(係数配列)[B2:E2]にそれぞれ「1」「-1/FACT(2)」「1/FACT(4)」「-1/FACT(6)」が入力されている場合に、π/4ラジアン(45度)のCOSの近似値「0.707103」を求める。

**機　能**　SERIESSUM関数は、べき級数を計算します。
下表は計算例を示しており、[係数配列]にはFACT関数を使っています。

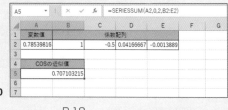

01-10

**関連**　**FACT**……………………………P.18

デシマル

# DECIMAL

## n進数を10進数に変換する　∨

**書　式**　DECIMAL(文字列, 基数)

**計算例**　DECIMAL("FF",16)
16進数の[FF]を10進数の[255]に変換する。

**機　能**　DECIMAL関数は、指定された[基数]の進数表記の[文字列]を10進数（数値）に変換します。[基数]は2～36までの整数を指定し、[文字列]は255文字以下にする必要があります。

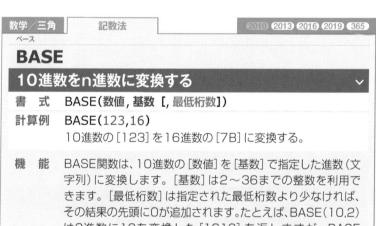

|   | A | B | C | D | E | F |
|---|---|---|---|---|---|---|
| | C2 | | ×　✓　fx | =DECIMAL(A2,B2) | | |
| 1 | 値 | n進数 | 10進数 | | | |
| 2 | AF | 16 | 175 | | | |
| 3 | 1011011 | 2 | 91 | | | |
| 4 | | | | | | |
| 5 | | | | | | |

01-11

ベース

# BASE

## 10進数をn進数に変換する　∨

**書　式**　BASE(数値, 基数 [, 最低桁数])

**計算例**　BASE(123,16)
10進数の[123]を16進数の[7B]に変換する。

**機　能**　BASE関数は、10進数の[数値]を[基数]で指定した進数（文字列）に変換します。[基数]は2～36までの整数を利用できます。[最低桁数]は指定された最低桁数より少なければ、その結果の先頭に0が追加されます。たとえば、BASE(10,2)は2進数に10を変換した[1010]を返しますが、BASE(10,2,8)は[00001010]を返します。この関数は、エンジニアリング関数（第10章参照）と似た役割を持ちます。

|   | A | B | C | D |
|---|---|---|---|---|
| | C4 | | ×　✓　fx | =BASE(A4,B4) |
| 1 | 数値 | n進数 | 値 | ※最低桁数 |
| 2 | 123 | 2 | 0001111011 | 10桁表示 |
| 3 | 123 | 8 | 00173 | 5桁表示 |
| 4 | 123 | 16 | 7B | 最低桁数省略 |
| 5 | | | | |

01-12

統計　日付／時刻　財務　論理　情報　検索／行列　データベース　文字列操作　エンジニアリング　キューブ　Web　互換性関数

## 数学／三角　変換計算　(2010) (2013) (2016) (2019) (365)

ローマン

# ROMAN

## 数値をローマ数字に変換する　　∨

**書　式**　ROMAN(数値 [, 書式])

**計算例**　ROMAN(28)
数値 [28] のローマ字表記 [XXVIII] を求める。

**機　能**　ROMAN関数は、数値（アラビア数字）をローマ数字（文字列）に変換します。ローマ数字には5種類の表記があり、これは [書式] で指定します。

| 書式 | 表記 |
|---|---|
| 0 ／ TRUE ／省略 | 正式 |
| 1 | 0 から簡略化した形式 |
| 2 | 1 より簡略化した形式 |
| 3 | 2 より簡略化した形式 |
| 4 ／ FALSE | 略式（最も簡略化） |

| 書式数値 | 0 | 1 | 2 | 3 | 4 |
|---|---|---|---|---|---|
| 1 | I | I | I | I | I |
| 2 | II | II | II | II | II |
| 10 | X | X | X | X | X |
| 40 | XL | XL | XL | XL | XL |
| 49 | XLIX | VLIV | IL | IL | IL |
| 50 | L | L | L | L | L |
| 95 | XCV | VC | VC | VC | VC |
| 490 | CDXC | LDXL | XD | XD | XD |
| 499 | CDXCIX | LDVLIV | XDIX | VDIV | ID |
| 999 | CMXCIX | LMVLIV | XMIX | VMIV | IM |
| 1000 | M | M | M | M | M |
| 1999 | MCMXCIX | MLMVLIV | MXMIX | MVMIV | MIM |
| 3999 | MMMCMXCIX | MMMLMVLIV | MMMXMIX | MMMVMIV | MMMM |
| 40000 | #VALUE! | #VALUE! | #VALUE! | #VALUE! | #VALUE! |

📄 01-13

**関連**　ARABIC ································· P.22

## 数学／三角　変換計算　(2010) (2013) (2016) (2019) (365)

アラビック

# ARABIC

## ローマ数字を数値に変換する　　∨

**書　式**　ARABIC(文字列)

**計算例**　ARABIC("CXXIII")
ローマ数字の [CXXIII] を数値（アラビア数字）の [123] に変換する。

**機　能**　[文字列] のローマ数字を、数値（アラビア数字）に変換します。ROMAN関数と相互に利用できます。

**関連**　ROMAN ···························· P.22

ラジアンズ

# RADIANS

## 度をラジアンに変換する ∨

**書　式**　RADIANS(角度)

**計算例**　RADIANS(180)
角度 [180] に対するラジアン [3.14159…] を求める。

**機　能**　RADIANS関数は度をラジアンに変換します。
ラジアンとは、半径1の円の円周2π（180度＝πラジアン）を基準にして角度を表したものです。つまり、[180] に対する戻り値は [π（=3.14159…）] となります。[角度] は数値で入力します。
三角関数ではこのラジアンで表された角度を引数にするので、三角関数を利用するにはこの関数が便利です。
この変換は定数倍であり、[π/180]（PI()/180）を掛けることとまったく同じです。

ディグリーズ

# DEGREES

## ラジアンを度に変換する ∨

**書　式**　DEGREES(角度)

**計算例**　DEGREES(PI())
ラジアン [3.14159…] に対する角度 [180] を求める。

**機　能**　DEGREES関数はラジアンを度に変換します。
ラジアンとは、半径1の円の円周2π（180度＝πラジアン）を基準にして角度を表したものです。つまり、[π（=3.14159…）] に対する戻り値は [180] となります。
逆三角関数の戻り値はこのラジアンで表されるので、逆三角関数から角度を得るにはこの関数が便利です。
この変換は定数倍であり、[180/π] を掛けることとまったく同じです。

**関連**　**RADIANS** ……………………………P.23

数学／三角　　変換計算　　2010 2013 2016 2019 365

アブソリュート

# ABS

## 絶対値を求める ⌄

**書　式**　ABS(数値)

**計算例**　ABS(-10)
数値 [-10] の絶対値 [10] を返す。

**機　能**　ABS関数は、[数値] の絶対値、すなわち [数値] から符号「+」「−」を取った値を返します。これに対してSIGN関数は、[数値] の符号を返します。

関連　**SIGN** ·····························P.24

---

数学／三角　　変換計算　　2010 2013 2016 2019 365

サイン

# SIGN

## 数値の正負を調べる ⌄

**書　式**　SIGN(数値)

**計算例**　SIGN(-10)
数値 [-10] の符号「−」を示す [-1] を返す。

**機　能**　SIGN関数は、[数値] の符号「+」「−」を調べます。SIGN関数の戻り値は、[数値] が正の数のとき [1]、0のときは [0]、負の数のとき [-1] を返します。

### 使用例　絶対値と符号の関係 ⌄

ABS関数から得られる絶対値と、SIGN関数から得られる符号とを、1つのグラフに表現すると、右のようになります。

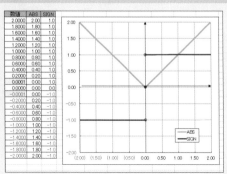

| 数値 | ABS | SIGN |
|---|---|---|
| 2.0000 | 2.00 | 1.0 |
| 1.8000 | 1.80 | 1.0 |
| 1.6000 | 1.60 | 1.0 |
| 1.4000 | 1.40 | 1.0 |
| 1.2000 | 1.20 | 1.0 |
| 1.0000 | 1.00 | 1.0 |
| 0.8000 | 0.80 | 1.0 |
| 0.6000 | 0.60 | 1.0 |
| 0.4000 | 0.40 | 1.0 |
| 0.2000 | 0.20 | 1.0 |
| 0.0001 | 0.00 | 1.0 |
| 0.0000 | 0.00 | 0.0 |
| -0.0001 | 0.00 | -1.0 |
| -0.2000 | 0.20 | -1.0 |
| -0.4000 | 0.40 | -1.0 |
| -0.6000 | 0.60 | -1.0 |
| -0.8000 | 0.80 | -1.0 |
| -1.0000 | 1.00 | -1.0 |
| -1.2000 | 1.20 | -1.0 |
| -1.4000 | 1.40 | -1.0 |
| -1.6000 | 1.60 | -1.0 |
| -1.8000 | 1.80 | -1.0 |
| -2.0000 | 2.00 | -1.0 |

01-14

スクエア・ルート

# SQRT

## 平方根を求める　✓

| 書　式 | SQRT(数値) |
|---|---|
| 計算例 | SQRT(2)<br>数値 [2] の正の平方根 [1.41421356…] を返す。 |
| 機　能 | SQRT関数は [数値] の正の平方根を返します。「=x^(1/2)」と記述しても同じ結果が得られます。PI関数などと同様に、15桁まで算出します（16桁目を四捨五入）。 |

関連　PI …………………………………… P.25

---

バイ

# PI

## 円周率を求める　✓

| 書　式 | PI() |
|---|---|
| 計算例 | PI()<br>円周率 π の近似値を返す。 |
| 機　能 | PI関数は引数を指定しない関数で、円周率 π の近似値を返します。$\pi \fallingdotseq 3.14159265358979$（精度は15桁）とします。 |

---

スクエア・ルート・パイ

# SQRTPI

## 円周率の倍数の平方根を求める　✓

| 書　式 | SQRTPI(数値) |
|---|---|
| 計算例 | SQRTPI(2)<br>数値 [2] に π を掛けた数値 [2π] の正の平方根 [2.50662…] を返す。 |
| 機　能 | SQRT関数は [数値] の正の平方根を返しますが、SQRTPI関数は [数値] に π を掛けてその正の平方根を返します。 |

エクスポーネンシャル

# EXP

## 自然対数の底のべき乗を求める

**書　式**　EXP(数値)

**計算例**　EXP(2)
数値[2]の自然対数の底[7.389056098930650]を返す（精度15桁）。

**機　能**　EXP関数は指数関数で、定数eを底とする[数値]乗を返します。定数eは自然対数の底で、Excelの場合には、「e≒2.71828182845904」（精度15桁）とします。

ログ・ナチュラル

# LN

## 自然対数を求める

**書　式**　LN(数値)

**計算例**　LN(2)
数値[2]の自然対数[0.693147181]を返す。

**機　能**　LN関数は[数値]の自然対数（定数eを底とする対数）を返します。この関数はEXP関数の逆関数です。

**使用例**　指数／対数／べき乗のグラフ例

指数関数／対数関数／べき乗のグラフを示します。

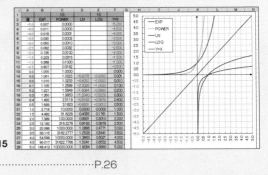

01-15

**関連** EXP ·············· P.26

パワー
# POWER

## べき乗を求める　　　　　　　　　　　　　　　　　∨

**書　式**　POWER(数値, 指数)

**計算例**　POWER(2,8)
　　　　　数値 [2] の指数 [8] 乗である [256] を返す。

**機　能**　POWER関数は、[数値] を底とする [指数] のべき乗を返します。Excelでは、べき乗演算子 [^] を使用してべき乗の [指数] を表すこともできます。

---

ログ
# LOG

## 指定数値を底とする対数を求める　　　　　　　　　∨

**書　式**　LOG(数値 [, 底])

**計算例**　LOG(128,2)
　　　　　数値 [128] の2を底とする対数 [7] を返す。

**機　能**　LOG関数は指定した数を [底9] とする [数値] の対数を返します。LOG関数はPOWER関数の逆関数です。

**関連**　**POWER**　………………………P.27

---

ログ・トゥ・ベース・テン
# LOG10

## 常用対数を求める　　　　　　　　　　　　　　　∨

**書　式**　LOG10(数値)

**計算例**　LOG10(2)
　　　　　数値 [2] の10を底とする対数 [0.301029996] を返す。

**機　能**　LOG10関数は、10を底とする [数値] の対数を返します。この対数を、常用対数とも呼びます。

サイン

# SIN

## 正弦 (サイン) を求める　　　　　　　　　　　　　　　　∨

書　式　SIN(角度)

計算例　SIN(PI()/4)
　　　　角度 [PI()/4] のサイン [0.707106781] (1/√2) を返す。

機　能　SIN関数は、指定した角度の正弦 (サイン) を返します。
　　　　[角度] はラジアンで指定し、絶対値は $2^{27}$ 未満でなければなりません。

---

コサイン

# COS

## 余弦 (コサイン) を求める　　　　　　　　　　　　　　∨

書　式　COS(角度)

計算例　COS(PI()/4)
　　　　角度 [PI()/4] のコサイン [0.707106781] (1/√2) を返す。

機　能　COS関数は、指定した角度の余弦 (コサイン) を返します。
　　　　[角度] はラジアンで指定し、絶対値は $2^{27}$ 未満でなければなりません。

---

タンジェント

# TAN

## 正接 (タンジェント) を求める　　　　　　　　　　　　∨

書　式　TAN(角度)

計算例　TAN(PI()/4)
　　　　角度 [PI()/4] のタンジェント [1] を返す。

機　能　TAN関数は、指定した角度の正接 (タンジェント) を返します。
　　　　[角度] はラジアンで指定し、絶対値は $2^{27}$ 未満でなければなりません。

| 数学／三角 | 三角関数 | 2010 2013 2016 2019 365 |

セカント

# SEC

## 正割（セカント）を求める ∨

| 書　式 | SEC(数値) |

| 計算例 | SEC(45) |
| | 数値 [45] で指定した角度の正割 [1.903594] を返す。 |

| 機　能 | SEC関数は、角度の正割（セカント）を返します。[数値] は求める角度をラジアンで指定し、絶対値は$2^{27}$未満でなければなりません。 |

| 数学／三角 | 三角関数 | 2010 2013 2016 2019 365 |

コセカント

# CSC

## 余割（コセカント）を求める ∨

| 書　式 | CSC(数値) |

| 計算例 | CSC(45) |
| | 数値 [45] で指定した角度の余割 [1.175221] を返す。 |

| 機　能 | CSC関数は、角度の余割（コセカント）を返します。[数値] は求める角度をラジアンで指定し、絶対値は$2^{27}$未満でなければなりません。 |

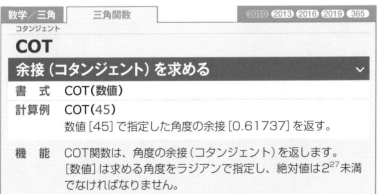

| 数学／三角 | 三角関数 | 2010 2013 2016 2019 365 |

コタンジェント

# COT

## 余接（コタンジェント）を求める ∨

| 書　式 | COT(数値) |

| 計算例 | COT(45) |
| | 数値 [45] で指定した角度の余接 [0.61737] を返す。 |

| 機　能 | COT関数は、角度の余接（コタンジェント）を返します。[数値] は求める角度をラジアンで指定し、絶対値は$2^{27}$未満でなければなりません。 |

| 数学／三角 | 三角関数 | | 2010 2013 2016 2019 365 |

アーク・サイン

# ASIN

## 逆正弦 (アーク・サイン) を求める ∨

| 書　式 | ASIN(数値) |
| --- | --- |
| 計算例 | ASIN(1/SQRT(2)) |
| | 数値 [1/SQRT(2)] の逆正弦 [0.78…] を返す。 |
| 機　能 | ASIN関数は、正弦 (サイン) から角度 (ラジアン単位) を求めます。 |
| | 引数の [数値] は絶対値が1以下を指定します。 |

関連　**DEGREES** ......................... P.23

---

| 数学／三角 | 三角関数 | | 2010 2013 2016 2019 365 |

アーク・コサイン

# ACOS

## 逆余弦 (アーク・コサイン) を求める ∨

| 書　式 | ACOS(数値) |
| --- | --- |
| 計算例 | ACOS(1/SQRT(2)) |
| | 数値 [1/SQRT(2)] の逆余弦 [0.78…] を返す。 |
| 機　能 | ACOS関数は、余弦 (コサイン) から角度 (ラジアン単位) を求めます。 |
| | 引数の [数値] は絶対値が1以下を指定します。 |

---

| 数学／三角 | 三角関数 | | 2010 2013 2016 2019 365 |

アーク・タンジェント

# ATAN

## 逆正接 (アーク・タンジェント) を求める ∨

| 書　式 | ATAN(数値) |
| --- | --- |
| 計算例 | ATAN(1) |
| | 角度 [1] の逆正接 [0.98…] を返す。 |
| 機　能 | ATAN関数は、正接 (タンジェント) から角度 (ラジアン単位) を求めます。 |

| 数学／三角 | 三角関数 | 2010 2013 2016 2019 365 |
|---|---|---|

アーク・タンジェント・トゥ

# ATAN2

## 逆正接（アーク・タンジェント）を座標から求める ✓

**書　式**　ATAN2(x 座標,y 座標)

**計算例**　ATAN2(15,20)
座標 [15,20] の逆正接 [0.9273] を返す。

**機　能**　ATAN2関数は、x-y座標上の座標値から角度を求めます。
ATAN2(c,b)＝ATAN(b/c) という関係になります。

---

| 数学／三角 | 三角関数 | 2010 2013 2016 2019 365 |
|---|---|---|

アーク・コタンジェント

# ACOT

## 逆余接（アーク・コタンジェント）を求める ✓

**書　式**　ACOT(数値)

**計算例**　ACOT(2)
数値 [2] の逆余接 [0.463647609] を返す。

**機　能**　ACOT関数は、引数 [数値] の逆余接（アーク・コタンジェント）
を返します。[数値] は、ラジアン単位で指定します。

---

### MEMO｜三角関数と逆三角関数

SIN関数、COS関数、TAN関数は直角三角形の辺の比として定義された関数で、三角関数といいます。それぞれの関数の三角比は次のとおりです。特に斜辺aを [1] とすると、SIN関数とCOS関数は、角度 $\theta$ の直角三角形の高さと底辺の長さを表します。

$SIN(\theta)=b/a$
$COS(\theta)=c/a$
$TAN(\theta)=b/c$

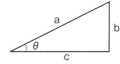

これに対してASIN関数、ACOS関数、ATAN関数（またはATAN2関数）は三角関数とは逆に、辺の比から角度 $\theta$ を求めます。そのため逆三角関数といいます。

$ASIN(b/a)=\theta$
$ACOS(c/a)=\theta$
$ATAN(b/c)=ATAN2(c,b)=\theta$

ハイパーボリック・サイン

# SINH

## 双曲線正弦を求める　　　　　　　　　　　　　　∨

書　式　SINH(数値)

計算例　SINH(PI( )/2)
　　　　数値 [PI()/2] の双曲線正弦 [2.301298902] を返す。

機　能　SINH関数は、引数 [数値] の双曲線正弦（ハイパーボリック・
　　　　サイン）を返します。
　　　　双曲線関数は、伝送方程式や確率分布などの計算に利用でき
　　　　ます。

関連　**ASINH** ……………………………………P.34

ハイパーボリック・コサイン

# COSH

## 双曲線余弦を求める　　　　　　　　　　　　　　∨

書　式　COSH(数値)

計算例　COSH(1)
　　　　数値 [1] の双曲線余弦 [1.543080635] を返す。

機　能　COSH関数は、引数 [数値] の双曲線余弦（ハイパーボリック・
　　　　コサイン）を返します。

### MEMO｜双曲線関数

SIN関数、COS関数、TAN関数の三角関数は、直角三角形の辺の比です。三
角形の斜辺aを [1] とした場合は、次の関係が成り立ちます（P.31参照）。

　$c^2 + b^2 = 1$
　$COS^2(\theta) + SIN^2(\theta) = 1$

さて、双曲線関数のSINH関数、COSH関数、TANH関数は三角関数に「H」が
付いた関数名です。関数名が似ているだけあって、上記の関係式の [b2] の符
号をマイナスにした関係で定義されています。

　$c^2 - b^2 = 1$
　$COSH^2(\theta) - SINH^2(\theta) = 1$
また、$TANH(\theta) = SINH(\theta)/COSH(\theta)$ です。

数学／三角
統計
日付／時刻
財務
論理
情報
検索／行列
データベース
文字列操作
エンジニアリング
キューブ
Web
互換性関数

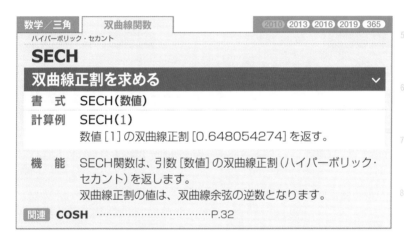

ハイパーボリック・タンジェント

# TANH

## 双曲線正接を求める

| 書　式 | TANH(数値) |
| --- | --- |
| 計算例 | TANH(1)<br>数値 [1] の双曲線正接 [0.761594156] を返す。 |
| 機　能 | TANH関数は、引数 [数値] の双曲線正接（ハイパーボリック・タンジェント）を返します。 |

ハイパーボリック・セカント

# SECH

## 双曲線正割を求める

| 書　式 | SECH(数値) |
| --- | --- |
| 計算例 | SECH(1)<br>数値 [1] の双曲線正割 [0.648054274] を返す。 |
| 機　能 | SECH関数は、引数 [数値] の双曲線正割（ハイパーボリック・セカント）を返します。<br>双曲線正割の値は、双曲線余弦の逆数となります。 |

関連　**COSH** ·······························P.32

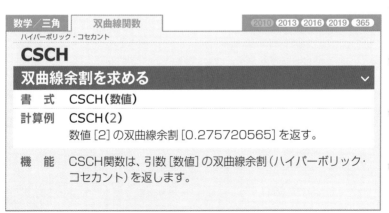

ハイパーボリック・コセカント

# CSCH

## 双曲線余割を求める

| 書　式 | CSCH(数値) |
| --- | --- |
| 計算例 | CSCH(2)<br>数値 [2] の双曲線余割 [0.275720565] を返す。 |
| 機　能 | CSCH関数は、引数 [数値] の双曲線余割（ハイパーボリック・コセカント）を返します。 |

| 数学／三角 | 双曲線関数 | 2010 2013 2016 2019 365 |
|---|---|---|

ハイパーボリック・コタンジェント

# COTH

## 双曲線余接を求める　　　　　　　　　　　　　∨

**書　式**　COTH(数値)

**計算例**　COTH(4)
　　　　　　数値 [4] で指定した角度の双曲線余接 [1.00067115] を
　　　　　　返す。

**機　能**　COTH関数は、引数 [数値] の双曲線余接 (ハイパーボリック・
　　　　　　コタンジェント) を返します。

| 数学／三角 | 双曲線関数 | 2010 2013 2016 2019 365 |
|---|---|---|

ハイパーボリック・アークサイン

# ASINH

## 双曲線逆正弦を求める　　　　　　　　　　　　∨

**書　式**　ASINH(数値)

**計算例**　ASINH(2.301298902)
　　　　　　数値 [2.301298902] の双曲線逆正弦 [1.570796327]
　　　　　　を返す。

**機　能**　ASINH関数は、SINH関数の逆関数です。引数 [数値] の双
　　　　　　曲線逆正弦 (ハイパーボリック・サインの逆関数) を返します。

関連　**SINH**‥‥‥‥‥‥‥‥‥‥‥‥ P.32

---

### MEMO ｜ 逆関数

Excelでの逆関数とは、ある関数に対する引数[x]と戻り値[y]に対して、引数[y]、
戻り値 [x] が成り立つ関数のことです。
たとえば、SINH関数とASINH関数がその典型です。
また、ROMAN関数とARABIC関数 (P.22参照) のように、厳密には逆関数で
はなくとも相互に利用しやすい関数も多くあります。

双曲線関数　　　　　　　　　2010 2013 2016 2019 365

ハイパーボリック・アークコサイン

# ACOSH

## 双曲線逆余弦を求める　　　　　　　　　　　　　　　✓

**書　式**　ACOSH(数値)

**計算例**　ACOSH(2)
数値[2]の双曲線逆余弦[1.316957897]を返す。

**機　能**　ACOSH関数は、COSH関数の逆関数であり、双曲線逆余弦
（ハイパーボリック・コサインの逆関数）を返します。

関連 **COSH** ………………………………P.32

---

双曲線関数　　　　　　　　　2010 2013 2016 2019 365

ハイパーボリック・アークタンジェント

# ATANH

## 双曲線逆正接を求める　　　　　　　　　　　　　　　✓

**書　式**　ATANH(数値)

**計算例**　ATANH(0.761594156)
数値[0.761594156]の双曲線逆正接[1]を返す。

**機　能**　ATANH関数は、双曲線関数TANH関数の逆関数であり、引
数[数値]の双曲線逆正接（ハイパーボリック・タンジェント
の逆関数）を返します。

関連 **TANH** ………………………………P.33

---

双曲線関数　　　　　　　　　2010 2013 2016 2019 365

ハイパーボリック・アークコタンジェント

# ACOTH

## 双曲線逆余接を求める　　　　　　　　　　　　　　　✓

**書　式**　ACOTH(数値)

**計算例**　ACOTH(4)
数値[4]の双曲線逆余接[0.255412812]を求める。

**機　能**　ACOTH関数は、双曲線逆余接（ハイパーボリック・アーク
コタンジェント）の値を返します。

## 数学／三角　行列／行列式

2010 2013 2016 2019 365

マトリックス・ディターミナント

# MDETERM

## 行列式を求める ⌄

**書　式**　MDETERM(配列)

**計算例**　MDETERM(対角行列)
対角行列の行列式は対角要素の積となる。

**機　能**　MDETERM関数を利用すると、行列式の値を求めることができます。行列式とは、正方行列に固有の数値です。

---

## 数学／三角　行列／行列式

2010 2013 2016 2019 365

マトリックス・ユニット

# MUNIT

## 単位行列を求める ⌄

**書　式**　MUNIT(数値)

**計算例**　MUNIT(5)
5列5行の単位行列を求める。

**機　能**　MUNIT関数は、引数[数値]で指定した次元の単位行列を返します。[数値]が0以下の場合、エラー値[#VALUE!]を返します。なお、求められた配列の一部を修正したり、削除したりすることはできません。

---

## 数学／三角　行列／行列式

2010 2013 2016 2019 365

マトリックス・インバース

# MINVERSE

## 逆行列を求める ⌄

**書　式**　MINVERSE(配列)

**計算例**　MINVERSE(A1：C3)
セル範囲[A1：C3](3行3列)の逆行列を求める。

**機　能**　与えられた行列の逆行列を求めるには、MINVERSE関数を使用します。[配列]に指定された配列のサイズと同じサイズの正方のセル範囲を選択し、「配列数式」として入力します。

数学／三角　　行列／行列式　　　　　　　　　　2010 2013 2016 2019 365

マトリックス・マルチプリケーション

# MMULT

## 行列の積を求める　　　　　　　　　　　　　　⌄

**書　式**　MMULT(配列1, 配列2)

**計算例**　MMULT(A1：C3,D1：D3)
セル範囲 [A1：C3] と [D1：D3] の行列の積を求める。

**機　能**　2つの行列の積を求めるには、[配列1] と [配列2] の行列の
積を「配列数式」として入力します。

---

数学／三角　　　乱数　　　　　　　　　　　　　2010 2013 2016 2019 365

ランダム

# RAND

## 0以上1未満の実数の乱数を生成する　　　　　　⌄

**書　式**　RAND()

**計算例**　RAND()
0以上1未満の乱数（任意の実数）を返す。

**機　能**　RAND関数は引数を取らない関数ですが、引数のカッコ( )
だけは必要です。RAND関数は、0以上1未満の区間で一様
に分布する「実数の乱数」を生成します。
RAND関数を使用すると下図のように、ワークシートの再計
算のたびに新しい乱数を生成します。F9を押すと、新しい
関数が生成されます。
なお、100未満の乱数を生成したい場合は、「=RAND()＊
100」とします。

| ▲ | A | B | C |
|---|---|---|---|
| 1 | 1 | 0.5148 | |
| 2 | 2 | | |
| 3 | 3 | | |
| 4 | 4 | | |
| 5 | 5 | | |
| 6 | 6 | | |
| 7 | 7 | | |
| 8 | 8 | | |
| 9 | 9 | | |
| 10 | 10 | | |
| 11 | | | |
| 12 | | | |
| 13 | | | |

| ▲ | A | B | C |
|---|---|---|---|
| 1 | 1 | 0.8204 | |
| 2 | 2 | 0.8590 | |
| 3 | 3 | 0.7382 | |
| 4 | 4 | 0.1345 | |
| 5 | 5 | 0.4733 | |
| 6 | 6 | 0.6365 | |
| 7 | 7 | 0.0073 | |
| 8 | 8 | 0.6244 | |
| 9 | 9 | 0.0537 | |
| 10 | 10 | 0.2399 | |
| 11 | | | |
| 12 | | | |
| 13 | | | |

📄 01-16

ランダム・ビトウィーン

# RANDBETWEEN

## 整数の乱数を生成する ∨

**書　式**　RANDBETWEEN(最小値, 最大値)

**計算例**　RANDBETWEEN(1,10)
　　　　　[1]以上[10]以下の乱数(任意の整数)を返す。

**機　能**　RAND関数は「実数の乱数」を生成します。それに対して、
　　　　　RANDBETWEEN関数は[最小値]と[最大値]の範囲で一様
　　　　　に分布する「整数の乱数」を生成します。
　　　　　RANDBETWEEN関数を使用すると、下図のように、ワー
　　　　　クシートの再計算のたびに新しい乱数を発生します。
　　　　　F9を押すと、新しい関数が生成されます。

| | A | B | C |
|---|---|---|---|
| 1 | 1 | 16 | |
| 2 | 2 | | |
| 3 | 3 | | |
| 4 | 4 | | |
| 5 | 5 | | |
| 6 | 6 | | |
| 7 | 7 | | |
| 8 | 8 | | |
| 9 | 9 | | |
| 10 | 10 | | |
| 11 | | | |

| | A | B | C |
|---|---|---|---|
| 1 | 1 | 12 | |
| 2 | 2 | 14 | |
| 3 | 3 | 5 | |
| 4 | 4 | 16 | |
| 5 | 5 | 2 | |
| 6 | 6 | 15 | |
| 7 | 7 | 7 | |
| 8 | 8 | 5 | |
| 9 | 9 | 15 | |
| 10 | 10 | 6 | |
| 11 | | | |

01-17

### 使用例 ∨

下表では、ランダムな日付をデータとして抽出します。[最小値]と[最
大値]に日付の期間を指定します。なお、日付はシリアル値で表示され
るため、日付形式に設定する必要があります。

| B1 | | ×　✓　fx | =RANDBETWEEN("2020/8/1","2020/8/31") |

| | A | B | C | D | E | F | G |
|---|---|---|---|---|---|---|---|
| 1 | 1 | 2020/8/30 | | | | | |
| 2 | 2 | 2020/8/28 | | | | | |
| 3 | 3 | 2020/8/17 | | | | | |
| 4 | 4 | 2020/8/13 | | | | | |
| 5 | 5 | 2020/8/16 | | | | | |
| 6 | 6 | 2020/8/6 | | | | | |
| 7 | 7 | 2020/8/6 | | | | | |
| 8 | 8 | 2020/8/22 | | | | | |
| 9 | 9 | 2020/8/27 | | | | | |
| 10 | 10 | 2020/8/28 | | | | | |
| 11 | | | | | | | |

01-18

**関連**　**RAND** ················· P.37

シーケンス

# SEQUENCE

## 連続した数値の入った配列（表）を作成する ∨

**書　式**　SEQUENCE(行 [, 列] [, 開始] [, 目盛り])

**計算例**　SEQUENCE(スタート時刻, レーン数, ナンバーカード)
複数の [スタート時刻] と [レーン数] の表に、[ナンバーカード] で指定した番号を連続で配列する。

**機　能**　SEQUENCE関数は、指定した範囲に連続した数値（連番）の一覧表を作成します。[目盛り] には、連続した数値の増分量を指定することができます。つまり、1、2、3…の連番が、[目盛り] に「2」を指定すると、1、3、5…のように2増の数値を入れることができます。
[列] [開始] [目盛り] を省略すると、それぞれの値は「1」となります。

**使用例**　スタート時刻とレーンに対応する選手のゼッケン番号を配列する ∨

下表では、陸上のトラック競技で3つのスタート時刻と4つのレーンの表に、選手のゼッケン番号（ナンバーカード）を指定します。
この例では、セル範囲 [B4：E6] において、セル [B4] にゼッケン番号の「1001」から連続した番号を配列しています。

| B4 | | ▼ : × ✓ fx | =SEQUENCE(3,4,1001) | | |
|---|---|---|---|---|---|
| | A | B | C | D | E | F |
| 1 | スタート時刻一覧 | | | | | |
| 2 | スタート | | レーン番号 | | | |
| 3 | 時刻 | 1 | 2 | 3 | 4 | |
| 4 | 10:00 | 1001 | 1002 | 1003 | 1004 | |
| 5 | 10:05 | 1005 | 1006 | 1007 | 1008 | |
| 6 | 10:10 | 1009 | 1010 | 1011 | 1012 | |
| 7 | | | | | | |
| 8 | | | | | | |

01-19

*f(x)* **=SEQUENCE(3,4,1001)**

**関連**　**MUNIT**·································· P.36
　　　　**RANDARRAY** ····················· P.40

# RANDARRAY

## 乱数の入った配列 (表) を作成する ∨

**書　式**　RANDARRAY([行] [, 列] [, 最小] [, 最大] [, 整数])

**計算例**　RANDARRAY([週] [, 曜日] [, 最初の商品番号] [,
最後の商品番号] [, 整数])

[週] と [曜日] で指定した表に、[最初の商品番号] から [最後の商品番号] までの商品番号をランダムで入力する。

**機　能**　RANDARRAY関数は、指定した範囲に乱数の一覧表を作成します。乱数の最小値と最大値を指定することができ、[整数] で「TURE」または「1」を指定すると返される乱数は整数に、省略すると実数になります。

**解　説**　RANDARRAY関数を使用すると、ブックを開いたり、保存後にブックを再表示させたりした場合にワークシートの再計算が行われ、そのたびに新しい乱数表に変わります。
なお、作成した表をそのまま使用したい場合は、表のセル範囲をコピーして、貼り付けの際に<値の貼り付け>で<値>を指定します。

### 使用例　日にちごとのサービス商品の商品番号を作成する ∨

下表では、週と曜日の表に、その日のサービス商品の商品番号を、1から10までのランダムに表示させています。ほかの関数と組み合わせることで、数字ではなく、数字に対応する商品名を表示させることもでききます。

| B3 | ▼ | : | × | ✓ | fx | =RANDARRAY(5,7,1,10,TRUE) | | |
|---|---|---|---|---|---|---|---|---|
| | A | B | C | D | E | F | G | H | I |
| 1 | サービス商品番号 | | | | | | | | |
| 2 | 週 | 月 | 火 | 水 | 木 | 金 | 土 | 日 | |
| 3 | 1 | 3 | 8 | 6 | 5 | 6 | 8 | 1 | |
| 4 | 2 | 7 | 5 | 5 | 7 | 4 | 10 | 9 | |
| 5 | 3 | 7 | 5 | 2 | 4 | 6 | 10 | 9 | |
| 6 | 4 | 5 | 8 | 3 | 7 | 7 | 9 | 1 | |
| 7 | 5 | 4 | 9 | 5 | 3 | 3 | 6 | 8 | |
| 8 | | | | | | | | | |
| 9 | | | | | | | | | |

📄 01-20

# 第2章
# 統計

Excel の統計関数は、手計算や数式の組み合わせで行うと手間や時間がかかる確率や統計などの計算を、関数を使用することで素早く、そして確実に行うためのものです。

統計関数にはもとになる数値から確率や統計的な計算を行うもののほかに、平均値を求める、表のデータの中から最大値や最小値を求める、数値や文字列の個数や順位などを求めることができます。

数学／三角 1

統計 2

日付／時刻 3

財務 4

論理 5

情報 6

検索／行列 7

データベース 8

文字列操作 9

エンジニアリング 10

キューブ Web 11

互換性関数 12

アベレージ

# AVERAGE

## 数値の平均値を求める　　　　　　　　　　　　　　　∨

**書　式**　AVERAGE([数値1, 数値2,…])
　　　　　[数値1] [数値2] …の平均値を求める。

**機　能**　AVERAGE関数は、数値、文字列の数字だけを対象として平均値（算術平均）を算出します。

### 使用例　テストの平均点を求める　　　　　　　　　　　∨

下表は、テストの点数とその集計を示したものです。

14行目の「平均点」は、数値のみを対象にするAVERAGE関数を用いて、欠席者（得点欄に「欠席」の文字がある人）を含まない人数での平均点を計算しています。

19行目の「平均点」は、数値のほか文字列も対象にするAVERAGEA関数（P.43参照）を用いて、欠席者を含んだ人数での平均点を計算しています。引数は同じでも、計算対象が異なるため、平均点が変わっています。

| | C14 | ▾ | : | × | ✓ | fx | =AVERAGE(C3:C12) | |
|---|---|---|---|---|---|---|---|---|

| | A | B | C | D | E | F | G | H | I |
|---|---|---|---|---|---|---|---|---|---|
| 1 | 番号 | 氏名 | 必修科目 | | | 選択科目 | | 合計点 | |
| 2 | | | 国語 | 数学 | 英語 | 物理 | 化学 | | |
| 3 | 1 | 青山 克彦 | 60 | 85 | 50 | | 50 | 245 | |
| 4 | 2 | 加藤 宏香 | 58 | 60 | 52 | | 45 | 215 | |
| 5 | 3 | 佐々木 浩 | 84 | 75 | 77 | 60 | | 296 | |
| 6 | 4 | 高橋 美穂 | 95 | 75 | 84 | 75 | | 329 | |
| 7 | 5 | 中村 武 | 100 | 100 | 90 | 100 | | 390 | |
| 8 | 6 | 橋本 麻里 | 75 | 25 | 65 | 50 | | 215 | |
| 9 | 7 | 松下 義昭 | 86 | 10 | 65 | | 32 | 193 | |
| 10 | 8 | 山崎 貴子 | 58 | 22 | 67 | | 30 | 177 | |
| 11 | 9 | R.Johnson | 39 | 65 | 95 | | 70 | 269 | |
| 12 | 10 | 渡辺 圭子 | 欠席 | 欠席 | 欠席 | 欠席 | 欠席 | 欠席 | |
| 13 | 合計点 | SUM | 655 | 517 | 645 | 285 | 227 | 2,329 | |
| 14 | 平均点 | AVERAGE | 72.8 | 57.4 | 71.7 | 71.3 | 45.4 | 258.8 | |
| 15 | 受験者数 | COUNT | 9 | 9 | 9 | 4 | 5 | 9 | |
| 16 | 最高点 | MAX | 100.0 | 100.0 | 95.0 | 100.0 | 70.0 | 390.0 | |
| 17 | 最低点 | MIN | 39.0 | 10.0 | 50.0 | 50.0 | 30.0 | 177.0 | |
| 18 | SUM/AVERAGE | | 72.8 | 57.4 | 71.7 | 71.3 | 45.4 | 258.8 | |
| 19 | 平均点 | AVERAGEA | 65.5 | 51.7 | 64.5 | 57.0 | 37.8 | 232.9 | |
| 20 | 受験者数 | COUNTA | 10 | 10 | 10 | 5 | 6 | 10 | |
| 21 | 最高点 | MAXA | 100.0 | 100.0 | 95.0 | 100.0 | 70.0 | 390.0 | |
| 22 | 最低点 | MINA | 0.0 | 0.0 | 0.0 | 0.0 | 0.0 | 0.0 | |
| 23 | SUM/AVERAGEA | | 65.5 | 51.7 | 64.5 | 57.0 | 37.8 | 232.9 | |
| 24 | | | | | | | | | |

*fx* **=AVERAGE(C3:C12)**　　　　　📄 02-01

*fx* **=AVERAGEA(C3:C12)**

アベレージ・エー

# AVERAGEA

## 数値やデータの平均値を求める　　　∨

書　式　AVERAGEA(値1[, 値2,…])

[値1] [値2]…の、文字列または論理値も含めた平均値を求める。

機　能　AVERAGEA関数は、数値のほか文字列や論理値も計算の対象として平均値を算出します。

参照　**AVERAGE** ……………………………P.42

---

### MEMO | 集計のポイント

#### ●条件を満たしたものだけの平均を求める

条件付きの平均を計算する場合は、AVERAGEIFS関数 (P.45参照) やDAVERAGE関数 (P.210参照) を使用することができます。

#### ●文字列や論理値を集計対象とするかどうか

集計に際しては、空白は対象になりません。また、「欠席」「休日」などの文字列、もしくは論理値に関して、集計対象としない場合は「末尾にAが付かない関数」を、集計対象とする場合には「末尾にAが付く関数」を使用します。この場合、文字列は [0]、論理値はTRUEのとき [1]、FALSEのとき [0] とみなします。

| | A | B | C | D | E | F |
|---|---|---|---|---|---|---|
| 1 | 受験者名 | 試験1 | 試験2 | 試験3 | 試験4 | 試験5 |
| 2 | 青山 克彦 | 25 | 93 | 37 | 96 | 21 |
| 3 | 加藤 京香 | 95 | 35 | 51 | 66 | 34 |
| 4 | 佐々木 浩 | 欠席 | 欠席 | 欠席 | 欠席 | 欠席 |
| 5 | 高橋 美穂 | 81 | 26 | 44 | 23 | 47 |
| 6 | 中村 武 | 61 | 29 | 64 | 欠席 | 84 |
| 7 | 橋本 麻里 | 75 | 欠席 | 35 | 75 | 60 |
| 8 | 松下 義昭 | 98 | 67 | 24 | 86 | 欠席 |
| 9 | 山崎 貴子 | 54 | 33 | 66 | 32 | 80 |
| 10 | R.Johnson | 欠席 | 45 | 75 | 85 | 89 |
| 11 | 渡辺 圭子 | 32 | 96 | 欠席 | 68 | 92 |
| 12 | 受験者の平均点 | 65.1 | 53.0 | 49.5 | 66.4 | 63.4 |
| 13 | 欠席者を含めた平均点 | 52.1 | 85.3 | 68.3 | 79.3 | 81.0 |
| 14 | | | | | | |

02-02

#### ●平均の求め方のバリエーション

上の2つは「平均を求める対象」のバリエーションですが、平均の求め方にも以下のようなバリエーションがあります。

○相乗平均を求める: GEOMEAN関数 (P.46参照)
○調和平均を求める: HARMEAN関数 (P.47参照)
○極端に離れた値を除外して平均を求める:TRIMMEAN (P.47参照)

#### ●「表示されない0」の取り扱い

<Excelのオプション>ダイアログボックスの<詳細設定>で<ゼロ値のセルにゼロを表示する>をオフに設定すると、セルの [0] が非表示になります。ただし、これらのセルを引数に含めた場合は [0] として計算の対象となるので、注意が必要です。

アベレージ・イフ

# AVERAGEIF

## 条件を指定して平均値を求める　　　　　　　　　　　　　　∨

**書　式**　AVERAGEIF(**検索範囲, 検索条件, 平均範囲**)

**計算例**　AVERAGEIF(**住所," 東京", 年齢**)

　　　　　セル範囲 [住所] の [東京] の行 (または列) に対応するセル範囲 [年齢] の数値を平均する。

**機　能**　AVERAGEIF関数を利用すると、「条件に合う数値を平均する」ことができます。[検索範囲] に含まれるセルのうち、[検索条件] を満たすセルに対応する [合計範囲] のセルの数値の平均を求めます。

　　　　　たとえば、東京在住の会員の平均年齢を求めたい場合は、計算例のように「住所」を [検索範囲] に、「東京」を [検索条件] に指定します。

---

**使用例**　物理受験者の国語の平均点を求める　　　　　　　　　　　∨

下表では、物理受験者4名 (「物理」欄に適切な得点が記入してある) の国語の平均点を計算して、参照方法を調整してほかの列にコピーし、物理受験者の全科目の平均点を出力しています (「化学」は受験者がいないのでエラー)。

| C16 | ▼ | | × | ✓ | fx | =AVERAGEIF($F$3:$F$12,">=0",C$3:C$12) | | | |
|---|---|---|---|---|---|---|---|---|---|
| | A | B | C | D | E | F | G | H | I |
| 1 | 番号 | 氏名 | 必修科目 | | | 選択科目 | | 合計点 | |
| 2 | | | 国語 | 数学 | 英語 | 物理 | 化学 | | |
| 3 | 1 | 青山 克彦 | 60 | 85 | 50 | | 50 | 245 | |
| 4 | 2 | 加藤 京香 | 58 | 60 | 52 | | 45 | 215 | |
| 5 | 3 | 佐々木 浩 | 84 | 75 | 77 | 60 | | 296 | |
| 6 | 4 | 髙橋 美穂 | 95 | 75 | 84 | 75 | | 329 | |
| 7 | 5 | 中村 武 | 100 | 100 | 90 | 100 | | 390 | |
| 8 | 6 | 橋本 麻里 | 75 | 25 | 65 | 50 | | 215 | |
| 9 | 7 | 松下 義昭 | 86 | 10 | 65 | | 32 | 193 | |
| 10 | 8 | 山崎 貴子 | 58 | 22 | 67 | | 30 | 177 | |
| 11 | 9 | R.Johnson | 39 | 65 | 95 | | 70 | 269 | |
| 12 | 10 | 渡辺 圭子 | 欠席 | 欠席 | 欠席 | 欠席 | 欠席 | 欠席 | |
| 13 | 合計点 | SUM | 655.0 | 517.0 | 645.0 | 285.0 | 227.0 | 2,329.0 | |
| 14 | 平均点 | AVERAGE | 72.8 | 57.4 | 71.7 | 71.3 | 45.4 | 258.8 | |
| 15 | | | | | | | | | |
| 16 | 物理受験者の平均点 | | 88.5 | 68.8 | 79.0 | 71.3 | #DIV/0! | 307.5 | |
| 17 | | | | | | | | | |
| 18 | | | | | | | | | |

02-03

$f(x)$　**=AVERAGEIF($F$3:$F$12,">=0",C$3:C$12)**

アベレージ・イフス

# AVERAGEIFS

## 複数の条件を指定して平均値を求める

書　式　AVERAGEIFS(平均範囲, 検索範囲 1, 検索条件 1 [, 検索範囲 2, 検索条件 2,…])

計算例　AVERAGEIFS(年齢, 住所," 東京 " 性別," 男性 ")

セル範囲 [住所] の [東京] の行 (または列) であってかつ、セル範囲 [性別] の [男性] の行 (または列) に対応するセル範囲 [年齢] の数値を平均する。

機　能　AVERAGEIF関数 (P.44参照) では「1つの条件を付けた平均」を求めますが、AVERAGEIFS関数は「複数の条件を付けた平均」を求めます。条件は127個まで追加できます。
たとえば、東京在住の男性会員の平均年齢を求めたい場合は、計算例のように「住所」を [検索範囲] に、「東京」と「男性」を [検索条件] に指定します。

### 使用例　2つの条件に一致する受験者の数学の平均点を求める

下表では、前ページの計算に加えて、「物理受験者4名の数学の得点」の「合格者 (50点以上) の平均点」を求めています。このとき、AVERAGEIF関数とは引数の順番が異なることに注意します。

| | | | | | | | | | | |
|---|---|---|---|---|---|---|---|---|---|---|
D17 | | × ✓ fx | =AVERAGEIFS($D$3:$D$12,$F$3:$F$12,">=0",D3:D12,">=50") | | | | | | | |

| | A | B | C | D | E | F | G | H | I | J | K |
|---|---|---|---|---|---|---|---|---|---|---|---|
| 1 | 番号 | 氏名 | | 必修科目 | | 選択科目 | | 合計点 | | | |
| 2 | | | 国語 | 数学 | 英語 | 物理 | 化学 | | | | |
| 3 | 1 | 青山 克彦 | 60 | 85 | 50 | | 50 | 245 | | | |
| 4 | 2 | 加藤 京香 | 58 | 60 | 52 | | 45 | 215 | | | |
| 5 | 3 | 佐々木 浩 | 84 | 75 | 77 | 60 | | 296 | | | |
| 6 | 4 | 高橋 美穂 | 95 | 75 | 84 | 75 | | 329 | | | |
| 7 | 5 | 中村 武 | 100 | 100 | 90 | 100 | | 390 | | | |
| 8 | 6 | 橋本 麻里 | 75 | 25 | 65 | 50 | | 215 | | | |
| 9 | 7 | 松下 義昭 | 86 | 10 | 65 | | 32 | 193 | | | |
| 10 | 8 | 山崎 貴子 | 58 | 22 | 67 | | 30 | 177 | | | |
| 11 | 9 | R.Johnson | 39 | 65 | 95 | | 70 | 269 | | | |
| 12 | 10 | 渡辺 圭子 | 欠席 | 欠席 | 欠席 | 欠席 | 欠席 | 欠席 | | | |
| 13 | 合計点 | SUM | 655.0 | 517.0 | 645.0 | 285.0 | 227.0 | 2,329.0 | | | |
| 14 | 平均点 | AVERAGE | 72.8 | 57.4 | 71.7 | 71.3 | 45.4 | 258.8 | | | |
| 15 | | | | | | | | | | | |
| 16 | 物理受験者の平均点 | | 88.5 | 68.8 | 79.0 | 71.3 | #DIV/0! | 307.5 | | | |
| 17 | 物理受験者の中で数学の得点が50点以上の受験者の平均点 | | | 83.3 | | | | | | | |
| 18 | | | | | | | | | | | |
| 19 | | | | | | | | | | | |
| 20 | | | | | | | | | | | |

02-04

$f(x)$ =AVERAGEIFS(D$3:D$12,$F$3:$F$12,">=0",D3:D12,">=50")

ジオメトリック・ミーン

# GEOMEAN

## 数値の相乗平均を求める

書　式　GEOMEAN(数値1[, 数値2,…])

計算例　GEOMEAN(12%,9%,16%)
　　　　数値[12%][9%][16%]の相乗平均[12%]を返す。

機　能　平均するデータが「掛け合わされて結果を表すデータ」である
　　　　場合は、相乗平均(幾何平均)を求めるGEOMEAN関数を利
　　　　用します。「MEAN」は「平均」という意味です。

$$\text{GEOMEAN} = \sqrt[n]{A_1 \times A_2 \times \cdots \times A_n}$$

### 使用例　物価の平均上昇率を求める

物価上昇率が3.5%、4%、−1.5%、−0.5%、2%である場合の「平
均上昇率」は、毎年の上昇率を合計して割って(算術平均)も無意味な
ので、この場合は「相乗平均」を利用します。ただし、掛け合わせるの
は「物価上昇率」に100%を加えた「前年比」であり、掛け合わせたあと
で100%を引きます。

02-05

46

ハーモニック・ミーン

# HARMEAN

## 数値の調和平均を求める

**書　式**　HARMEAN(数値1[, 数値2,…])

**計算例**　HARMEAN(3,4,6)
数値[3][4][6]の調和平均[4]を返す。

**機　能**　数の平均の逆数（調和平均）を求める場合にHARMEAN関数を利用します。計算対象は、数値、文字列として入力された数字で、文字列や論理値、空白セルは計算の対象外です。

$$\text{HARMEAN} = \cfrac{1}{\cfrac{1}{n} \times \cfrac{1}{A_1} + \cfrac{1}{n} \times \cfrac{1}{A_2} + \cdots + \cfrac{1}{n} \times \cfrac{1}{A_n}} = \cfrac{n}{\cfrac{1}{A_1} + \cfrac{1}{A_2} + \cdots + \cfrac{1}{A_n}}$$

$$\frac{1}{\text{HARMEAN}} = \frac{1}{n} \times \left(\frac{1}{A_1} + \frac{1}{A_2} + \cdots + \frac{1}{A_n}\right)$$

### 使用例　平均時速を求める

30kmの距離を、最初の1/3の距離を6km/h、次の1/3の距離を5km/h、最後の1/3の距離を3km/hで歩いた場合の平均時速は、調和平均を利用すると求められます。ただしこの場合、距離の3等分が必須条件です。

---

トリム・ミーン

# TRIMMEAN

## 異常値を除いた平均値を求める

**書　式**　TRIMMEAN(配列, 割合)

**計算例**　TRIMMEAN({-10,1,2,3,4,5,10} ,0.3)
数値[-10][1][2][3][4][5][10]の30%に当たる2個（上下各1個）のデータを除き平均値[3]を返す。

**機　能**　TRIMMEAN関数は、データの中に飛び飛びに離れているデータが混じっているような場合に、データ全体の上限と下限から一定の割合のデータを除いた残りの項（中間項）の平均値を計算します。

47

数学／三角

統計

日付／時刻

財務

論理

情報

検索／行列

データベース

文字列操作

エンジニアリング

キューブ

Web

互換性関数

マックス

# MAX

## 数値の最大値を求める　　　　　　　　　　∨

書　式　MAX(数値 1[, 数値 2,…])

[数値1] [数値2] …の最大値を返す。

機　能　MAX関数は、数値の最大値を求めます。このとき、引数または引数として指定したセルに文字列あるいは論理値が含まれている場合は無視します。

マックス・エー

# MAXA

## データの最大値を求める　　　　　　　　　∨

書　式　MAXA(値 1[, 値 2,…])

[値1] [値2] …の文字列または論理値も含めた最大値を求める。

機　能　MAXA関数は、データの最大値を求めます。このとき、引数または引数として指定したセルに、数値のほか文字列や論理値が含まれていても、計算の対象に含みます。文字列と[FALSE]は[0]、[TRUE]は[1]として計算します。

### 使用例　最大売上額を求める　　　　　　　　　∨

下表では、上半期の売上一覧から各店舗の最大売上額をMAXA関数で求めています。対象を「休業」を含めた最大額が求められます。

| B9 | ▼ | : | × | ✓ | fx | =MAXA(B2:B7) | |
|---|---|---|---|---|---|---|---|
| ▲ | A | B | C | D | E | F | G | H |
| 1 | | 新宿店 | 台場店 | 町田店 | 横浜店 | 幕張店 | 売上合計 | |
| 2 | 4月 | 77,220 | 71,490 | 55,910 | 改装休業 | 110,700 | 315,320 | |
| 3 | 5月 | 86,310 | 改装休業 | 123,330 | 82,800 | 126,250 | 418,690 | |
| 4 | 6月 | 142,590 | 102,450 | 改装休業 | 111,230 | 114,060 | 470,330 | |
| 5 | 7月 | 58,240 | 127,180 | 119,750 | 96,550 | 104,020 | 505,740 | |
| 6 | 8月 | 52,050 | 54,900 | 92,720 | 102,490 | 改装休業 | 302,160 | |
| 7 | 9月 | 改装休業 | 137,650 | 127,870 | 82,920 | 145,820 | 494,260 | |
| 8 | 上半期計 | 416,410 | 493,670 | 519,580 | 475,990 | 600,850 | 2,506,500 | |
| 9 | 最大売上額 | 142,590 | 137,650 | 127,870 | 111,230 | 145,820 | 505,740 | |
| 10 | | | | | | | | |

📄 02-06

マックス・イフス

# MAXIFS

## 条件を指定してデータの最大値を求める

**書 式** MAXIFS(**最大範囲**, **条件範囲** 1, **条件** 1[, **条件範囲** 2,
**条件** 2] ,…)

**計算例** MAXIFS(**税込金額**, **商品名**, **検索商品名**)
[商品名]のセル範囲にある[検索商品名]の商品に対応する
[税込金額]の数値のうち、最も大きい数値を求めます。

**機 能** MAXIFS関数は、指定した検索対象のセル範囲内から複数の
条件を指定して検索し、条件を満たす最大値を返します。最
大126の範囲と
条件のセットを
指定することが
できます。
引数「条件」に使
用できる比較演
算子は、表のと
おりです。

| 演算子 | 演算名 | 使用例 | 結　果 |
|---|---|---|---|
| = | 等しい | "=2" | 2 と同じ |
| <> | 等しくない | "<>2" | 2 以外 |
| > | 大きい | ">2" | 2 より大きい |
| < | 小さい | "<2" | 2 より小さい |
| >= | 以上 | ">=2" | 2 以上 |
| <= | 以下 | "<=2" | 2 以下 |

---

### 使用例　指定した商品名の最大売上金額を求める

下表では、売上一覧から指定する商品の最大の売上額を求めています。
セル[H1]にセル範囲[B2：B11]で検索する商品名を指定します。
セル範囲[E2：E11]から商品名に合致するセルを検索して、その中
で最大の売上金額を表示します。

| | H2 | ▼ | ： | × | ✓ | fx | =MAXIFS(E2:E11,B2:B11,H1) | |
|---|---|---|---|---|---|---|---|---|
| | A | B | C | D | E | F | G | H |
| 1 | 伝票番号 | 商品名 | 単価 | 数量 | 売上金額 | | 商品名 | パソコン |
| 2 | 1001 | パソコン | 49,800 | 1 | 54,780 | | 最高売上金額 | 109,560 |
| 3 | 1002 | プリンタ | 24,800 | 3 | 81,840 | | | |
| 4 | 1003 | デジカメ | 39,800 | 1 | 43,780 | | | |
| 5 | 1004 | プリンタ | 24,800 | 2 | 54,560 | | | |
| 6 | 1005 | パソコン | 49,800 | 2 | 109,560 | | | |
| 7 | 1006 | プリンタ | 24,800 | 4 | 109,120 | | | |
| 8 | 1007 | デジカメ | 39,800 | 2 | 87,560 | | | |
| 9 | 1008 | プリンタ | 24,800 | 1 | 27,280 | | | |
| 10 | 1009 | パソコン | 49,800 | 1 | 54,780 | | | |
| 11 | 1010 | プリンタ | 24,800 | 1 | 27,280 | | | |
| 12 | | | | | | | | |

02-07

*f(x)* **=MAXIFS(E2:E11,B2:B11,H1)**

ミニマム

# MIN

## 数値の最小値を求める　∨

書　式　MIN(数値1[, 数値2,…])
[数値1] [数値2]…の最小値を返す。

機　能　MIN関数は、数値の最小値を求めます。
MIN関数は、引数または引数として指定したセル参照に、文字列または論理値が含まれていても無視されます。

ミニマム・エー

# MINA

## データの最小値を求める　∨

書　式　MAXA(値1[, 値2,…])
[値1] [値2]…の文字列または論理値も含めた最大値を返す。

機　能　MINA関数は、データの最小値を求めます。このとき、引数または引数として指定したセルに、数値のほか文字列や論理値が含まれていても、計算の対象に含みます。文字列と[FALSE]は[0]、[TRUE]は[1]として計算します。

### 使用例　最小売上額を求める　∨

下表では、上半期の売上一覧から各店舗の最小売上額をMIN関数とMINA関数で求めています。MIN関数では対象に「改装休業」を含めず、MINA関数では含めるため、求める値が異なります。

| | | C10 | ▼ | × ✓ fx | =MINA(C1:C6) | | |
|---|---|---|---|---|---|---|---|
| ◢ | A | B | C | D | E | F | G | H | I |

| | A | B | C | D | E | F | G | H |
|---|---|---|---|---|---|---|---|---|
| 1 | | | 新宿店 | 台場店 | 町田店 | 横浜店 | 幕張店 | 売上合計 |
| 2 | 4月 | | 77,220 | 71,490 | 55,910 | 改装休業 | 110,700 | 315,320 |
| 3 | 5月 | | 86,310 | 改装休業 | 123,330 | 82,800 | 126,250 | 418,690 |
| 4 | 6月 | | 142,590 | 102,450 | 改装休業 | 111,230 | 114,060 | 470,330 |
| 5 | 7月 | | 58,240 | 127,180 | 119,750 | 96,550 | 104,020 | 505,740 |
| 6 | 8月 | | 52,050 | 54,900 | 92,720 | 102,490 | 改装休業 | 302,160 |
| 7 | 9月 | | 改装休業 | 137,650 | 127,870 | 82,920 | 145,820 | 494,260 |
| 8 | 上半期計 | | 416,410 | 493,670 | 519,580 | 475,990 | 600,850 | 2,506,500 |
| 9 | 売上最小額 | MIN関数 | 52,050 | 54,900 | 55,910 | 82,800 | 104,020 | 302,160 |
| 10 | 売上最小額 | MINA関数 | 0 | 0 | 0 | 0 | 0 | 302,160 |
| 11 | | | | | | | | |

02-08

ミニマム・イフス

# MINIFS

## 条件を指定してデータの最小値を求める

**書　式**　MINIFS(最小範囲, 条件範囲 1, 条件 1[, 条件範囲 2, 条件 2] ,…)

**計算例**　MINIFS(E2：B11,B2：B11,H1)

[商品名] が入力されているセル範囲 [B2：B11] にある [検索商品名] (セル [H1]) の商品に対応する [売上金額] (セル範囲 [E2：E11]) の数値のうち、最も小さい数値を求めます。

**機　能**　MINIFS関数は、指定した検索対象のセル範囲内から複数の条件を指定して検索し、条件を満たす最小値を返します。最大126の範囲と条件のセットを指定することができます。なお、引数「条件」に使用できる比較演算子については、MAXIFS関数 (P.49) を参照してください。

### 使用例　指定した商品名の最小売上金額を求める

下表では、売上一覧から指定する商品の最小の売上額を求めています。セル [H1] にセル範囲 [B2：B11] で検索する商品名を指定します。セル範囲 [E2：E11] から商品名に合致するセルを検索して、その中で最小の売上金額を表示します。

| H2 | | ▼ | : | × | ✓ | fx | =MINIFS(E2:E11,B2:B11,H1) |

| | A | B | C | D | E | F | G | H |
|---|---|---|---|---|---|---|---|---|
| 1 | 伝票番号 | 商品名 | 単価 | 数量 | 売上金額 | | 商品名 | プリンタ |
| 2 | 1001 | パソコン | 49,800 | 1 | 54,780 | | 最高売上金額 | 27,280 |
| 3 | 1002 | プリンタ | 24,800 | 3 | 81,840 | | | |
| 4 | 1003 | デジカメ | 39,800 | 1 | 43,780 | | | |
| 5 | 1004 | プリンタ | 24,800 | 2 | 54,560 | | | |
| 6 | 1005 | パソコン | 49,800 | 2 | 109,560 | | | |
| 7 | 1006 | プリンタ | 24,800 | 4 | 109,120 | | | |
| 8 | 1007 | デジカメ | 39,800 | 2 | 87,560 | | | |
| 9 | 1008 | プリンタ | 24,800 | 1 | 27,280 | | | |
| 10 | 1009 | パソコン | 49,800 | 1 | 54,780 | | | |
| 11 | 1010 | プリンタ | 24,800 | 1 | 27,280 | | | |
| 12 | | | | | | | | |
| 13 | | | | | | | | |

02-09

$f(x)$ **=MINIFS(E2:E11,B2:B11,H1)**

メジアン

# MEDIAN

## 中央値を求める ∨

**書 式** MEDIAN(数値1[, 数値2,…])

**計算例** MEDIAN(60,30,10,20,70,50,40)

数値[60][30][10][20][70][50][40]の中央値[40]を求める。

**機 能** MEDIAN関数は、中央値(メジアン)、すなわちデータを順番に並べてちょうど中央にある数値を抽出します。
引数として指定した数値の個数が偶数である場合には、中央に位置する2つの数値の平均が返されます。

**解 説** 中央値が平均値よりも大きければ、データは全体的には平均値よりも大きなほうに偏っていて、平均値より小さなほうに個数は少ないが大きな偏差でデータが分布しているということができます。中央値が平均値よりも小さければ、データは全体的には平均値よりも小さなほうに偏っていて、平均値より大きなほうに個数は少ないが大きな偏差でデータが分布しているということができます。

---

モード・シングル

# MODE.SNGL 互換

## 最頻値を求める ∨

**書 式** MODE.SNGL(数値1[, 数値2,…])

**計算例** MODE.SNGL(60,30,10,20,60,50,50)

数値[60][30][10][20][60][50][50]の最頻度(このうち最初のもの)[60]を求める。

**機 能** 最頻値(モード)、すなわちデータ内で最も頻繁に出現する数値を抽出するにはMODE.SNGL関数を使用します。最頻値となる数値が複数ある場合は、引数を評価していく順で、一番最初に最頻値となった数値が返されます。

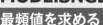

参照 **MODE** ······························ P.280
関連 **MODE.MULT** ····················· P.53

# MODE.MULT

## 複数の最頻値を求める

**書　式**　MODE.MULT(数値 1[, 数値 2,…])

**計算例**　{MODE.MULT(60,30,10,20,60,50,50)}
数値 [60] [30] [10] [20] [60] [50] [50] のモード [60]
[50] を求める。

**機　能**　MODE.SNGL関数は、データ内で最初に見つかった最頻値を求めるため、ほかに同じ数だけ出現する値があっても抽出されません。これを改善したのがMODE.MULT関数です。MODE.MULT関数は、データ内に存在する複数の最頻値を求めることができます。

**解　説**　MODE.MULT関数を利用するときは、戻り値を表示するセルをあらかじめ複数選択しておきます。最頻値はいくつ存在するのかわからないので、多めにセル範囲を取っておくことを推奨します。このとき、セル範囲は縦方向に取ります。
また、一度に戻り値を求めるので、関数を確定するときには Ctrl + Shift + Enter を押し、配列数式として入力します。

### 使用例　頻出する得点をすべて求める

下表では、MODE.SNGL関数を利用した場合とMODE.MULT関数を利用した場合の最頻値を示します。MODE.MULT関数の戻り値に指定したセルが余った箇所には [#N/A] と表示されます。

| H4 | | | | | fx {=MODE.MULT(A2:E7)} | | | |
|----|----|----|----|----|----|----|----|----|
| | A | B | C | D | E | F | G | H |
| 1 | テスト得点一覧 | | | | | | | 最頻値 |
| 2 | 42 | 20 | 42 | 33 | 77 | | MODE.SNGL関数 | 42 |
| 3 | 57 | 66 | 55 | 69 | 41 | | | |
| 4 | 37 | 79 | 60 | 61 | 86 | | | 42 |
| 5 | 71 | 61 | 23 | 24 | 74 | | MODE.MULT関数 | 61 |
| 6 | 48 | 46 | 90 | 28 | 74 | | | 74 |
| 7 | 29 | 82 | 89 | 84 | 22 | | | #N/A |
| 8 | | | | | | | | |

02-10

f(x) **{=MODE.MULT(A2:E7)}**

**関連**　MODE.SNGL ……………………P.52

数学/三角 1

統計 2

日付・時刻 3

財務 4

論理 5

情報 6

検索/行列 7

データベース 8

文字列操作 9

エンジニアリング 10

キューブ Web 11

互換性関数 12

カウント

# COUNT

## 数値などの個数を求める　　　　　　　　　　　　∨

**書　式**　COUNT(値 1[, 値 2,…])

[値1] [値2] …の中に含まれる数値（や論理値）などの個数を求める。

**機　能**　引数としてセル範囲を指定した場合、COUNT関数は「数値（シリアル値を含む）が入力されているセルの数」を数えます。下段（COUNTA関数）の使用例を参照してください。

**関連**　**COUNTA**……………………………P.54

---

カウント・エー

# COUNTA

## データの個数を求める　　　　　　　　　　　　∨

**書　式**　COUNTA(値 1[, 値 2,…])

[値1] [値2] …の中に含まれる数値や論理値、文字列の個数を求める。

**機　能**　引数としてセル範囲を指定した場合、COUNTA関数は「空白セル以外のすべてのセルの数」を数えます。

空白セルを数える場合は、COUNTBLANK関数（P.58参照）を使用します。

### 使用例　セル参照と引数の直接入力　　　　　　　　　　∨

COUNT関数やCOUNTA関数は、データをセル参照で指定するか、引数に直接入力するかで計算結果が異なります。

| | | | COUNT関数 | | COUNTA関数 | | |
|---|---|---|---|---|---|---|---|
| | 種類 | 例 | 引数入力 | セル参照 | 引数入力 | セル参照 | |
| 3 | 数値 | 100 | 1 | 1 | 1 | 1 | |
| 4 | 日付 | 2020/7/7 | 1 | 1 | 1 | 1 | |
| 5 | 論理値 | TRUE | 1 | 0 | 1 | 1 | |
| 6 | 配列 | {1,2,3} | 3 | 0 | 3 | 1 | |
| 7 | 数値に変換できる文字列 | "$123" | 1 | 0 | 1 | 1 | |
| 8 | 数値に変換できない文字列 | 欠席 | 0 | 0 | 1 | 1 | |
| 9 | エラー値 | #N/A | 0 | 0 | 1 | 1 | |
| 10 | 空白セル | | 0 | 0 | 1 | 0 | |

E3　=COUNTA(100)

02-11

カウント・イフ

# COUNTIF

## 検索条件を満たすデータの個数を求める

**書　式** COUNTIF(範囲, 検索条件)

**計算例** COUNTIF(A1:A10,">0")
セル範囲 [A1：A10] において「値が0より大きい数値の入力されたデータの個数」を求める。

**機　能** COUNTIF関数は、セル範囲を [範囲] に指定して、そのセル範囲に含まれるデータのうち、[検索条件] を満たすデータの個数を返します。
[検索条件] を指定するには、「引数に直接入力する」方法と、「条件を入力したセルを参照する」方法とがあります。
COUNTIF関数にワイルドカード（P.58のMEMO参照）を組み合わせるテクニックを使うと応用の幅が広がります。たとえば「*」を条件に指定すると、「文字列が入力されたセルを数える」ことができます。

### 使用例　特定の会社との取引回数を数える

下表では、セル範囲 [B2：B18] の取引先リストの中に、セル [B20] で指定する取引先名がいくつあるか、COUNTIF関数を利用して求めています。

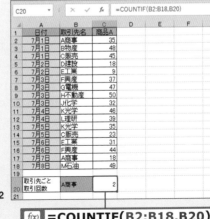

$f(x)$ **=COUNTIF(B2:B18,B20)**

02-12

| 統計 | 個数 | (2010) (2013) (2016) (2019) (365) |
|------|------|------|

カウント・イフス

# COUNTIFS

## 複数の検索条件を満たすデータの数を求める　∨

**書　式** COUNTIFS(**検索範囲** 1, **検索条件** 1[, 検索範囲 2,
　　　　検索条件 2,…])

**計算例** COUNTIFS(A1:A10,">0",">50",B1:B10)
　　　　セル範囲 [A1：A10] において「セルの数値が0より大」であ
　　　　りかつ、セル範囲 [B1：B10] において「セルの数値が50よ
　　　　り大」であるデータの数 (行数) を返す。

**機　能** COUNTIF関数では、「1つの条件に合うデータを数える」こ
　　　　とができましたが、COUNTIFS関数は「複数の条件に合う
　　　　データを数える」ことができます。
　　　　条件は127個まで追加できます。
　　　　たとえば条件が2個の場合、COUNTIFS関数を利用すると、
　　　　[検索範囲1] の中で [検索条件1] を満たすものであって、か
　　　　つ、[検索範囲2] の中で [検索条件2] を満たすセルの個数を
　　　　返します。
　　　　このような計算を行うには、次ページ上段のように、まずIF
　　　　関数を利用して複数の条件を満たすかどうかを判断して1つ
　　　　にまとめます。次に、その結果を使ってCOUNTIF関数で集
　　　　計する方法があります。
　　　　しかし、次ページ下段のようにCOUNTIFS関数を使えば、
　　　　その手間が省けます。

### 使用例　国数英の3教科とも50点以上の人数を求める　∨

次ページ下段では、COUNTIFS関数を使って、まず「国語」の成績のセ
ル範囲 [C3:C12] のうち、50点以上のセルを検索します。その中で「数
学」、そして「英語」について同様に50点以上のセルを検索して、全教
科50点以上の件数を求めています。

**関連** **IF** ……………………………… P.158

● COUNTIF 関数では複数の条件の判別とその集計を行います

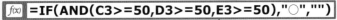

$f(x)$ **=IF(AND(C3>=50,D3>=50,E3>=50),"○","")**

| | A | B | C | D | E | F | G |
|---|---|---|---|---|---|---|---|
| F17 | | | | $f_x$ | =COUNTIF(G3:G12,"O") | | |

| | A | B | C | D | E | F | G |
|---|---|---|---|---|---|---|---|
| 1 | 番号 | 氏名 | | 必修 | | 総合 | 合否 |
| 2 | | | 国語 | 数学 | 英語 | | 評価 |
| 3 | 1 | 青山 克彦 | 60 | 85 | 50 | 195 | ○ |
| 4 | 2 | 加藤 京香 | 58 | 60 | 52 | 170 | ○ |
| 5 | 3 | 佐々木 浩 | 84 | 75 | 77 | 236 | ○ |
| 6 | 4 | 高橋 美穂 | 95 | 75 | 84 | 254 | ○ |
| 7 | 5 | 中村 武 | 100 | 100 | 90 | 290 | ○ |
| 8 | 6 | 橋本 麻里 | 75 | 25 | 65 | 165 | |
| 9 | 7 | 松下 義昭 | 86 | 10 | 65 | 161 | |
| 10 | 8 | 山崎 貴子 | 58 | 22 | 67 | 147 | |
| 11 | 9 | R.Johnson | 39 | 65 | 95 | 199 | |
| 12 | 10 | 渡辺 圭子 | 欠席 | 欠席 | 欠席 | 欠席 | ○ |
| 13 | 合計点 | SUM | 655.0 | 517.0 | 645.0 | 1,817.0 | |
| 14 | 平均点 | AVERAGE | 72.8 | 57.4 | 71.7 | 201.9 | |
| 15 | | | | | | | |
| 16 | 合格者 | | 国語 | 数学 | 英語 | 全教科 | |
| 17 | (50点以上の人数) | | 8 | 6 | 9 | 6 | |
| 18 | | | | | | | |

事前に複数条件の判別
結果をまとめた
合否評価列が必要です。

例外について
考慮しないと
失敗します。

$f(x)$ **=COUNTIF(G3:G12,"○")** 📄 02-13

● COUNTIFS 関数を使うと、こうできます！

検索範囲1  検索範囲2  検索範囲3

| | A | B | C | D | E | F | G |
|---|---|---|---|---|---|---|---|
| F17 | | | | $f_x$ | =COUNTIFS(C3:C12,">=50",D3:D12,">=50",E3:E12,">=50") | | |

| | A | B | C | D | E | F | G |
|---|---|---|---|---|---|---|---|
| 1 | 番号 | 氏名 | | 必修 | | 総合 | |
| 2 | | | 国語 | 数学 | 英語 | | |
| 3 | 1 | 青山 克彦 | 60 | 85 | 50 | 195 | |
| 4 | 2 | 加藤 京香 | 58 | 60 | 52 | 170 | |
| 5 | 3 | 佐々木 浩 | 84 | 75 | 77 | 236 | |
| 6 | 4 | 高橋 美穂 | 95 | 75 | 84 | 254 | |
| 7 | 5 | 中村 武 | 100 | 100 | 90 | 290 | |
| 8 | 6 | 橋本 麻里 | 75 | 25 | 65 | 165 | |
| 9 | 7 | 松下 義昭 | 86 | 10 | 65 | 161 | |
| 10 | 8 | 山崎 貴子 | 58 | 22 | 67 | 147 | |
| 11 | 9 | R.Johnson | 39 | 65 | 95 | 199 | |
| 12 | 10 | 渡辺 圭子 | 欠席 | 欠席 | 欠席 | 欠席 | |
| 13 | 合計点 | SUM | 655.0 | 517.0 | 645.0 | 1,817.0 | |
| 14 | 平均点 | AVERAGE | 72.8 | 57.4 | 71.7 | 201.9 | |
| 15 | | | | | | | |
| 16 | 合格者 | | 国語 | 数学 | 英語 | 全教科 | |
| 17 | (50点以上の人数) | | 8 | 6 | 9 | 5 | |
| 18 | | | | | | | |

検索条件3

検索条件1  検索条件2

📄 02-14

$f(x)$ **=COUNTIFS(C3:C12,">=50",D3:D12,">=50",E3:E12,">=50")**

 検索範囲1
 検索条件1
 検索範囲2
 検索条件2
 検索範囲3
検索条件3

1 数学・三角
2 統計
3 日付・時刻
4 財務
5 論理
6 情報
7 検索・行列
8 データベース
9 文字列操作
10 エンジニアリング
11 キューブ・Web
12 互換性関数

# COUNTBLANK

## 空白セルの個数を求める ∨

**書　式** COUNTBLANK(範囲)

**計算例** COUNTBLANK(A1:A10)
セル範囲[A1：A10]の中の空白セルの個数を求める。

**機　能** COUNTBLANK関数は、[範囲]に含まれる空白セルの個数を返します。[0]が含まれるセルは数えません。「空白セル以外」を数える場合は、COUNTA関数を使用します。

**関連 COUNTA**································P.54

---

### MEMO | ワイルドカードとセル数の求め方

COUNTIF関数などでワイルドカードを利用すると、次のような条件にあてはまるセルを数えることができます。

**●[?](疑問符):任意の1文字**
「202?年」⇒ 2020年から2029年までの文字
「???」　　⇒ 任意の3文字

**●[*](アスタリスク):任意の複数文字**
「ABC*」⇒ 先頭に「ABC」がある文字列すべて
「*ABC」⇒ 末尾に「ABC」がある文字列すべて
「*ABC*」⇒ 先頭・末尾を含めて内部に「ABC」がある文字列すべて

ワイルドカードを利用する方法は以下のとおりです。

| 数えたいセル | 数える方法 |
|---|---|
| 数値入力セル | COUNT 関数（P.54 参照） |
| 文字列入力セル | COUNTIF 関数（P.55 参照）で「*」を条件に設定 |
| 空白セル | COUNTBLANK 関数（P.58 参照） |
| 空白セル以外のセル | COUNTA 関数（P.54 参照） |

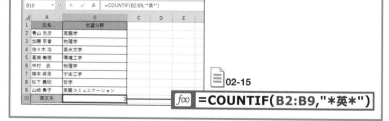

02-15

$f(x)$ =COUNTIF(B2:B9,"*英*")

フリークエンシー

# FREQUENCY

## 度数分布を求める

| 書　式 | FREQUENCY(データ配列, 区間配列) |
|---|---|

**計算例**　{FREQUENCY(A1:A10,C1:C5)}

セル範囲 [A1：A10] のデータから [C1：C5] の区間配列に従う度数分布を配列で返す。

**機　能**　FREQUENCY関数を利用すると、データの「度数分布」、すなわち、データの区間ごとにどれくらい出現しているかという表を、区間ごとのデータの個数の配列として求めることができます。その結果を棒グラフで表現したり、累積度数を折れ線グラフにしたりして利用します。

FREQUENCY関数は、「縦方向の配列数式」として入力します。まず、結果を出力するセル範囲を選択します。このセル範囲は、データの度数分布に適用する「区間データ」の隣に設定します。

数式バーに関数を入力して、Ctrl + Shift + Enter を押すと、配列数式として選択したセル範囲にデータの度数分布が表示されます。配列数式については、付録3 (P.303) を参照してください。

### 使用例　得点の度数分布を求める

下表では、試験の点数の度数分布を求めるために、セル範囲 [F2：F11] に配列数式として入力しています。

| | A | B | C | D | E | F | G | H |
|---|---|---|---|---|---|---|---|---|
| 1 | 番号 | 氏名 | 点数 | | 点数 | 人数 | | |
| 2 | 1 | 青山 克彦 | 60 | | 10 | 0 | | |
| 3 | 2 | 加藤 京香 | 58 | | 20 | 0 | | |
| 4 | 3 | 佐々木 浩 | 84 | | 30 | 0 | | |
| 5 | 4 | 高橋 美穂 | 95 | | 40 | 1 | | |
| 6 | 5 | 中村　武 | 100 | | 50 | 0 | | |
| 7 | 6 | 橋本 麻里 | 75 | | 60 | 3 | | |
| 8 | 7 | 松下 義昭 | 86 | | 70 | 0 | | |
| 9 | 8 | 山崎 貴子 | 58 | | 80 | 2 | | |
| 10 | 9 | R.Johnson | 39 | | 90 | 2 | | |
| 11 | 10 | 渡辺 圭子 | 75 | | 100 | 2 | | |
| 12 | | | | | 合計 | 10 | | |

F2 セル：{=FREQUENCY(C2:C11,E2:E11)}

02-16

**59**

ランク・イコール

# RANK.EQ

互換

ランク・アベレージ

# RANK.AVG

## 順位を求める

**書　式** **RANK.EQ(数値, 範囲 [, 順序])**

[数値] が [範囲] の中で [順序] (0または省略で降順、1は昇順)
で指定したほうから数えて何番目になるかを求める。

**書　式** **RANK.AVG(数値, 範囲 [, 順序])**

[数値] が [範囲] の中で [順序] (0または省略で降順、1は昇順)
で指定したほうから数えて何番目になるかを求める。

**機　能** RANK.EQ関数とRANK.AVG関数はいずれも [数値] が [範囲]
の中で何番目に当たるのかを計算します。重複した数値は同
じ順位とみなし、それ以降の順位を調整する点も同様です。
両者の違いは、同順位の表示の仕方です。たとえば3番目の
データが3つある場合、RANK.EQ関数では、すべて「3」位
と表示し、以降は6位から調整します。一方、RANK.AVG
関数は、3、4、5位の3つが同じデータとして順位の平均値
「4」と表示し、以降は6位から調整します。

### 使用例　テストの順位を求める

下表では、テストの成績の順位を求めています。成績は得点の高いほ
うから順位を付けるので、[順序] は降順になり、降順の場合は [順序]
の指定を省略できます。

ここでは、6位の成績が
2人います。そのため、
RANK.EQ関数では2人
とも [6] 位と表示され、
RANK.AVG関数では6
位と7位の平均 [6.5] 位
と表示されます。

02-17

$f(x)$ **=RANK.EQ(H3,$H$3:$H$11)**

$f(x)$ **=RANK.AVG(H3,$H$3:$H$11)**

**参照** **RANK** ……………………… P.280

ラージ

# LARGE

## 大きいほうからの順位を求める　　　　　　　　∨

**書　式**　LARGE(配列,k)

[配列] の中で [k] 番目に大きな値を求める。

**機　能**　LARGE関数は、[配列] の中で、何番目に大きい「データ」を返します。

### 使用例　順位を得点順で求める　　　　　　　　　∨

下表では、LARGE関数を使って、指定した順位に相当する得点を求めています。これは、RANK.EQ関数 (P.60参照) で求めた順位から得点を逆算していることになります。

| K2 | ▼ | : | × | ✓ | fx | =LARGE($H$3:$H$11,J2) | | | |
|---|---|---|---|---|---|---|---|---|---|

| | A | B | C | D | E | F | G | H | I | J | K |
|---|---|---|---|---|---|---|---|---|---|---|---|
| 1 | 番号 | 氏名 | 必修科目 | | | 選択科目 | | 合計 | | 順位 | 合計点数 |
| 2 | | | 国語 | 数学 | 英語 | 物理 | 化学 | 点数 | | 1 | 390 |
| 3 | 1 | 青山 克彦 | 60 | 85 | 50 | | 50 | 245 | | 2 | 329 |
| 4 | 2 | 加藤 京香 | 58 | 60 | 52 | | 45 | 215 | | 3 | 296 |
| 5 | 3 | 佐々木 浩 | 84 | 75 | 77 | 60 | | 296 | | | |
| 6 | 4 | 高橋 美穂 | 95 | 75 | 84 | 75 | | 329 | | | |
| 7 | 5 | 中村 武 | 100 | 100 | 90 | 100 | | 390 | | | |
| 8 | 6 | 橋本 麻里 | 75 | 25 | 65 | 50 | | 215 | | | |
| 9 | 7 | 松下 義昭 | 86 | 10 | 65 | | 32 | 193 | | | |
| 10 | 8 | 山崎 貴子 | 58 | 22 | 67 | | 30 | 177 | | | |
| 11 | 9 | R.Johnson | 39 | 65 | 95 | | 70 | 269 | | | |
| 12 | | | | | | | | | | | |
| 13 | | | | | | | | | | | |

02-18

*fx* **=LARGE($H$3:$H$11,J2)**

---

スモール

# SMALL

## 小さいほうからの順位を求める　　　　　　　　∨

**書　式**　SMALL(配列,k)

[配列] の中で [k] 番目に小さな値を求める。

**機　能**　SMALL関数は、[配列] の中で、何番目に小さい「データ」を返します。

クアタイル・インクルーシブ

# QUARTILE.INC　互換

クアタイル・エクスクルーシブ

# QUARTILE.EXC

## 四分位数を求める

| 書　式 | QUARTILE.INC(配列, 戻り値) |
|---|---|
| 計算例 | QUARTILE.INC({60,30,10,20,40} ,2)<br>[60] [30] [10] [20] [40]の中央値[30]を返す。 |

| 書　式 | QUARTILE.EXC(配列, 戻り値) |
|---|---|
| 計算例 | QUARTILE.EXC({60,30,10,20,40} ,30)<br>[60] [30] [10] [20] [40]の上位4分の1を返す。 |

機　能　2つの関数は、[配列]に含まれるデータから下表の戻り値に対応する「四分位数」を抽出します。引数によっては、ほかの関数と同じ結果を返します。両者の違いは、QUARTILE.INC関数は0%と100%を含めた範囲、QUARTILE.EXC関数は0%と100%を含めない範囲で結果を求めます。

| 戻り値 | 位　置 |
|---|---|
| [0] | 最小値（= MIN 関数） |
| [1] | 下位 4 分の 1（25%） |
| [2] | 中央値（50%）（= MEDIAN 関数） |
| [3] | 上位 4 分の 1（75%） |
| [4] | 最大値（= MAX 関数） |

（注）QUARTILE.EXC関数では、[戻り値]の[0]と[4]は指定できません。

参照　QUARTILE ……………… P.281

### MEMO |四分位数と百分位数

四分位数とは、データリストをデータの小さなほうからデータの数で1/4ずつ区切った場合の次のようなデータのことです。

・第一四分位点（Q1）：データ数で下から1/4のデータ
・第二四分位点（Q2）：データ数で下から2/4のデータ（=中央値）
・第三四分位点（Q3）：データ数で下から3/4のデータ

四分位数は、四分位偏差「=(Q3-Q1)/2」からデータの散らばり方を調べるのに利用されます。百分位数とは、全体のデータを小さなほうからデータ数で数えてパーセント（百分率）で指定したデータのことです。

パーセンタイル・インクルーシブ

# PERCENTILE.INC

互換

パーセンタイル・エクスクルーシブ

# PERCENTILE.EXC

## 百分位数を求める ⌄

| 書 式 | PERCENTILE.INC(配列, 率) |
|---|---|
| 計算例 | PERCENTILE.INC({60,30,10,20,40} ,0.5)<br>[60] [30] [10] [20] [40] の中央値 [30] を返す。 |

| 書 式 | PERCENTILE.EXC(配列, 率) |
|---|---|
| 計算例 | PERCENTILE.EXC({60,30,10,20,40} ,0.5)<br>[60] [30] [10] [20] [40] の50%値 [30] を返す。 |

| 機 能 | 2つの関数は、[配列] のデータを小さいほうから数えて [率] に指定した位置に相当する値を返します。PERCENTILE. EXC関数では、[率] に指定できる範囲は0〜1 (ただし0と1 は除く) です。 |
|---|---|

参照 **PERCENTILE** .................. P.281

---

パーセントランク・インクルーシブ

# PERCENTRANK.INC

互換

パーセントランク・エクスクルーシブ

# PERCENTRANK.EXC

## 百分率での順位を求める ⌄

| 書 式 | PERCENTRANK.INC(配列,X[, 有効桁数]) |
|---|---|
| 計算例 | PERCENTRANK.INC({60,30,10,20,40} ,30) |

| 書 式 | PERCENTRANK.EXC(配列,X[, 有効桁数]) |
|---|---|
| 計算例 | PERCENTRANK.EXC({60,30,10,20,40} ,30)<br>[60] [30] [10] [20] [40] の [30] の百分位 [0.5] を返す。 |

| 機 能 | 2つの関数は、[x] が [配列] 内のどの位置に相当するかを百分率 (0〜1) で求めます。なお、PERCENTRANK.EXC関数は0より大きく1より小さい百分率で求められます。 |
|---|---|

参照 **PERCENTRANK** .................. P.281

右側余白の縦書き見出し：数学/三角　2　統計　3　日付/時刻　4　財務　5　論理　6　情報　7　検索/行列　8　データベース　9　文字列操作　10　エンジニアリング　11　キューブ/Web　12　互換性関数

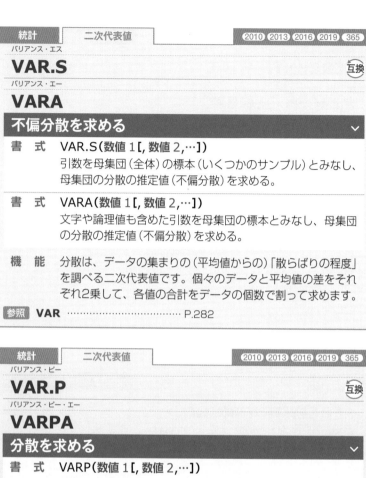

数学/三角 | 1

統計 | 2

日付/時刻 | 3

財務 | 4

論理 | 5

情報 | 6

検索/行列 | 7

データベース | 8

文字列操作 | 9

エンジニアリング | 10

キューブ/Web | 11

互換性関数 | 12

統計　　二次代表値　　

バリアンス・エス

# VAR.S

互換

バリアンス・エー

# VARA

## 不偏分散を求める

**書　式**　VAR.S(数値 1 [, 数値 2, …])

引数を母集団(全体)の標本(いくつかのサンプル)とみなし、母集団の分散の推定値(不偏分散)を求める。

**書　式**　VARA(数値 1 [, 数値 2, …])

文字や論理値も含めた引数を母集団の標本とみなし、母集団の分散の推定値(不偏分散)を求める。

**機　能**　分散は、データの集まりの(平均値からの)「散らばりの程度」を調べる二次代表値です。個々のデータと平均値の差をそれぞれ2乗して、各値の合計をデータの個数で割って求めます。

参照　**VAR** …………………………… P.282

---

統計　　二次代表値　　

バリアンス・ピー

# VAR.P

互換

バリアンス・ピー・エー

# VARPA

## 分散を求める

**書　式**　VARP(数値 1 [, 数値 2, …])

引数を母集団とみなし、分散を求める。

**書　式**　VARPA(数値 1 [, 数値 2, …])

文字や論理値も含めた引数を母集団とみなし、分散を求める。

参照　**VARP** …………………………… P.282

---

### MEMO | 分散

分散には、「標本分散」と「不偏分散」の2種類があります。標本分散は、標本から計算した分散です。このとき、標本分散が分散より少ない場合、母分散に等しくなるように補正した値を不偏分散といいます。

1 数学/三角

2 統計

3 日付/時刻

4 財務

5 論理

6 情報

7 検索/行列

8 データベース

9 文字列操作

10 エンジニアリング

11 キューブ Web

12 互換性関数

統計　二次代表値　　2010 2013 2016 2019 365

スタンダード・ディビエーション・エス

# STDEV.S　　互換

スタンダード・ディビエーション・エー

# STDEVA

## 不偏標準偏差を求める　　∨

**書　式**　STDEV.S(数値 1[, 数値 2,…])
引数を母集団(全体)の標本(いくつかのサンプル)とみなし、母集団の標準偏差の近似値を求める。

**書　式**　STDEVA(値 1[, 値 2,…])
文字や論理値も含めた引数を母集団の標本とみなし、母集団の標準偏差の近似値を求める。

**機　能**　標準偏差は、データの集まりの(平均値からの)「散らばりの程度」を調べる二次代表値です。標準偏差が小さいと、平均値の散らばりが小さいことを示します。

**参照**　STDEV ................................ P.282

---

統計　二次代表値　　2010 2013 2016 2019 365

スタンダード・ディビエーション・ピー

# STDEV.P　　互換

スタンダード・ディビエーション・ピー・エー

# STDEVPA

## 標準偏差を求める　　∨

**書　式**　STDEV.P(数値 1[, 数値 2,…])
引数を母集団とみなし、標準偏差を求める。

**書　式**　STDEVPA(値 1[, 値 2,…])
文字や論理値も含めた引数を母集団とみなし、標準偏差を求める。

**参照**　STDEVP ................................ P.282

---

### MEMO | 標準偏差

標準偏差は、「標本標準偏差」と「標準偏差(不偏分散の平方根)」の2種類があります。標本標準偏差は、標準にもとづいて予測した標準偏差です。標準偏差(不偏分散の平方根)は、母集団全体にもとづいて計算する標準偏差です。

統計　　　　偏差　　　　　　　　　　2010 2013 2016 2019 365

アベレージ・ディビエーション

# AVEDEV

## 平均偏差を求める

**書　式**　AVEDEV(数値 1[, 数値 2,…])

**計算例**　AVEDEV(9,10,11)
数値 [9] [10] [11] の平均偏差 [0.666667] を求める。

**機　能**　AVEDEV関数は、平均偏差、すなわち「データ全体の平均値に対する個々のデータの絶対偏差の平均」を求めます。平均偏差は、データと次元が同じなので、標準偏差より手軽にデータのばらつきを調べることができます。平均偏差が大きいほど、データのばらつきが大きいものとみなされます。

$$\text{AVEDEV} = \frac{1}{n}\sum_{i=1}^{n}|x_i - \bar{x}|$$

統計　　　　偏差　　　　　　　　　　2010 2013 2016 2019 365

ディビエーション・スクエア

# DEVSQ

## 偏差平方和を求める

**書　式**　DEVSQ(数値 1[, 数値 2,…])

**計算例**　DEVSQ(9,10,11)
数値 [9] [10] [11] の偏差平方和 [2] を求める。

**機　能**　DEVSQ関数は、平均値に対する個々のデータの偏差平方和を求めます。偏差平方和は分散や標準偏差を求める途中経過を示し、この段階までは標準偏差や分散の計算は同じなので、両方の数値を求める場合に便利です。

$$\text{DEVSQ} = \sum_{i=1}^{n}\left(x_i - \bar{x}\right)^2$$

$$\frac{\text{DEVSQ}}{n} = \text{VARP} = \frac{1}{n}\sum_{i=1}^{n}\left(x_i - \bar{x}\right)^2 = \frac{1}{n}\sum_{i=1}^{n}x_i^2 - \bar{x}^2$$

スキュー

# SKEW

## 歪度を求める（SPSS方式）

**書　式**　SKEW(数値 1, 数値 2, 数値 3[, 数値 4,…])

**計算例**　SKEW(10,20,40,60)
数値 [10] [20] [40] [60] の歪度 [0.48] を求める。

**機　能**　SKEW関数は、データの歪度（わいど）、すなわち分布の平均値周辺での両側の非対称度を表す三次の代表値を算出します。
正の歪度は、最頻値が中央値より小さく負のほうへ偏り、正の方向へ長く延びる尾部を持つことを示し、負の歪度は、正のほうへ偏り最頻値が中央値より大きく、負の方向へ長く延びる尾部を持つことを示します。

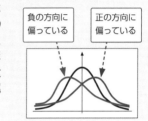

負の方向に偏っている　　正の方向に偏っている

---

スキュー・ピー

# SKEW.P

## 歪度を求める（一般的な方式）

**書　式**　SKEW.P(数値 1[, 数値 2,…])

**計算例**　SKEW.P(10,20,40,60)
数値 [10] [20] [40] [60] に含まれるデータの母集団をもとにする分布の歪度 [0.27] を求める。

**機　能**　SKEW.P関数は、一般的な定義（下式）の計算方法にもとづいて計算を行います。引数 [数値] で指定した値を、母集団全体の標準偏差を用いて、データの母集団をもとにする分布の歪度（分布の平均値周辺での、両側の非対称度を表す値）を求めます。

$$歪度\ v = \frac{1}{n}\sum_{i=1}^{n}\frac{x_i - \bar{x}^3}{\sigma}$$

カート

# KURT

## 尖度を求める

書　式　KURT(数値 1, 数値 2, 数値 3, 数値 4[, 数値 5,…])

計算例　KURT(10,20,40,60)
　　　　数値 [10] [20] [40] [60] のデータの尖度 [-1.70] を求める。

機　能　KURT関数は、分布曲線の集中の鋭さを表す四次の代表値
「尖度」を返します。この値が
大きいほど、集中度が高くなり
ます。

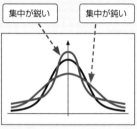

集中が鋭い　　集中が鈍い

パーミュテーション

# PERMUT

## 順列の数を求める

書　式　PERMUT(標本数, 抜き取り数)

計算例　PERMUT(10,3)
　　　　[10] 個の標本の中から [3] 個を抜き出す順列の数、[720]
　　　　(=10×9×8) を求める。

機　能　PERMUT関数は、あるデータから指定された個数を「順序を
区別して抜き出す」ときの順列 (パターン) を返します。ある
データからAとBを抜き出すときに、順序の違いを数に入れ
るのがPERMUT関数、順序の違いを数に入れないのが
COMBIN関数です。
PERMUT関数を数式で表現すると、次のようになります。

$$\text{PERMUT} = nPk = n \cdot (n-1) \cdot (n-2) \cdots (n-k+1) = \frac{n!}{(n-k)!}$$

参照　COMBIN ·················· P.19

パーミューテーション・エー

# PERMUTATIONA

## 重複順列の数を求める　　　　　　　　　　　　　⌄

**書　式**　PERMUTATIONA(総数, 抜き取り数)

**計算例**　PERMUTATIONA(3,2)
[3] つの対象の中から [2] つを重複を許して抜き取るとき、
その重複順列の数 [9] を返す。

**機　能**　PERMUTATIONA関数は、[総数] から重複を許して [抜き
取り数] 個並べる重複順列を返します。

### 使用例　サイコロ2個の組み合わせを求める　　　　　⌄

六面サイコロを2個投げて1回目と2回目を区別する場合、PER
MUTATIONA (6,2) で、組み合わせは36通りになります。PERMUT
関数と似ていますが、重複を許す、つまり抜き取ったものが同じでも
よい、などの違いがあります。

参照　**PERMUT** ……………………………P.68

---

プロバビリティ

# PROB

## 確率範囲の上限と下限を指定して確率を求める　⌄

**書　式**　PROB(x 範囲, 確率範囲, 下限 [, 上限])

**計算例**　PROB(A1:A6,B1:B6,1,2)
A1 : A6= {1,2,3,4,5,6}
B1 : B6= {1/6,1/6,1/6,1/6,1/6,1/6}
サイコロの目が [1] か [2] である確率 [1/3] を求める。

**機　能**　PROB関数は、離散確率分布において、任意の分布または確
率密度関数の値とその区間とを入力し、任意の区間での部分
合計を求めたり、数値を指定してその確率を抽出したりする
関数です。この関数は、[x範囲] に含まれる値が発生する確
率を [確率範囲] に記述して、[x範囲] に含まれる値が [上限]
と [下限] との間に収まる確率を返します。

1 数学／三角
2 統計
3 日付／時刻
4 財務
5 論理
6 情報
7 検索／行列
8 データベース
9 文字列操作
10 エンジニアリング
11 キューブ／Web
12 互換性関数

統計 | 二項分布 | (2010) (2013) (2016) (2019) (365)

バイノミアル・ディストリビューション

# BINOM.DIST

互換

## 二項分布の確率を求める ∨

| 書　式 | BINOM.DIST(成功数, 試行回数, 成功率, 関数形式) |
|---|---|

| 計算例 | BINOM.DIST(2,3,1/6,0)<br>サイコロを[3]回投げ[1]の目(いずれか1つの目)が[2]回出る確率を求める。 |
|---|---|

| 機　能 | BINOM.DIST関数は、二項分布の確率を求めます。[成功率]で示される確率で事象が発生する場合に、[試行回数]のうち[成功数]だけの事象が発生する確率を求めます。サイコロを投げて特定の目が出る[成功率]は[1/6]になります。なお、[関数形式]が[0]の場合は確率密度関数、[1]の場合は累積分布関数を求めます。 |
|---|---|

参照 **BINOMDIST** ……………… P.283

---

統計 | 二項分布 | (2010) (2013) (2016) (2019) (365)

バイノミアル・ディストリビューション・レンジ

# BINOM.DIST.RANGE

## 二項分布を使用した試行結果の確率を求める ∨

| 書　式 | BINOM.DIST.RANGE(試行回数, 成功率, 成功数1[,<br>成功数2]) |
|---|---|

| 計算例 | BINOM.DIST.RANGE(50,0.8,35)<br>[80]%の確率で成功する事象が[50]回の試行のうち、[35]回起こる確率[0.029918657]を求める。 |
|---|---|

| 機　能 | BINOM.DIST.RANGE関数は、[確率]で起こる事象が、[試行回数]のうち[成功数1]から[成功数2]までの回数だけ起こる確率を求めます。<br>[成功数2]を省略した場合は、[成功率1]で指定した確率を求めたい事象の下限の回数で求めます。<br>たとえば、[80]%の確率で成功する事象が[50]回の試行のうち、[成功数1]の[35]回から[成功数2]の[40]回までの間で起こる確率[0.525456164]が求められます。 |
|---|---|

バイノミアル・インバース

# BINOM.INV

互換

## 二項分布確率が目標値以上になる最小回数を求める　∨

**書　式**　BINOM.INV(試行回数, 成功率, 基準値α)

**計算例**　BINOM.INV(10,0.2,0.8)
　　　　　不良品率 [20]%の製品 [10] 個を抜き取って、[80]%以上
　　　　　の確率で合格させるための最小許容数を求める。

**機　能**　BINOM.INV関数は、二項分布の成功確率が基準値以上にな
　　　　　るための最小の回数を返します。この回数を超えた場合には、
　　　　　目標とする確率は実現しないので、この成功回数は「最小許
　　　　　容回数」とみなせます。
　　　　　逆に、この関数はBINOM.DIST関数の逆関数値を超える最
　　　　　小の整数値を返すので、品質保証計算などに使用すると、部
　　　　　品の組立ラインで、ロット全体で許容できる欠陥部品数の最
　　　　　大値などを決定できます。

**使用例**　不良品の最小許容値を求める　∨

下表では、不良品の基準値（許容値）の最小値 [α] を、不良率（成功確率）
[p] と、抜き取る個数（試行回数）[n] から求めています。つまり、不良
品の発生確率と抜き取り個数に対して、目標の合格率を達成するため
に「許容できる不良品の最小値」を求めます。

| C7 | ▼ | × ✓ fx | =BINOM.INV($E$1,$E$2,B7) | | | |
|---|---|---|---|---|---|---|
| ▲ | A | B | C | D | E | F | G |
| 1 | 試行回数[n] | | 検査回数 | | 10 | | |
| 2 | 成功確率[p] | | 不良品率 | | 20% | | |
| 3 | 基準値[α] | | 不良品の最小許容値 | | α | | |
| 4 | | | | | | | |
| 5 | | 不良品数の最小値 | | | | | |
| 6 | | 0% | | | | | |
| 7 | | 10% | 0.0 | | | | |
| 8 | | 20% | 1.0 | | | | |
| 9 | | 30% | 1.0 | | | | |
| 10 | | 40% | 2.0 | | | | |
| 11 | α | 50% | 2.0 | | | | |
| 12 | | 60% | 2.0 | | | | |
| 13 | | 70% | 3.0 | | | | |
| 14 | | 80% | 3.0 | | | | |
| 15 | | 90% | 4.0 | | | | |
| 16 | | 100% | | | | | |
| 17 | | | | | | | |

📄02-19

**参照 CRITBINOM** ················· P.283
**関連 BINOM.DIST** ···················P.70

ネガティブ・バイノミアル・ディストリビューション

# NEGBINOM.DIST

互換

## 負の二項分布の確率を求める

**書　式** NEGBINOM.DIST(**失敗数**, **成功数**, **成功率**, **関数形式**)

**計算例** NEGBINOM.DIST(3,1,1/6,TRUE)
　　　　サイコロを振って目的の目が[1]回目に出る確率[1/6]を求める。

**機　能** NEGBINOM.DIST関数は、試行の[成功率]が一定のとき、[成功数]で指定した回数の試行が成功するまでに、[失敗数]で指定した回数の試行が失敗する確率を求めます。このとき、[関数形式]の指定が[FALSE]の場合は確率密度関数の値を、[TRUE]の場合は累積分布関数の値を求めることができます。

### 使用例 サイコロの目の出方

下表では、サイコロを振って目的の目が1回出るまでにほかの目が出る失敗の確率とその累積を求めています。
確率密度は互換性関数のNEGBINOMDIST関数を利用し、累積分布にはNEGBINOM.DIST関数を利用します。

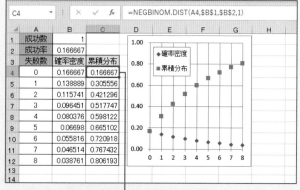

02-20

$f(x)$ **=NEGBINOM.DIST(A4,\$B\$1,\$B\$2,1)**

参照 **NEGBINOMDIST** ............... P.283

ハイパー・ジオメトリック・ディストリビューション

# HYPGEOM.DIST

互換

## 超幾何分布の確率を求める

**書　式** HYPGEOM.DIST(**標本の成功数, 標本の大きさ,**
**母集団の成功数, 母集団の大きさ, 関数形式**)

**計算例** HYPGEOM.DIST(3,5,5,100,1)
不良品が [5] 個発生する製品 [100] 個から [5] 個を抜き取る検査で、不良品が [3] 個以内になる確率を求める。

**機　能** HYPGEOM.DIST関数は、指定された [標本数]、[母集団の成功数]、[母集団の大きさ] から、一定数の標本が成功する確率を計算する超幾何分布の確率を返します。
超幾何分布は、一定の母集団を対象とした、それぞれの事象が成功または失敗のいずれかのような二分できるもので、標本は無作為に抽出される試行の分析に使います。このとき、[関数形式] が [0] の場合は確率、[1] の場合は累積確率の値を求めることができます。

### 使用例　不良品の発生確率を求める

下表では、総製品数から抜き取る検査数で、不良品数の発生を [5] 以内になる確率を求めています。

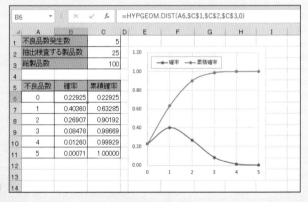

02-21

**参照** HYPGEOMDIST ················ P.284
**関連** BINOM.DIST ······················ P.70

1 数学/三角
2 統計
3 日付/時刻
4 財務
5 論理
6 情報
7 検索/行列
8 データベース
9 文字列操作
10 エンジニアリング
11 キューブ/Web
12 互換性関数

ポアソン・ディストリビューション

# POISSON.DIST

## ポアソン分布の確率を求める

**書 式** POISSON.DIST(**イベント数**, **平均**, 関数形式)

**計算例** POISSON.DIST(3,1%,0)

タクシーが1カ月に起こす事故が、[100] 台のうち [3] 台以下である確率を求める。

**機 能** POISSON.DIST関数はポアソン確率分布の値を返します。ポアソン分布は、事象の発生率が低く、発生率が一定であって、発生がそれぞれ独立した要因で起こるような場合の予測に利用されます。ポアソン分布に従う事象を「ポアソン過程」と呼びます。計算が二項分布よりもかんたんなこともあり、1日当たりの交通事故死亡者数のような事象の確率予想に利用します。[関数形式] が [0] の場合は確率密度関数、[1] の場合は累積分布関数を返します。

### 使用例 タクシーの事故率を求める

下表では、100台のタクシーを運行しているタクシー会社の事故率が1台／月である場合、月間事故台数の確率分布を求めています。
たとえば「1カ月の事故が3台以下である確率を求める」には、セル[C11] を確認します。その結果は、98.1%となります。

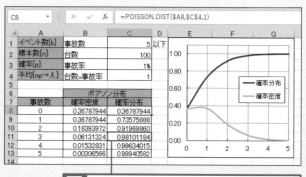

| | A | B | C | D |
|---|---|---|---|---|
| 1 | イベント数[k] | 事故数 | 5 | 以下 |
| 2 | 標本数[n] | 台数 | 100 | |
| 3 | 確率[p] | 事故率 | 1% | |
| 4 | 平均[np→λ] | 台数×事故率 | 1 | |
| 5 | | | | |
| 6 | | ポアソン分布 | | |
| 7 | 事故数 | 確率密度 | 確率分布 | |
| 8 | 0 | 0.36787944 | 0.36787944 | |
| 9 | 1 | 0.36787944 | 0.73575888 | |
| 10 | 2 | 0.18393972 | 0.91969860 | |
| 11 | 3 | 0.06131324 | 0.98101184 | |
| 12 | 4 | 0.01532831 | 0.99634015 | |
| 13 | 5 | 0.00306566 | 0.99940582 | |

C8 `=POISSON.DIST($A8,$C$4,1)`

02-22

$f(x)$ **=POISSON.DIST($A11,$C$4,1)**

**参照** POISSON ......................... P.284

**74**

ファイ
# PHI

## 標準正規分布の密度を求める　〜

**書　式**　PHI(値)

**計算例**　PHI(0.75)
　　　　　標準正規分布の確率密度関数において、値 [0.75] に対する
　　　　　確率 [0.301137] を求める。

**機　能**　PHI関数は、[値] で指定した標準正規分布の密度の値を返し
　　　　　ます。[値] が無効な場合はエラー値 [#NUM!] を返します。

**解　説**　この関数は、Excel 2010以前では使用できませんが、
　　　　　NORM.S.DIST関数（P.77参照）の [関数形式] に [FALSE]
　　　　　を指定して求めることができます。

---

### MEMO | 正規分布と二項分布と確率分布

**●正規分布**
正規分布（またはガウス分布）は、平均値の付近に集積するようなデータの分
布を表した連続的な変数に関する確率分布です。
正規分布は統計学や自然科学、社会科学のさまざまな場面で複雑な現象をか
んたんに表すモデルとして用いられています。

**●二項分布**
二項分布は、ある事象の結果が成功か失敗のいずれかである場合に、n 回の独
立な試行の成功数で表される離散確率分布のことです。
それぞれの試行における成功・失敗の確率は一定であり、このような試行を「ベ
ルヌーイ試行」と呼びます。

**●確率分布**
確率分布は、確率変数の個々の値に対し、その起こりやすさを示すものです。
たとえば、サイコロ2つを振ったとき、「2つのサイコロの出た目の和（合計）」
を確率変数といいます。確率分布とは、この「2つのサイコロの出た目の和」の
出る確率を対応させた分布を指します。

| サイコロの目の合計 | 2 | 3 | 4 | 5 | 6 | 7 | 8 | 9 | 10 | 11 | 12 |
|---|---|---|---|---|---|---|---|---|---|---|---|
| 確率 | 1/36 | 2/36 | 3/36 | 4/36 | 5/36 | 6/36 | 5/36 | 4/36 | 3/36 | 2/36 | 1/36 |

数学／三角
統計
日付／時刻
財務
論理
情報
検索／行列
データベース
文字列操作
エンジニアリング
キューブ
Web
互換性関数

1 2 3 4 5 6 7 8 9 10 11 12

統計 | 正規分布

ノーマル・ディストリビューション

# NORM.DIST

互換

## 正規分布の確率を求める

**書 式** NORM.DIST(x, 平均, 標準偏差, 関数形式)

**計算例** NORM.DIST(x,0,1,1)

平均値 [0]、標準偏差 [1] の正規累積分布関数の変数 [x] に対する値を返す。

**機 能** NORM.DIST関数は [平均] と [標準偏差] に対する正規分布関数の値を返します。この関数は、「連続分布」の関数で、仮説検定をはじめとする統計学の幅広い分野に応用されます。[関数形式] の指定が [0] の場合は確率密度関数の値を、[1]の場合は累積分布関数の値を求めることができます。

## 使用例 標準偏差を変えた場合の正規分布の例

下表では、標準偏差を変えた場合の正規分布の形を示します。[平均]＝[0]、かつ [標準偏差]＝[1] で [関数形式]＝[1] の場合、標準正規分布の累積分布関数の値を求めるNORM.S.DIST関数と、同じ結果になります。

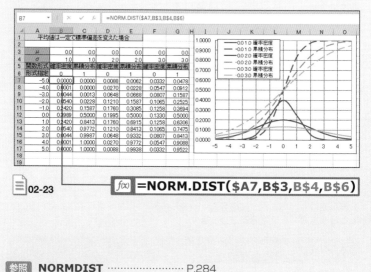

02-23

$f(x)$ **=NORM.DIST($A7,B$3,B$4,B$6)**

参照 **NORMDIST** ……………………… P.284
関連 **NORM.S.DIST** ………………… P.77

ノーマル・スタンダード・ディストリビューション

# NORM.S.DIST

## 標準正規分布の確率を求める

**書式例**　NORM.S.DIST(値, 関数形式)

**計算例**　NORM.S.DIST(0,FALSE)
標準正規分布の確率密度関数において、[FALSE] に対する確率 [0.398942] を返す。

**機　能**　NORM.S.DIST関数は、標準正規分布の累積分布関数の値を計算します。この分布は、[平均]＝[0]、[標準偏差]＝[1] である正規分布に対応するため、統計の計算によく使用される正規分布表の代わりに利用できる関数です。
正規分布は、平均と標準偏差の2つのパラメータに依存していますが、標準正規分布は1つの引数 [値] だけに依存しています。
この関数は、[関数形式] の指定が [FALSE] の場合は確率密度関数の値を、[TRUE] の場合は累積分布関数の値を求めることができます。

### 使用例　標準正規分布の例

下表では、標準正規分布の確率密度と累積分布の値を示しています。

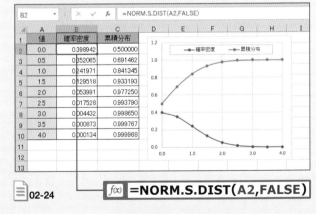

| | A | B | C |
|---|---|---|---|
| 1 | 値 | 確率密度 | 累積分布 |
| 2 | 0.0 | 0.398942 | 0.500000 |
| 3 | 0.5 | 0.352065 | 0.691462 |
| 4 | 1.0 | 0.241971 | 0.841345 |
| 5 | 1.5 | 0.129518 | 0.933193 |
| 6 | 2.0 | 0.053991 | 0.977250 |
| 7 | 2.5 | 0.017528 | 0.993790 |
| 8 | 3.0 | 0.004432 | 0.998650 |
| 9 | 3.5 | 0.000873 | 0.999767 |
| 10 | 4.0 | 0.000134 | 0.999968 |

B2 → =NORM.S.DIST(A2,FALSE)

02-24

*f(x)* **=NORM.S.DIST(A2,FALSE)**

参照　NORMSDIST …………… P.284

数学／三角

統計

日付・時刻

財務

論理

情報

検索・行列

データベース

文字列操作

エンジニアリング

キューブ

Web

互換性関数

ノーマル・インバース

# NORM.INV
互換

## 正規分布の累積分布関数の逆関数値を求める ∨

**書　式**　NORM.INV(確率, 平均, 標準偏差)

**計算例**　NORM.INV(0.8,0,1)
平均 [0]、標準偏差 [1] の正規累積分布関数において、確率 [0.8] のとき、逆関数値 [0.8416] を返す。

**機　能**　NORM.INV関数は、[平均] と [標準偏差] に対する正規累積分布関数の逆関数の値を計算します。この関数は、たとえば「ある推定が95%以上正しい」というには、変動値 [x] はどの範囲に収まっていなければならないかという「仮説検定」に利用されます。
[平均]=[0] かつ [標準偏差]=[1] である場合、NORM.S.DIST関数の逆関数の値が計算されます。

参照 **NORMINV** ························· P.285
関連 **NORT.S.DIST** ···············P.77

---

ノーマル・スタンダード・インバース

# NORM.S.INV
互換

## 標準正規分布の累積分布関数の逆関数値を求める ∨

**書　式**　NORM.S.INV(確率)

**計算例**　NORM.S.INV(0.9)
標準正規分布における確率 [0.9] に対する累積分布関数の逆関数値 [1.281552] を返す。

**機　能**　NORM.S.INV関数は、NORM.S.DIST関数の逆関数の値を計算します。[p]=NORM.S.DIST(x)のとき、NORM.S.INV(p)=[x] となります。[確率] に数値以外の値を指定すると、エラー値 [#VALUE!] が返されます。[確率]<=0または [確率]>=1の場合は、エラー値 [#NUM!] が返されます。

参照 **NORMINV** ························· P.285
関連 **NORT.S.DIST** ···············P.77

ガウス

# GAUSS

## 指定した標準偏差の範囲になる確率を求める　　　∨

**書　式**　GAUSS(値)

**計算例**　GAUSS(4)
標準正規の母集団に含まれるメンバーが、平均と平均から標準偏差の4倍の範囲になる確率 [0.49379] を返す。

**機　能**　GAUSS関数は、標準正規母集団のメンバーが、平均と平均から標準偏差の [値] 倍の範囲になる確率を返します。

**解　説**　この関数は、Excel 2010以前では使用できませんが、NORM.S.DIST関数で代用可能です。
GAUSS(値)はつねにNORM.S.DIST(値,TRUE)よりも0.5大きい値を返すので、「NORM.S.DIST(値,TRUE)−0.5」で求めることができます。

**関連**　NORM.S.DIST　……………………P.77

---

スタンダーダイズ

# STANDARDIZE

## 標準正規分布に変換する標準化変量を求める　　　∨

**書　式**　STANDARDIZE(x, **平均**, 標準偏差)

**計算例**　STANDARDIZE(x,2,2)
平均値 [2]、標準偏差 [2] の正規分布上の変数 [x] を、標準正規分布上の値に変換する標準化変量を返す。

**機　能**　STANDARDIZE関数は、正規分布の標準化変量で、[平均]と[標準偏差]で決定される分布を、[平均]=[0]かつ[標準偏差]=[1]である標準正規分布に変換します。

$$z = \frac{x - \mu}{\sigma}$$

x：確率　　μ：平均値　　σ：標準偏差

数学／三角

2　統計

3　日付／時刻

4　財務

5　論理

6　情報

7　検索／行列

8　データベース

9　文字列操作

10　エンジニアリング

11　キューブ Web

12　互換性関数

数学／三角

統計

日付・時刻

財務

論理

情報

検索／行列

データベース

文字列操作

エンジニアリング

キューブ／Web

互換性関数

統計 　指数分布／対数分布 　　　　　　(2010)(2013)(2016)(2019)(365)

ログ・ノーマル・ディストリビューション

# LOGNORM.DIST

## 対数正規分布の確率を求める 　　　　　　　　　　　　　∨

**書　式**　LOGNORM.DIST(x, **平均**, 標準偏差, 関数形式)

　　　　[平均][標準偏差]で決まる対数正規分布において変数[x]に
　　　　対し、[関数形式]に応じた確率または累積確率を求める。

**機　能**　LOGNORM.DIST関数は、対数正規分布の累積分布関数の
　　　　値を計算します。変数[x]ではなく、[ln(x)]の[平均]と[標
　　　　準偏差]による正規型分布です。所得(年収)が対数正規分布
　　　　に従うというのは有名な例で、対数を取るとほぼ対称的に分
　　　　布します。
　　　　なお、[関数形式]の選択が可能で、[0]の場合は確率密度を、
　　　　[1]の場合は累積確率を求めることができます。

**参照** **LOGNORMDIST** ……………… P.285

---

統計 　指数分布／対数分布 　　　　　　(2010)(2013)(2016)(2019)(365)

ログ・ノーマル・インバース

# LOGNORM.INV

## 対数正規分布の累積分布関数の逆関数値を求める 　∨

**書　式**　LOGNORM.INV(x, **平均**, 標準偏差)

**計算例**　LOGNORM.INV(0.1,1,1)

　　　　平均値[1]、標準偏差[1]の対数正規分布の累積分布関数の、
　　　　確率[0.1]に対する逆関数値[0.75]を求める。

**機　能**　LOGNORM.INV関数は、LOGNORM.DIST関数(対数正規
　　　　累積分布関数)の逆関数の値を計算します。
　　　　[p]=LOGNORM.DIST(x,平均,標準偏差)のとき、[x]=
　　　　LOGNORM.INV(p,平均,標準偏差)となります。

**参照** **LOGINV** ………………………… P.286
**関連** **LOGNORM.DIST** ……………… P.80

統計 | 指数分布／対数分布 | 2010 2013 2016 2019 365

数学／三角 1
統計 2
日付／時刻 3
財務 4
論理 5
情報 6
検索／行列／データベース 7
文字列操作 8
エンジニアリング 9
キューブ／Web 10
互換性関数 11
12

エクスポーネンシャル・ディストリビューション

# EXPON.DIST

## 指数分布の確率分布を求める ∨

**書 式** EXPON.DIST(x, λ, 関数形式)

**計算例** EXPON.DIST(x,1/3,1)
故障率 [1/3] の指数分布の累積分布関数の変数 [x] に対応する確率値を求める。

**機 能** EXPON.DIST関数は、指数分布の確率密度関数と累積分布関数を計算します。[関数形式]が[0]の場合は確率密度関数、[1]の場合は累積分布関数を返します。指数分布の確率密度関数と累積分布関数は、次の数式で表されます。

$$EXPON.DIST(x;\lambda,0) = f(x;\lambda) = \lambda e^{-\lambda x}$$

$$EXPON.DIST(x;\lambda,1) = F(x;\lambda) = \int_0^x \lambda e^{-\lambda x}dx = 1 - e^{-\lambda x}$$

x：変数　λ：故障率

この関数は、たとえば銀行での客1人に対する応対時間など、イベントの「間隔」をモデル化する場合に使用します。また、ある処理が一定時間以内に終了する確率を算出することもできます。このように、自分の番がくるまでどのくらいの時間がかかるのかを定量的に求めることを「待ち行列理論」といいます。

指数分布は、定常状態にある機器の故障までの時間や寿命などの算出に利用します。この場合、[λ]は故障率を表し、変数[x]の期待値である[1/λ]は「MTBF(Mean Time Between Failures)」と呼ばれ、寿命または平均故障間隔として利用されます。

また、ポアソン過程(P.74参照)において、ポアソン分布が発生頻度を表すのに対し、指数分布はその間の平均時間、たとえば「待ち時間」などを表します。

参照 EXPONDIST ······················ P.286
関連 POISSON.DIST ····················· P.74

**81**

| 統計 | 拡張分布 | 2010 2013 2016 2019 365 |
|---|---|---|

ベータ・ディストリビューション

# BETA.DIST

互換

## ベータ分布の確率を求める ⌄

書　式　**BETA.DIST(x, α, β, 関数形式 [,A] [,B])**

パラメータ (α, β) で決まるベータ分布において変数 [x] に対し、[関数形式] に応じた確率、または、累積確率を求める。

機　能　BETA.DIST関数は、ベータ分布の累積分布関数を計算します。ベータ分布は、α＝β＝1のとき一様分布になり、(α, β) を変更してさまざまな分布を表現することができます。

[関数形式] が [0] の場合は確率密度を、[1] の場合は累積確率を求めることができます。

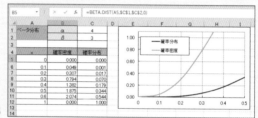

 02-25

参照　**BETADIST** ·········· P.286

---

| 統計 | 拡張分布 | 2010 2013 2016 2019 365 |
|---|---|---|

ベータ・インバース

# BETA.INV

互換

## ベータ分布の累積分布関数の逆関数値を求める ⌄

書　式　**BETA.INV(確率, α, β [,A] [,B])**

計算例　**BETA.INV(0.3,1.0,0.5)**

パラメータ (α, β)＝(1.0,0.5) の区間 [0,1] におけるベータ分布の、累積確率＝0.3における変数xを求める。

機　能　BETA.INV関数は、ベータ分布の累積分布関数の逆関数の値を計算します。[p]＝BETA.DIST (x, α, β [,A] [,B]) のとき、[x]＝BETA.INV (p, α, β [,A] [,B]) となります。

参照　**BETAINV** ·········· P.287
関連　**BETA.DIST** ·········· P.82

# GAMMA

## ガンマ関数の値を求める　　　　　　　　　　　　　　∨

**書　式**　GAMMA(数値)

**計算例**　GAMMA(2.2)
数値[2.2]のときのガンマ関数の値[1.101802491]を返す。

**機　能**　GAMMA関数は、引数[数値]からガンマ関数の値を返します。

**解　説**　GAMMA関数はExcel 2010以前では使用できませんが、EXP関数とGAMMALN.PRECISE関数を組み合わせて、計算例の代わりに「=EXP(GAMMALN(2.2))」で求めることができます。ガンマ関数は積分計算で利用され、以下の数式で求めます。数値が負の整数または0の場合は、エラー値[#NUM!]が返されます。

$$\Gamma_{(n)} = \int_0^\infty e^{-t} t^{n-1} dt$$

$$\Gamma(n+1) = n \times \Gamma(n)$$

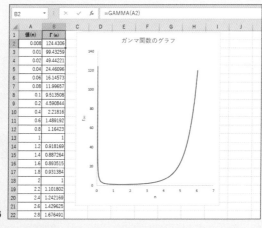

📄 02-26

参照　**EXP** ・・・・・・・・・・・・・・・・・・・・・・・・・・・・・・・・・・P.26
　　　**GAMMALN.PRECISE** ・・・・・・・・・・・P.84

数学・三角　1

統計　2

日付・時刻　3

財務　4

論理　5

情報　6

検索・行列・データベース　7

文字列操作　8

エンジニアリング　9

キューブ　10

Web　11

互換性関数　12

統計　　　　拡張分布　　　　　　　　　(2010)(2013)(2016)(2019)(365)

ガンマ・ディストリビューション

# GAMMA.DIST

互換

## ガンマ分布関数の値を求める　　　　　　　　　　　∨

**書　式**　GAMMA.DIST(x, $\alpha$, $\beta$, 関数形式)

**計算例**　GAMMA.DIST(0.2,1.5,0.5,0)

パラメータ($\alpha$,$\beta$)=(1.5,0.5)のガンマ分布の、変数x
=0.2の場合の確率を求める。

**機　能**　GAMMA.DIST関数は、ガンマ分布関数を計算します。ガン
マ関数は、指数分布の拡張型の分布であり、ベータ関数以上
にいろいろな分布を表現できるので、正規分布に従わない
データの分析を行うことができます。

[関数形式]が[0]の場合は確率密度関数、[1]の場合は累積
分布関数を返します。ガンマ分布は次の数式で表されます。
$\beta$=1の場合は標準ガンマ分布と呼ばれます。$\alpha$=1の場合は
指数分布に戻ります。

$$f(x;\alpha,\beta) = \frac{1}{\beta^{\alpha}\Gamma(\alpha)}x^{\alpha-1}e^{-\frac{x}{\beta}} \qquad \beta=1: \ f(x;\alpha) = \frac{x^{\alpha-1}e^{-x}}{\Gamma(\alpha)}$$

$$\alpha=1, \lambda=\frac{1}{\beta}: \ f(x;\lambda) = \lambda e^{-\lambda x}$$

**参照**　**GAMMADIST** ・・・・・・・・・・・・・・・・・・・ P.287

統計　　　　拡張分布　　　　　　　　　(2010)(2013)(2016)(2019)(365)

ガンマ・ログ・ナチュラル・プリサイス

# GAMMLN.PRECISE

互換

## ガンマ関数の自然対数を求める　　　　　　　　　∨

**書　式**　GAMMLN.PRECISE(x)

**計算例**　GAMMLN.PRECISE(0.1)

変数[0.1]に対応するガンマ関数の対数値を求める。

**機　能**　GAMMLN.PRECISE関数は、ガンマ関数の値の自然対数を
返します。

**参照**　**GAMMALN** ・・・・・・・・・・・・・・・・・・・ P.287

ガンマ・インバース

# GAMMA.INV

互換

## ガンマ分布の累積分布関数の逆関数値を求める ∨

**書 式** GAMMA.INV(確率, α, β)

**計算例** GAMMA.INV(0.9,1.5,0.5)
パラメータ(α, β)=(1.5,0.5)のガンマ分布の、確率0.9に対応する変数xを求める。

**機 能** GAMMA.INV関数は、ガンマ累積分布関数の逆関数の値を返します。つまり、[p]=GAMMA.DIST(x, α, β)のとき、[x]=GAMMA.INV(p, α, β)となります。

**参照** **GAMMAINV** ……………………… P.287

---

ワイブル・ディストリビューション

# WEIBULL.DIST

互換

## ワイブル分布の値を求める ∨

**書 式** WEIBULL.DIST(x, α, β, 関数形式)

**計算例** WEIBULL.DIST(0.5,4.0,1.0,0)
パラメータ(α, β)=(4,1)のワイブル分布の、変数x=0.5の場合の確率を求める。

**機 能** WEIBULL.DIST関数は、ワイブル分布の確率密度関数と累積分布関数を計算します。[関数形式]が[0]の場合は確率密度関数、[1]の場合は累積分布関数を返します。
ワイブル分布の確率密度関数と累積分布関数は、次の数式で表されます。

$$f(x;\alpha,\beta)=\frac{\alpha}{\beta^{\alpha}}x^{\alpha-1}e^{-\left(\frac{x}{\beta}\right)^{\alpha}} \quad F(x;\alpha,\beta)=1-e^{-\left(\frac{x}{\beta}\right)^{\alpha}}$$

ワイブル分布は、故障率が経年変化で増大する場合や、死亡率が老化で増加する場合に利用されます。

**参照** **WEIBULL** ……………………… P.288

1 数学/三角
2 統計
3 日付/時刻
4 財務
5 論理
6 情報
7 検索/行列
8 データベース
9 文字列操作
10 エンジニアリング
11 キューブ Web
12 互換性関数

コンフィデンス・ノーマル

# CONFIDENCE.NORM

互換

## 正規分布の標本から母平均の片側信頼区間の幅を求める ∨

書　式　CONFIDENCE.NORM( σ , 標準偏差, 標本の大きさ)

計算例　CONFIDENCE.NORM(0.05,2,30)
危険率を [0.05] と仮定した場合、標本の大きさ [30]、標準偏差 [2] の場合の片側信頼区間の幅は [0.72] となる。

機　能　CONFIDENCE.NORM関数は、正規母集団の大標本から平均値を求めた場合、その平均値が間違えている危険率がαあるとした場合の信頼区間の1/2幅を求めます。

参照　**CONFIDENCE** ··················· P.288

コンフィデンス・ティー

# CONFIDENCE.T

## t分布の標本から母平均の片側信頼区間の幅を求める ∨

書　式　CONFIDENCE.T( σ , 標準偏差, 標本の大きさ)

計算例　CONFIDENCE.T(0.05,2,5)
危険率 [0.05] と仮定した場合、標本の大きさ [5]、標準偏差 [2] の場合の片側信頼区間の幅は [2.48] となる。

機　能　CONFIDENCE.T関数は、データ数の少ない小標本をもとに、母平均を推定するための信頼区間の1/2幅を求めます。

### 使用例　標本と大標本による母平均の95%信頼区間幅 ∨

下表では、CONFIDENCE.T関数とCONFIDENCE.NORM関数を利用して、危険率5%における、データ数に応じた片側信頼区間の幅を求めています。

$f(x)$ =CONFIDENCE.T(0.05,G2,A2)

| | A | B | C | D | E | F | G | H | I |
|---|---|---|---|---|---|---|---|---|---|
| 1 | データ数 | | | データ群 | | | 標準偏差 | CONFIDENCE.T | CONFIDENCE.NORM |
| 2 | 5 | 0.31 | 1.20 | 0.42 | -0.96 | -2.01 | 1.272385 | 1.57987462 | 1.115274114 |
| 3 | 10 | -0.85 | -0.34 | 0.11 | -1.23 | -0.89 | 0.946093 | 0.67679408 | 0.586383671 |
| 4 | 15 | -2.46 | 0.79 | -2.06 | -0.83 | 0.53 | 1.108115 | 0.613653618 | 0.560773244 |
| 5 | 20 | -0.13 | 0.86 | -0.06 | -0.97 | 0.65 | 1.044714 | 0.488941252 | 0.457857731 |

02-27

$f(x)$ =CONFIDENCE.NORM(0.05,G2,A2)

86

ティー・ディストリビューション

# T.DIST

## t分布の確率を求める

**書　式**　T.DIST(x, **自由度**, 関数形式)

**機　能**　T.DIST関数は、t検定で利用するt分布の確率密度関数と下側確率を返します。確率密度関数を求める場合は [関数形式] を [0]、下側確率を求める場合は [1] を指定します。

**解　説**　確率の合計は [1] になることから、同じ [x] [自由度] を指定したT.DIST関数とT.DIST.RT関数には次の関係が成り立ちます。

$$\text{T.DIST}(x, 自由度, 1) + \text{T.DIST.RT}(x, 自由度, 1) = 1$$

### 使用例　t分布と正規分布の例

下表は、自由度 [2] と [30] のt分布と標準正規分布です。t分布も正規分布同様、左右対称の釣鐘型の波形であり、自由度が高くなると正規分布に近づきます。

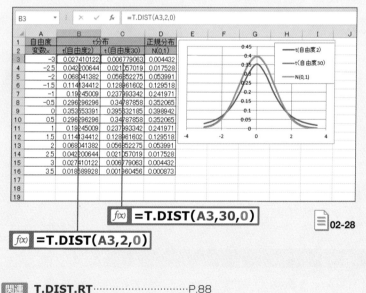

B3　▼ : × ✓ fx =T.DIST(A3,2,0)

| | A | B | C | D |
|---|---|---|---|---|
| 1 | 自由度 | t分布 | | 正規分布 |
| 2 | 変数x | t(自由度2) | t(自由度30) | N(0,1) |
| 3 | -3 | 0.027410122 | 0.006779063 | 0.004432 |
| 4 | -2.5 | 0.042200644 | 0.021057019 | 0.017528 |
| 5 | -2 | 0.068041382 | 0.056052275 | 0.053991 |
| 6 | -1.5 | 0.114134412 | 0.128961602 | 0.129518 |
| 7 | -1 | 0.192245009 | 0.237993342 | 0.241971 |
| 8 | -0.5 | 0.296296296 | 0.347787858 | 0.352065 |
| 9 | 0 | 0.353553391 | 0.395632185 | 0.398942 |
| 10 | 0.5 | 0.296296296 | 0.347787858 | 0.352065 |
| 11 | 1 | 0.192245009 | 0.237993342 | 0.241971 |
| 12 | 1.5 | 0.114134412 | 0.128961602 | 0.129518 |
| 13 | 2 | 0.068041382 | 0.056052275 | 0.053991 |
| 14 | 2.5 | 0.042200644 | 0.021057019 | 0.017528 |
| 15 | 3 | 0.027410122 | 0.006779063 | 0.004432 |
| 16 | 3.5 | 0.018689928 | 0.001960456 | 0.000873 |
| 17 | | | | |
| 18 | | | | |
| 19 | | | | |

凡例:
—— t(自由度2)
—— t(自由度30)
—— N(0,1)

*f(x)* **=T.DIST(A3,30,0)**

📄 02-28

*f(x)* **=T.DIST(A3,2,0)**

**関連**　T.DIST.RT ·············· P.88

数学/三角

2 統計

3 日付/時刻

4 財務

5 論理

6 情報

7 検索/行列

8 データベース

9 文字列操作

10 エンジニアリング

11 キューブ/Web

12 互換性関数

統計 | 検定

ティー・ディストリビューション・ライト・テイルド

# T.DIST.RT

互換

## t分布の右側確率を求める

**書　式**　T.DIST.RT(x, **自由度**)

指定した [自由度] のt分布から [x] に対応する右側 (上側) 確率を求める。

**機　能**　T.DIST.RT関数は、 t 分布の確率を返します。累積分布関数の値や左側確率を求めることができます。

| C2 | | : | × | ✓ | fx | =T.DIST.RT(A2,B2) |
| | A | B | C | D | E | F |
|---|---|---|---|---|---|---|
| 1 | t値 | 自由度 | 右側確率 | | | |
| 2 | 1 | 20 | 0.1646283 | | | |
| 3 | 2 | 20 | 0.0296328 | | | |
| 4 | 3 | 20 | 0.0035379 | | | |
| 5 | 4 | 20 | 0.0003518 | | | |
| 6 | 5 | 20 | 0.0000344 | | | |
| 7 | | | | | | |

02-29

| 参照 | **TDST** ············· P.288 |
| 関連 | **T.DIST** ············· P.87 |
| 関連 | **T.DIST.2T** ············· P.88 |

---

統計 | 検定

ティー・ディストリビューション・トゥ・テイルド

# T.DIST.2T

互換

## t分布の両側確率を求める

**書　式**　T.DIST.2T(x, **自由度**)

指定した [自由度] のt分布から [x] に対応する両側確率を求める。

**機　能**　T.DIST.2T関数は、 t 分布の確率を返します。確率密度関数の値や両側確率を求められます。

| 参照 | **TDST** ············· P.288 |
| 関連 | **T.DIST.RT** ············· P.88 |

---

### MEMO | t 分布

t 分布は、分散の推定や検定に利用するもので、おもに t 検定で用いられます。

ティー・インバース

# T.INV

## t分布の左側逆関数値を求める ⌄

**書 式** **T.INV(左側確率, 自由度)**
指定した[自由度]のt布から左側(下側)確率を求める。

**機 能** T.INV関数は、T.DIST関数の逆関数を返します。つまり、
[p]=T.DIST(x,自由度,1)
であるとき、
[x]=T.INV(p,自由度)
という関係が成り立ちます。

| C2 | | : | × | ✓ | fx | =T.INV(A2,B2) |
|---|---|---|---|---|---|---|

| | A | B | C | D | E | F |
|---|---|---|---|---|---|---|
| 1 | 左側確率 | 自由度 | t値 | | | |
| 2 | 0.70 | 20 | 0.532863 | | | |
| 3 | 0.75 | 20 | 0.686954 | | | |
| 4 | 0.80 | 20 | 0.859964 | | | |
| 5 | 0.85 | 20 | 1.064016 | | | |
| 6 | 0.90 | 20 | 1.325341 | | | |
| 7 | 0.95 | 20 | 1.724718 | | | |
| 8 | | | | | | |

📄 02-30

**関連** **T.DIST**······································P.87

---

ティー・インバース・トゥ・テイルド

# T.INV.2T 互換

## t分布の両側逆関数値を求める ⌄

**書 式** **T.INV.2T(両側確率, 自由度)**

**機 能** T.INV.2T関数は、T.DIST.2T関数の両側分布の逆関数を返
します。つまり、
[p]=T.DIST(x)
であるとき、
[x]=T.INV.2T(p)
という関係が成り立ちます。
この関数は、t分布表として利用できます。

**参照** **TINV**······································ P.289
**関連** **T.INV** ·································P.89

数学/三角

統計

日付/時刻

財務

論理

情報

検索/行列

データベース

文字列操作

エンジニアリング

キューブ/Web

互換性関数

数学/三角 1

統計 2

日付・時刻 3

財務 4

論理 5

情報 6

検索・行列 7

データベース 8

文字列操作 9

エンジニアリング 10

キューブ Web 11

互換性関数 12

ティー・テスト

# T.TEST

互換

## t検定の確率を求める

書　式　**T.TEST(配列1, 配列2, 尾部, 検定の種類)**

機　能　スチューデントのt分布に従う確率を返します。T.TEST関数
　　　　は、指定した [配列1] [配列2] の2つのデータの平均に差が
　　　　あるかどうかを検定するのに利用できます。[尾部] に [1] を
　　　　指定すると片側分布が使用され、[2] を指定すると両側分布
　　　　が使用されます。
　　　　[検定の種類] には、実行する t 検定の種類を、次のように数
　　　　値で指定します。

| 検定の種類 | 内　容 |
|---|---|
| [1] | 対をなすデータの t 検定 |
| [2] | 等分散の2標本を対象とする t 検定 |
| [3] | 非等分散の2標本を対象とする t 検定 |

参照　**TTEST** …………………………… P.289

---

### MEMO | 平均と分散の検定

2組のデータ (標本) の違いを分析する際には平均と分散を比較します。次のよ
うに、4つの検定を使い分けます。

　・2つの標本の平均の検定　　　：t検定
　・2つの標本の平均の差の検定　：z検定
　・2つの標本の分散の検定　　　：$\chi^2$ (カイ二乗) 検定
　・2つの標本の分散の比の検定　：F検定

これらの検定を利用する際には、平均と分散が既知かどうかで手順が変わり
ます。

　(1) 両方の標本の母分散が既知の場合⇒**z検定**で平均の差を検定
　(2) 両方の標本の母分散が未知の場合
　　　(a) 両方の母分散が等しいと仮定できる場合
　　　　　⇒**F検定**で分散の比を検定／**等分散t検定**で平均を検定
　　　(b) 両方の母分散が等しいと仮定できない場合
　　　　　⇒**対データt検定**／**不等分散t検定**で平均を検定

なお、等分散とは、確率変数の列もしくはベクトルを構成するすべての確率変
数が、等しく有限分散をしている (それぞれの群の分布の形が似ている) 状
態をいい、これに対して不等分散は分散が不均一性の状態のことをいいます。
対データは、(x1,y1) のような1対のデータのことです。

ゼット・テスト

# Z.TEST

互換

## z検定の上側確率を求める

| 書　式 | Z.TEST(配列, 平均値μ [, σ]) |
|---|---|
| 計算例 | Z.TEST({3.0,3.5,4.0,4.5} 4)<br>{3.0,3.5,4.0,4.5} の4つのデータの母集団の平均値μを [4] と仮定して、z検定の片側検定値 [0.78] (約78%) を求める。 |
| 機　能 | Z.TEST関数は、z検定の片側P値を返します。これは、正規母集団の標本から標本平均を計算し、これと真の平均値とを比べて、標本平均がその母集団に属すると仮定した場合の上側確率を求めることに相当します。 |

$$\mathbf{Z.TEST}\,(array, x, \sigma) = 1 - \mathbf{NORM.DIST}\left(\frac{\mu - x}{\sigma \div \sqrt{n}}\right)$$

参照 **ZTEST** ・・・・・・・・・・・・・・・・・・・・・・・・・ P.289

---

エフ・ディストリビューション

# F.DIST

## F分布の確率を求める

| 書　式 | F.DIST(x, 自由度 1, 自由度 2, 関数形式) |
|---|---|
| 機　能 | F.DIST関数は、F検定で利用するF分布の確率密度関数と下側確率を返します。確率密度関数を求める場合は [関数形式] を [0]、下側確率を求める場合は [関数形式] を [1] に指定します。 |
| 解　説 | 確率の合計は [1] になることから、同じ [x] [自由度1] [自由度2] を指定したF.DIST関数とF.DIST.RT関数には、次の関係が成り立ちます。 |

$$\mathbf{F.DIST}(x, 自由度1, 自由度2, 1) + \mathbf{F.DIST.RT}(x, 自由度1, 自由度2) = 1$$

参照 **F.DIST.RT** ・・・・・・・・・・・・・・・・・・・・・ P.92

1 数学/三角

2 統計

3 日付/時刻

4 財務

5 論理

6 情報

7 検索/行列

8 データベース

9 文字列操作

10 エンジニアリング

11 キューブ/Web

12 互換性関数

エフ・ディストリビューション・ライト・テイルド

# F.DIST.RT

互換

## F分布の上側確率を求める

**書 式** F.DIST.RT(x, **自由度** 1, **自由度** 2)

**機 能** F.DIST.RT関数は、F分布の上側確率を返します。

この関数を使用すると、2組のデータを比較して、ばらつきが両者で異なるかどうかを調べることが可能です。

この場合には「等分散検定」で2組のデータの分散の比を検定します。

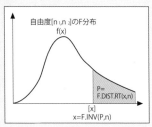

[自由度1] [自由度2] には、それぞれの自由度を指定します。F.DIST.RT関数は、F分布に従う確率変数 [x] に対して、数式F.DIST.RT=P (X>x) で表される片側確率を返します。

分布は、$\chi^2$分布に従う自由度 [$n_1$] の変数を$u_1$、$\chi^2$分布に従う自由度 [$n_2$] の変数を$u_2$とするとき、下の変数が従う確率分布で、これを「自由度$n_1, n_2$のF分布」といいます。

$$x = \frac{\left(\dfrac{u_1}{n_1}\right)}{\left(\dfrac{u_2}{n_2}\right)}$$

この分布は、次のように表すことができます。

$$f(x) = \frac{\Gamma\left(\dfrac{n_1 + n_2}{2}\right)}{\Gamma\left(\dfrac{n_1}{2}\right)\Gamma\left(\dfrac{n_2}{2}\right)} \left(\dfrac{n_1}{n_2}\right)^{\frac{n_1}{2}} x^{\frac{n_1}{2}-1} \left(1 + \dfrac{n_1}{n_2} x\right)^{-\frac{n_1 + n_2}{2}}$$

$$\Gamma(n+1) = n!, \quad \Gamma\left(n + \frac{1}{2}\right) = \left(n - \frac{1}{2}\right)\left(n - \frac{3}{2}\right)\cdots\left(\frac{1}{2}\right)\sqrt{\pi}$$

参照 **FDIST** ............................... P.290

エフ・インバース・ライト・テイルド

# F.INV.RT

互換

## F分布の上側確率から確率変数を求める ∨

**書 式** F.INV.RT(**確率, 自由度**1, **自由度**2)

**機 能** F.INV.RT関数は、F.DIST.RT関数の逆関数を返します。つまり、[p]＝FDIST(x,自由度1,自由度2)であるとき、F.INV.RT(p,自由度1,自由度2)＝[x]という関係が成り立ちます。この関数は、「F分布表」として利用することができます。

**参照** FINV .................... P.290
**関連** F.DIST.RT ................ P.92

---

エフ・インバース

# F.INV

## F分布の下側確率から確率変数を求める ∨

**書 式** F.INV(**下側確率, 自由度**1, **自由度**2)

**機 能** F.INV関数は、F.DIST関数の逆関数を返します。つまり、[p]＝F.DIST(x,自由度1,自由度2,1)であるとき、F.INV(p,自由度1,自由度2)＝[x]という関係が成り立ちます。

**関連** F.DIST ........................ P.91

---

エフ・テスト

# F.TEST

互換

## F検定の両側確率を求める ∨

**書 式** F.TEST(**配列**1, **配列**2)

**機 能** F.TEST関数は、[配列1]と[配列2]からF検定の等分散検定用の両側確率を返します。たとえば有意水準を[5%]と設定して、求めた両側確率と比較し、2つの配列の分散に違いがあるかどうかを検定する場合などに利用します。

**参照** FTEST ................ P.290

数学／三角  1

統計  2

日付／時刻  3

財務  4

論理  5

情報  6

検索／行列／データベース／文字列操作  7

エンジニアリング  8  9  10

キューブ  Web  11

互換性関数  12

統計 | 検定
2010 2013 2016 2019 365

カイ・スクエアド・ディストリビューション・ライト・テイルド

# CHISQ.DIST.RT
互換

## カイ二乗分布の上側確率を求める  ∨

書　式　CHISQ.DIST.RT(x, 自由度)

機　能　CHISQ.DIST.RT関数は、$\chi^2$検定で利用するカイ二乗($\chi^2$)分布の上側確率を返します。$\chi^2$検定は、母集団のばらつきが小さいときに、母集団の分散を標本データから推測する場合に利用します。

参照　CHIDIST …………………………… P.291

---

統計 | 検定
2010 2013 2016 2019 365

カイ・スクエアド・インバース

# CHISQ.INV

## カイ二乗分布の下側確率から確率変数を求める  ∨

書　式　CHISQ.INV(下側確率, 自由度)

機　能　CHISQ.INV関数は、CHISQ.DIST関数の逆関数を返します。つまり、[p]＝CHISQ.DIST(x,自由度,1)であるとき、CHISQ.INV(p,自由度)＝[x]という関係が成り立ちます。

関連　CHISQ.DIST …………………………P.95

---

統計 | 検定
2010 2013 2016 2019 365

カイ・スクエアド・インバース・ライト・テイルド

# CHISQ.INV.RT
互換

## カイ二乗分布の上側確率から確率変数を求める  ∨

書　式　CHISQ.INV.RT(上側確率, 自由度)

機　能　CHISQ.INV.RT関数は、CHISQ.DIST.RT関数の逆関数を返します。つまり、[p]＝CHIDIST(x,自由度)であるとき、CHIINV(p,自由度)＝[x]という関係が成り立ちます。この関数は、「カイ二乗($\chi^2$)分布表」の代わりに利用すると確率Pに対応する確率変数xを求めることができます。

参照　CHIINV …………………………… P.291
関連　CHISQ.DIST.RT ………………P.94

カイ・スクエアド・ディストリビューション

# CHISQ.DIST

## カイ二乗分布の確率を求める

**書　式**　CHISQ.DIST(x, **自由度**, 関数形式)

**機　能**　CHISQ.DIST関数は、$\chi^2$検定で利用するカイ二乗($\chi^2$)分布の確率密度関数と下側確率を返します。確率密度関数を求める場合は、関数形式を[0]、下側確率を求める場合は、関数形式を[1]に指定します。

**解　説**　確率の合計は[1]になることから、同じ[x][自由度]を指定したCHISQ.DIST関数とCHISQ.DIST.RT関数には、次の関係が成り立ちます。

CHISQ.DIST($x$,自由度,1) + CHISQ.DIST.RT($x$,自由度)= 1

### 使用例　カイ二乗分布の確率密度と下側確率を求める

下表では、自由度[10]に対する確率密度と下側確率を求めています。

| B2 | ▼ | : | × | ✓ | fx | =CHISQ.DIST(A2,$E$2,0) |
|---|---|---|---|---|---|---|

|  | A | B | C | D | E | F |
|---|---|---|---|---|---|---|
| 1 | x値 | 確率密度関数 | 下側確率 |  | 自由度 |  |
| 2 | 1 | 0.000789753 | 0.000172116 |  | 10 |  |
| 3 | 2 | 0.007664155 | 0.003659847 |  |  |  |
| 4 | 3 | 0.023533259 | 0.018575936 |  |  |  |
| 5 | 4 | 0.045111761 | 0.052653017 |  |  |  |
| 6 | 5 | 0.066800943 | 0.108821981 |  |  |  |
| 7 |  |  |  |  |  |  |
| 8 |  |  |  |  |  |  |

📄 02-31

$f(x)$ **=CHISQ.DIST(A2,$E$2,0)**

$f(x)$ **=CHISQ.DIST(A2,$E$2,1)**

**関連**　CHISQ.DIST.RT ·············· P.94

1　数学/三角
2　統計
3　日付/時刻
4　財務
5　論理
6　情報
7　検索/行列
8　データベース
9　文字列操作
10　エンジニアリング
11　キューブ Web
12　互換性関数

# CHISQ.TEST

## カイ二乗検定の上側確率を求める

**書 式** CHISQ.TEST(実測値範囲, 期待値範囲)

**機 能** CHISQ.TEST関数は、カイ二乗($\chi^2$)検定を実行するのに利用されます。具体的には、範囲で指定した数値をもとに、$\chi^2$分布から有意水準と比較できる上側確率を返します。比較の結果、求めた確率が有意水準より小さければ対立仮説が採択され、大きければ帰無仮説が採択されます。CHISQ.TEST関数は、下の数式で表されます。

$$CHITEST = p\left(X > \chi^2\right)$$
$$\chi^2 = \sum_{i=1}^{r} \sum_{j=1}^{c} \frac{\left(A_{ij} - E_{ij}\right)^2}{E_{ij}}$$

**使用例** 想定数と実際数との確率を求める

下表では、商品を手にした人数と購入人数の実際値と、当初想定していた値を比較してどれだけ当てはまっている（適合度）を検定します。求められた確率が、有意水準の5%より以下の場合は適合していないことになり、5%以上ならば適合していると判断できます。

| B13 | ▼ : × ✓ fx =CHISQ.TEST(B3:C5,B9:C11) |
|---|---|

| ▲ | A | B | C | D | E | F |
|---|---|---|---|---|---|---|
| 1 | 実際値 | | | | | |
| 2 | | 手にした人数 | 購入した人数 | | | |
| 3 | 商品A | 1,133 | 227 | | | |
| 4 | 商品B | 1,061 | 253 | | | |
| 5 | 商品C | 1,151 | 245 | | | |
| 6 | | | | | | |
| 7 | 想定数（期待値） | | | | | |
| 8 | | 手にする人数 | 購入する人数 | | | |
| 9 | 商品A | 1,100 | 250 | | | |
| 10 | 商品B | 1,100 | 250 | | | |
| 11 | 商品C | 1,100 | 250 | | | |
| 12 | | | | | | |
| 13 | 確率 | 3.04% | | | | |
| 14 | | | | | | |
| 15 | | | | | | |

02-32

**関連** CHITEST ························· P.291

数学／三角 1

統計 2

日付／時刻 3

財務 4

論理 5

情報 6

検索／行列 7

データベース 8

文字列操作 9

エンジニアリング 10

キューブ 11

Web 互換性関数 12

ピアソン

# PEARSON

## ピアソンの積率相関係数を求める　　　　　　∨

**書　式**　PEARSON(配列1, 配列2)
ピアソンの積率相関係数を求める。

**機　能**　PEARSON関数は、「ピアソンの積率相関係数」[r] の値を返します。「ピアソンの積率相関係数」は、CORREL関数が返す相関係数と同一です。

**関連**　**CORREL** ……………………………P.99

---

スクエア・オブ・コリレーション

# RSQ

## ピアソンの積率相関係数の決定係数を求める　∨

**書　式**　RSQ(配列1, 配列2)
ピアソンの積率相関係数の平方値(決定係数)を求める。

**機　能**　RSQ関数は、相関係数またはピアソンの積率相関係数の二乗値であり、一般に「決定係数」と呼ばれ、回帰直線では近似の精度を表します。
[r] は [-1.0] から [1.0] の範囲の数値であり、[$r^2$] は [0] から [1] の範囲の数値であり、ともに2組のデータ間での相関の程度を示します。PEARSON関数の返す「ピアソンの積率相関係数」[r] と、RSQ関数の返すその二乗値 [$r^2$] の数式は次のとおりです。

$$\mathrm{PEARSON}(X,Y) = r = \frac{n\left(\sum xy\right) - \left(\sum x\right)\left(\sum y\right)}{\sqrt{\left[n\sum x^2 - \left(\sum x\right)^2\right]}\sqrt{\left[n\sum y^2 - \left(\sum y\right)^2\right]}}$$

$$= \frac{Cov(X,Y)}{\sigma_x \cdot \sigma_y} = \rho_{x,y} \quad \left[-1 \leqq r \leqq 1\right]$$

$$\mathrm{RSQ}(X,Y) = r^2 = \mathrm{PEARSON}(X,Y)^2$$

| | | |
|---|---|---|
| x,y ： 変数 | $\mu_x$ ： xの平均値 | $\sigma_x$ ： xの標準偏差 |
| $r^2$ ： 決定係数 | $\mu_y$ ： yの平均値 | $\sigma_y$ ： yの標準偏差 |

**関連**　**PEARSON** ……………………………P.97

1 数学・三角
2 統計
3 日付・時刻
4 財務
5 論理
6 情報
7 検索・行列
8 データベース
9 文字列操作
10 エンジニアリング
11 キューブ Web
12 互換性関数

数学／三角

統計

日付／時刻

財務

論理

情報

検索／行列

データベース

文字列操作

エンジニアリング

キューブ

Web

互換性関数

1

2

3

4

5

6

7

8

9

10

11

12

**統計** | **相関** | (2010) (2013) (2016) (2019) (365)

コバリアンス・ピー

# COVARIANCE.P

互換

## 母共分散を求める ⌄

書 式 　**COVARIANCE.P(配列 1, 配列 2)**
　　　　[配列1]のデータと[配列2]のデータの母共分散を求める。

機 能 　COVARIANCE.P関数は、共分散(2組の対応するデータ)の「偏差(平均値との差)の積の平均値」を返します。この数値を利用すると、2組のデータの相関関係を分析できます。

参照 **COVAR** …………………… P.292
関連 **COVARIANCE.S** ……………P.98

---

**統計** | **相関** | (2010) (2013) (2016) (2019) (365)

コバリアンス・エス

# COVARIANCE.S

## 共分散を求める ⌄

書 式 　**COVARIANCE.S(配列 1, 配列 2)**
　　　　[配列1]のデータと[配列2]のデータの共分散を求める。

機 能 　COVARIANCE.S関数は、[配列1][配列2]から共分散を求めます。

### 使用例　英語と数学の得点の共分散を求める ⌄

下表は、英語と数学の得点の一覧(30件)から、5件、10件、30件とデータ数を変えて2つの関数で共分散を求めています。データ数を多くすれば2つの関数の差も縮小されるので、COVARIANCE.P関数で代用可能です。

$f(x)$ **=COVARIANCE.P(A2:A6,B2:B6)**

📄02-33

$f(x)$ **=COVARIANCE.S(A2:A6,B2:B6)**

関連 **COVARIANCE.P** ……………P.98

**98**

コリレーション

# CORREL

## 相関係数を求める

**書　式** CORREL(配列1, 配列2)
[配列1] のデータと [配列2] のデータの相関係数を求める。

**機　能** CORREL関数は、2組の対応するデータの相関係数を返します。この数値を利用すると、2組のデータの相関関係を分析できます。戻り値は、PEARSON関数の戻り値と同じになります。
共分散は、データによって値が大きく異なりますが、相関係数は絶対値が [1] 以下なので、異なるデータの相関を比較するときに便利です。

$$\text{COVARIANCE.P}(X,Y) = Cov(X,Y) = \frac{1}{n}\sum_{i=1}^{n}(x_i - \mu_x)(y_i - \mu_y)$$

$$\text{CORREL}(X,Y) = \rho_{x,y} = \frac{Cov(X,Y)}{\sigma_x \cdot \sigma_y} \quad -1 \leqq \rho_{x,y} \leqq 1$$

x,y ： 変数 $\quad$ $\mu_x$ ： x の平均値 $\quad$ $\sigma_x$ ： x の標準偏差
$\rho$ ： 相関係数 $\quad$ $\mu_y$ ： y の平均値 $\quad$ $\sigma_y$ ： y の標準偏差

### 使用例 英語と数学の得点の相関係数を求める

下表は、英語と数学の得点の一覧 (30件) から、2つのデータの相関関係を分析します。

02-34

$f(x)$ **=CORREL(A2:A31,B2:B31)**

**関連** COVARIANCE.P ················· P.98
**PEARSON** ······························ P.97

| 統計 | 相関 | |
|---|---|---|

フィッシャー

# FISHER

## フィッシャー変換の値を求める　　　　　　　　　　　　∨

**書　式**　FISHER(x)

**計算例**　FISHER(0.8)
　　　　　変数 [0.8] をフィッシャー変換した値 [1.099] を求める。

**機　能**　FISHER関数は、相関係数を与えるとフィッシャー変換値を
返します。この変換では、ほぼ正規的に分布した関数が生成
されます。この関数は、相関係数にもとづく仮説検定を行う
ときに使用します。
フィッシャー変換は「フィッシャーの z 変換」、または単に「 z
変換」ともいいます。フィッシャー変換は、次の数式で表さ
れます。

$$z = \frac{1}{2} \ln \left( \frac{1+x}{1-x} \right)$$

| 統計 | 相関 | |
|---|---|---|

フィッシャー・インバース

# FISHERINV

## フィッシャー変換の逆関数値を求める　　　　　　　　∨

**書　式**　FISHERINV(y)

**計算例**　FISHERINV(1.099)
　　　　　変換値 [1.099] に対応する変数 [0.8] を求める。

**機　能**　FISHERINV関数は、フィッシャー変換の値に対応する相関
係数の値を返します。この関数は、データ範囲や配列間の相
関を分析する場合に使用します。
[y] ＝FISHER (x) であるとき、FISHERINV (y) ＝ [x] という
関係が成り立ちます。
フィッシャー変換の逆関数は、次の数式で表されます。

$$x = \frac{e^{2y} - 1}{e^{2y} + 1}$$

**関連** **FISHER** ·························· P.100

ライン・エスティメーション

# LINEST

## 複数の一次独立変数の回帰直線の係数を求める　∨

**書　式**　LINEST(既知のy[, 既知のx] [, 定数] [, 補正])

**機　能**　LINEST関数は、複数の独立変数 $(x_1, x_2, \cdots, x_n)$ が入力された
セル範囲 [既知のx] と、独立変数 $(x_1, x_2, \cdots, x_n)$ の関数として
の従属変数 $(y_1, y_2, \cdots, y_n)$ が入力されたセル範囲 [既知のy] を
与えて、「最小二乗法」により、近似直線 (回帰直線) を求め、
係数 $(m_1, m_2, \cdots, m_n)$ を返します。
これらの回帰直線は、y切片 [b] と、配列で求められるそれ
ぞれの [x] に対応する係数 [m] で表現されます。[補正] に [1]
を指定すると、補正の配列も得られます。

$$y = m_1 x_1 + m_2 x_2 + \cdots + m_n x_n + b$$

入力に際しては、次のようなセル範囲を選択し、配列数式と
して入力する必要があります。

| 列数 | 独立変数の数＋1列 |
| --- | --- |
| 行数 (補正項を出力しない場合) | 2行 |
| 行数 (補正項を出力する場合) | 5行 |

---

統計　　　回帰　　　2010 2013 2016 2019 Office 365

トレンド

# TREND

## 複数の一次独立変数の回帰直線の予測値を求める　∨

**書　式**　TREND(既知のy[, 既知のx] [, 新しいx] [, 定数])

**機　能**　TREND関数では、LINEST関数やLOGEST関数と同様に、
[既知のx] と [既知のy] とから、最小二乗法で近似式の係数
などを計算し、その近似式を [新しいx] に適用して、複数の
予測値を算出します。
入力に際しては、LINEST関数と同様に、複数の行・列のセ
ル範囲を選択し、配列数式として入力する必要があります。

**関連**　**LINEST** ............................. P.101
　　　　**LOGEST** ............................. P.106

| 統計 | 回帰 | (2010) (2013) (2016) (2019) (365) |

スロープ

# SLOPE

インターセプト

# INTERCEPT

## 1変数の回帰直線の傾きと切片を求める ∨

**書　式** **SLOPE(既知のy, 既知のx)**
1変数の回帰直線の傾きを算出する。

**書　式** **INTERCEPT(既知のy, 既知のx)**
1変数の回帰直線の切片を算出する。

**機　能** SLOPE関数は [既知のy] と [既知のx] のデータから回帰直線の傾きを求め、INTERCEPT関数は回帰直線の切片の値を算出します。
回帰直線の傾きと切片は、[グラフ] メニューの [近似直線の追加] と [線形近似] でも表示させることができます。また、その値をワークシート上で利用することもできます。しかし、はじめから方程式を利用するとわかっているなら、この関数を利用したほうが、手順がかんたんです。

### 使用例　マンションの価格と床面積との関係の回帰直線を求める ∨

下表は、マンションの価格と床面積との相関関係をSLOPE関数とINTERCEPT関数を用いて求めた例です。
床面積を [既知のx]、価格を [既知のy] として、傾き(床面積単価)と切片を求めます。傾きと床面積と切片から回帰直線の方程式を構成し、入力します。

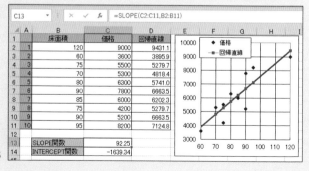

02-35

フォーキャスト・リニア

# FORECAST.LINEAR

互換

## 1変数の回帰直線の予測値を求める ∨

**書 式** FORECAST.LINEAR(x, 既知のy, 既知のx)

**機 能** FORECAST.LINEAR関数は、[既知のy] と [既知のx] から得られる回帰直線上で、与えられた [x] の値に対する従属変数(yとする)の値を予測します。
FORECAST.LINEAR関数などの予測関数は、過去の実績から今後の売上や消費動向などを予測するといった使い方ができます。

**解 説** Excel 2010／2013では、互換性関数のFORCAST関数を利用します。

**参照** FORCAST ......................... P.292

---

フォーキャスト・イーティーエス

# FORECAST.ETS

## 実績から予測値を求める ∨

**書 式** FORECAST.ETS(目標期日, 値, タイムライン [, 季節性] [, データ補間] [, 集計])

**機 能** FORECAST.ETS関数は、これまでの実績の数値(履歴値)をもとに将来の数値を予測します。[季節性] は、季節によって変動がある場合に指定できます。省略した場合は年月日から自動的に季節性が設定され、[0] は無効になります。
[データ補間] では、欠測値がある場合に [1] を指定すると自動的に補間されます。[集計] では、タイムラインに同じ期間がある場合に [値] を集計します。集計方法は、FRRECAST.ETS.SEASONALITY関数(P.104)を参照してください。

**解 説** FORECAST.ETS関数は、Excel 2016以降の「予測ワークシート」機能を利用して「予測値列」を求める際に使用されています。

数学/三角 1

統計 2

日付/時刻 3

財務 4

論理 5

情報 6

検索/行列 7

データベース 8

文字列操作 9

エンジニアリング 10

キューブ Web 11

互換性関数 12

| 統計 | 回帰 | (2010) (2013) 2016 2019 365 |

フォーキャスト・イーティーエス・コンフィデンスインターバル

# FORECAST.ETS.CONFINT

## 予測値の信頼区間を求める　　　　　　　　　∨

**書　式** FORECAST.ETS.CONFINT(目標期日, 値, タイムライン [,
信頼レベル] [, 季節性] [, データ補間] [, 集計])

**機　能** FORECAST.ETS.CONFINT関数は、[目標期日]で指定した期
日における予測値の信頼区間を求めます。信頼区間とは、将来
の値の一定割合([信頼レベル]が95%)が、その範囲に含まれ
ると想定されるそれぞれの予測値を囲む範囲のことです。

**解　説** この関数は、Excel 2016以降の「予測ワークシート」機能
のオプションの「信頼区間」を求める際に使用されています。

---

| 統計 | 回帰 | (2010) (2013) 2016 2019 365 |

フォーキャスト・イーティーエス・シーズナリティ

# FORECAST.ETS.SEASONALITY

## 指定した時系列の季節パターンの長さを求める　∨

**書　式** FORECAST.ETS.SEASONALITY(値, タイムライン [,
データ補間] [, 集計])

**機　能** FORECAST.ETS.SEASONALITY関数は、指定した時系列
の季節パターンの長さを求めます。この関数を使用すると、
FORECAST.ETS関数で使用された季節性を調べることができ
ます。[タイムライン]で指定する期間は0以外の一定間隔
のデータを入力する必要がありますが、[データ補間]に[1]
を指定すると、期間データ
のない部分の30%を補間し
て計算されます。

[集計]では、タイムライン
に同じ期間がある場合に
[値]を集計します。集計方
法は、右表の値を指定でき
ます。省略する場合は集計
を行いません。

| 値 | 集計方法 |
|---|---|
| 1 | 平均(AVERAGE) |
| 2 | 数値の個数(COUNT) |
| 3 | データの個数(COUNTA) |
| 4 | 最大値(MAX) |
| 5 | 中央値(MEDIAN) |
| 6 | 最小値(MIN) |
| 7 | 合計(SUM) |

**関連** **FORECAST.ETS** ················ P.103

フォーキャスト・イーティーエス・スタット

# FORECAST.ETS.STAT

## 時系列予測から統計値を求める　　　　　　　　　∨

**書　式**　FORECAST.ETS.STAT(値, タイムライン, 統計の種類 [, 季節性] [, データ補間] [, 集計])

**機　能**　FORECAST.ETS.STAT関数は、時系列の予測から統計値を求めます。予測の統計値には、平滑化係数(Alpha、Beta、Gamma)やエラーメトリック(MASE、SMAPE、MAE、RMSE)などの測定値が含まれます。

**解　説**　この関数は、Excel 2016以降の「予測ワークシート」機能を利用して「予測統計情報」を求める際に使用されています。

---

スタンダード・エラー・ワイ・エックス

# STEYX

## 1変数の回帰直線の標準誤差を求める　　　　　　∨

**書　式**　STEYX(既知のy, 既知のx)

**機　能**　STEYX関数は、[既知のy] と [既知のx] の間に回帰直線を仮定した場合の、その直線上の値と与えられた [既知のy] の間の標準誤差を求めます。
　　　　　[既知のy] と [既知のx] に「既知の値」を指定すれば「既知の値」の標準誤差を、「新しい値」と予測値を指定すれば、「予測値の標準誤差」を求めることができます。
　　　　　下表では、上半期の売上額から、売上金額の標準誤差を求めています。

=STEYX(B2:G2,B1:G1)

| 統計 | 回帰 | 2010 2013 2016 2019 365 |
|---|---|---|

ログ・エスティメーション

# LOGEST

## 複数の独立変数の回帰指数曲線の係数を求める　∨

**書　式**　LOGEST(既知のy[, 既知のx] [, 定数] [, 補正])

**機　能**　LOGEST関数は、複数の独立変数を配列 [既知のx] で与え、従属変数を配列 [既知のy] で与えて、次のような回帰指数曲線を最小二乗法で求めます。

$$y = b(m_1^{x_1})(m_2^{x_2})\cdots(m_n^{x_n})$$

これらの近似曲線は、定数 [b] (直線の場合はy切片) と、配列で求められるそれぞれの [x] に対応する底 [m] で表現されます。同時に、回帰直線や回帰曲線に関する補正の配列も返します。

データを回帰直線 (LINEST関数) で近似するか、回帰曲線 (LOGEST関数) で近似するかは、データの傾向によって選択します。グラフを作成するのが便利ですが、両方を計算して決定係数 [$r^2$] を比べると数値的に比較できます。

入力に際しては、LINEST関数と同様に、複数の行・列のセル範囲を選択し、配列数式として入力する必要があります。

**関連** **LINEST** ............................ P.101

| 統計 | 回帰 | 2010 2013 2016 2019 365 |
|---|---|---|

グロウス

# GROWTH

## 複数の独立変数の回帰指数曲線の予測値を求める　∨

**書　式**　GROWTH(既知のy[, 既知のx] [, 新しいx] [, 定数])

**機　能**　GROWTH関数では、LINEST関数やLOGEST関数と同様に、[既知のx] と [既知のy] から、最小二乗法で近似式の係数などを計算し、その近似式を [新しいx] に適用して、複数の予測値を算出します。複数の値を指定する場合は、配列数式として入力する必要があります。

**関連** **LINEST** ............................ P.101
　　　**LOGEST** ........................... P.106

# 第 **3** 章

# 日付／時刻

Excel の日付や時刻の関数は、表に現在の日付や時刻を表示したり、指定した日付を表示したりするときに使用します。また、指定した日付の曜日を求める、指定した2つの期間の日数を求めることもできます。

Excel では、日付や時刻をシリアル値で管理しています。日付や時刻をシリアル値に変換したり、逆にシリアル値から日付や時刻に変換したりすることも関数で処理できます。

数学／三角

統計

日付／時刻

財務

論理

情報

検索／行列

データベース

文字列操作

エンジニアリング

キューブ

Ｗｅｂ

互換性関数

1

2

3

4

5

6

7

8

10

11

12

## MEMO｜日付／時刻の関数と日付システム

日付／時刻関数は、「年」「月」「日」「時」「分」「秒」および「曜日」などを統一的に処理するために、計算上は「シリアル値」を使用して記録・処理して表します。これらは、次ページに示すように6つに分類できます。

シリアル値とは、日付と時刻を数値（実数値）で表したもので、整数部（日付シリアル値）で日付を表し、小数部（時刻シリアル値）で時刻を表します。

シリアル値は「数値」のため、そのままかんたんに加減乗除することができますが、小数部の上限、すなわち1日は24時間なので、たとえば[15時間]を単純に2倍しても[30時間]とは表示されないことがあることに注意してください。

### ●日付シリアル値と日付システム

①シリアル値の整数部分の意味（「1900年日付システム」）

1900年1月1日～9999年12月31日までの期間におけるすべての日付に、[1]～[2,958,465]の整数を順に割り当てたものです。

②2つの日付システム

Excelで使用されている日付システムには、標準的に使われる「1900年日付システム」と「1904年日付システム」（過去のMac版など）の2種類があります。これらの間では、同じシリアル値から表示される「年」には4年のズレがあります。

③日付として認識できない「年」

1900年日付システムでは、1899年以前と10000年以降が日付として認識されません。また、1904年日付では、1903年以前と10000年以降が日付として認識されません。

### ●時刻シリアル値

①シリアル値の小数部分の意味

1日の0時0分0秒を[0.0]、翌日の0時0分0秒を[1.0]として、24時間を[0.0]以上[1.0]未満に連続的に割り振ったものです。

入力した日付や時刻のシリアル値は、表示形式を<標準>や<数値>にすると確認できます。

②シリアル値の時間への変換の計算

1日24時間が[1.0]に割り当てられているということは、「シリアル値の小数部を24倍して数値として表示すれば時間を表す」ことになります。

ただし、24時間以上の時間を表示するためには、表示形式で、「hh」の前後に「[ ]」を付けて、「[hh]」としなければなりません。

| 分 類 | 関数名 | 説 明 | 主たる引数 | 戻り値 | |
|---|---|---|---|---|---|
| | | | | 表すもの | 数値・文字列 |
| 現在の日時のシリアル値 | TODAY | 当日の日付に対応するシリアル値を返す | なし | 当日の日付 | シリアル値 |
| | NOW | 現在の日時に対応するシリアル値を返す | なし | 現在の日時 | シリアル値 |
| 指定日時のシリアル値 | DATE | 年月日をシリアル値に変換 | 数値×3 | 指定日付 | シリアル値 |
| | TIME | 時分秒をシリアル値に変換 | 数値×3 | 指定時刻 | シリアル値 |
| | DATEVALUE | 日付文字列をシリアル値に変換 | 日付文字列 | 指定日付 | シリアル値 |
| | TIMEVALUE | 時刻文字列をシリアル値に変換 | 時刻文字列 | 指定時刻 | シリアル値 |
| シリアル値から日時情報を得る | YEAR | シリアル値から「年」を抽出 | シリアル値 | 年 | 整数 |
| | MONTH | シリアル値から「月」を抽出 | シリアル値 | 月 | 整数 |
| | DAY | シリアル値から「日」を抽出 | シリアル値 | 日 | 整数 |
| | WEEKDAY | シリアル値から「曜日」を抽出 | シリアル値 | 曜日 | 整数 |
| | HOUR | シリアル値から「時」を抽出 | シリアル値 | 時 | 整数 |
| | MINUTE | シリアル値から「分」を抽出 | シリアル値 | 分 | 整数 |
| | SECOND | シリアル値から「秒」を抽出 | シリアル値 | 秒 | 整数 |
| | DATESTRING | シリアル値を「和暦」で表示 | シリアル値 | 和暦の日付 | 整数 |
| 週の番号 | WEEKNUM | ある日付が1年の何週目に当たるかの整数値を返す | シリアル値 | 週番号 | 整数 |
| | ISOWEEKNUM | 指定した日付 ISO 週番号を返す | シリアル値 | 指定日付 | シリアル値 |
| 計算日付のシリアル値 | EDATE | 指定した月数後の日付のシリアル値を返す | シリアル値 | 指定日付 | シリアル値 |
| | EOMONTH | 指定した月数後の月末日付のシリアル値を返す | シリアル値 | 指定日付 | シリアル値 |
| | WORKDAY | 指定した稼働日数後の日付のシリアル値を返す | シリアル値 | 指定日付 | シリアル値 |
| 期間差 | NETWORKDAYS | 2つの日付の間の稼働日数を返す | シリアル値 | 期間 | 整数 |
| | YEARFRAC | 2つの日付の間の期間を年単位で計算 | シリアル値／文字列 | 期間 | 整数 |
| | DATEDIF | 2つの日付の間の期間を日数／月数／年数で返す | シリアル値／文字列 | 期間 | 整数 |
| | DAYS | 2つの日付の間の日数を返す | シリアル値／文字列 | 期間 | 整数 |
| | DAYS360 | 1年を360日として2つの日付の間の日数を返す | シリアル値／文字列 | 期間 | 整数 |

1 数学／三角
2 統計
3 日付／時刻
4 財務
5 論理
6 情報
7 検索／行列
8 データベース
9 文字列操作
10 エンジニアリング
11 キューブ／Web
12 互換性関数

数学／三角 1
統計 2
日付／時刻 3
財務 4
論理 5
情報 6
検索／行列 7
データベース 8
文字列操作 9
エンジニアリング 10
キューブ Web 11
互換性関数 12

| 日付／時刻 | 現在の日時 | 2010 2013 2016 2019 365 |
|---|---|---|

トゥデイ

# TODAY

## 現在日付を表示する　　　　　　　　　　　　　　∨

**書　式**　TODAY( )

**計算例**　TODAY( )
現在の日付のシリアル値が、セルに設定した表示形式に従って表示される。

**機　能**　TODAY関数は、その関数が入力されたときの日付、または最後に計算したときの日付のシリアル値を返します。時刻まで求めるにはNOW関数を利用します。TODAY関数は引数を必要としない関数ですが、( )は必要です。
戻り値は、再計算を実行した場合やブックを閉じて再度開いた場合に更新され、それ以外の場合は更新されません。

| 日付／時刻 | 現在の日時 | 2010 2013 2016 2019 365 |
|---|---|---|

ナウ

# NOW

## 現在の日付と時刻を表示する　　　　　　　　　∨

**書　式**　NOW( )

**計算例**　NOW( )
現在の日時のシリアル値が、セルに設定した表示形式に従って表示される。

**機　能**　NOW関数は、その関数が入力されたときの日時、または最後に計算したときの日時のシリアル値を返します。日付だけを求めるにはTODAY関数を利用します。NOW関数は引数を必要としない関数ですが、( )は必要です。
戻り値は、再計算を実行した場合やブックを閉じて再度開いた場合に更新され、それ以外の場合は更新されません。

---

### MEMO | 正しい日時にならない場合

正しい日付や時刻が表示されない場合は、画面右下の日付と時刻を確認してください。PCのシステム時計が正しく設定されていない場合は、右クリックして＜日付と時刻の調整＞から設定し直してください。

デート

# DATE

## 指定した日付を表示する　　　　　　　　　∨

**書　式** DATE(年, 月, 日)

**計算例** DATE(2020,7,1)
数値 [2020] [7] [1] から、シリアル値 [44013] (日付 [2020/7/1]) を返す。

**機　能** DATE関数は、「年月日で指定した日付」に対応する「シリアル値」を算出します。
年月日それぞれの引数は、数値を直接入力するか、セル参照で入力します。年月日それぞれを別個に数値で入力しておいて、それから日付表示を構成する場合に便利です。
年は1999〜9999、月は1〜12の範囲、日は指定した月の最終日までの整数を入力します。月や日は、範囲以上を指定すると、翌年以降の年月日と判断されます。数値を直接入力した場合など、セルの表示形式が [日付] になっていると日付が表示されます。シリアル値を表示するには、表示形式を＜標準＞にします (P.112のMEMO参照)。

デート・バリュー

# DATEVALUE

## 日付を表す文字列をシリアル値に変換する　∨

**書　式** DATEVALUE(日付文字列)

**計算例** DATEVALUE("2020/8/1")
日付を表す文字列 [2020/8/1] に対応するシリアル値 [44044] を返す。

**機　能** DATEVALUE関数は、「日付を表す文字列」を「シリアル値」に変換します。
[日付文字列] は、文字列を直接入力するか、セル参照で入力します。あるいは、文字列演算子「&」や文字列操作関数を利用して構成することもできます。
算出されたシリアル値は、そのまま計算の対象にしたり、表示形式を適用して見やすく表示したりすることができます。

タイム

# TIME

## 指定した時刻を表示する

**書　式**　TIME(時, 分, 秒)

**計算例**　TIME(18,5,0)
　　　　　数値 [18] [5] [0] からシリアル値 [0.753472] (時刻なら [6:05 PM]) を返す。

**機　能**　TIME関数は、「時分秒で指定した時刻」に対応する「シリアル値」を算出します。
　　　　　時分秒それぞれを別個に数値で入力しておいて、それから時刻表示を構成する場合に便利です。なお、計算例を指定すると、[6:05 PM] と表示されます(表示形式<ユーザー定義>)。

---

タイム・バリュー

# TIMEVALUE

## 時刻を表す文字列をシリアル値に変換する

**書　式**　TIMEVALUE(時刻文字列)

**計算例**　TIMEVALUE("6:05 PM")
　　　　　時刻 [6:05 PM] に対応するシリアル値 [0.753472] を返す。

**機　能**　TIMEVALUE関数は、「時刻を表す文字列」を「シリアル値」に変換します。
　　　　　[時刻文字列] は、文字列を直接入力するか、セル参照で入力してもよいですし、文字列演算子「&」や文字列操作関数を利用して構成することもできます。
　　　　　算出されたシリアル値は、そのまま計算の対象にしたり、表示形式を適用して見やすく表示したりすることができます。

---

### MEMO | シリアル値の表示形式

P.109の表にあるシリアル値を戻り値とする関数を入力した場合、DATE関数、TIME関数など一部の関数では、セルにはシリアル値そのものではなく、日付文字列が表示されます。シリアル値をそのまま表示したい場合は、<ホーム>タブの<数値の書式>(もしくは<表示形式>)で<標準>を選択します。

デート・ストリング

# DATESTRING

## 西暦の日付を和暦の日付に変換する

| 書　式 | DATESTRING(シリアル値または日付文字列) |
|---|---|
| 計算例 | DATESTRING("2020/10/10")<br>西暦の日付[2020/10/10]のシリアル値[44114]を和暦の日付[令和02年10月10日]で返す。 |
| 機　能 | DATESTRING関数は、シリアル値または日付文字列で指定した日付を、和暦の日付で返す関数です。戻り値として、[令和02年10月10日]のように、和暦の日付が表示されます。<br>Excelの場合、日付は通常は西暦で表示されます。西暦で表示された日付を和暦で表示するには、表示形式を<和暦>に変更するのが一般的です。この関数は、計算結果をほかの表計算ソフトでも利用可能にするためのものです。<br>DATESTRING関数は、<関数の挿入>ダイアログボックスに表示されないので、直接入力します。<br>なお、年は1900～9999の整数を指定します。下表のように、もとになる年が正しくない場合は、DATE関数やDATESTRING関数を用いて変換すると、誤った和暦やエラーが表示されることになります。 |

| | F2 | ▾ | | × | ✓ | fx | =DATESTRING(D2) | |
|---|---|---|---|---|---|---|---|---|
| | A | B | C | D | E | F | G |
| 1 | 年 | 月 | 日 | DATE関数（西暦） | DATE関数（和暦） | DATESTRING関数 | |
| 2 | 1899 | 1 | 1 | 3799/1/1 | 令和1781年1月1日 | 令和1781年01月01日 | |
| 3 | 1909 | 1 | 1 | 1909/1/1 | 明治42年1月1日 | 明治42年01月01日 | |
| 4 | 1929 | 1 | 1 | 1929/1/1 | 昭和4年1月1日 | 昭和04年01月01日 | |
| 5 | 1959 | 1 | 1 | 1959/1/1 | 昭和34年1月1日 | 昭和34年01月01日 | |
| 6 | 1969 | 1 | 1 | 1969/1/1 | 昭和44年1月1日 | 昭和44年01月01日 | |
| 7 | 2009 | 1 | 1 | 2009/1/1 | 平成21年1月1日 | 平成21年01月01日 | |
| 8 | 2019 | 1 | 1 | 2019/1/1 | 平成31年1月1日 | 平成31年01月01日 | |
| 9 | 2029 | 1 | 1 | 2029/1/1 | 令和11年1月1日 | 令和11年01月01日 | |
| 10 | 9999 | 1 | 1 | 9999/1/1 | 令和7981年1月1日 | 令和7981年01月01日 | |

📄03-01

---

### MEMO｜日付文字列を指定する際の注意点

第3章で解説している関数のうち、引数に日付を表すシリアル値を指定するものは、日付文字列を直接指定することもできます。

ただし、"2020/10/25"など、<標準>スタイルのセルに入力したときに自動的に<日付>スタイルが設定される形式だけが有効となります。たとえば、日付の表示形式の設定を変更して表示できるようになる"10/25/20"などの形式で入力してもエラーとなるので、注意が必要です。

数学/三角 1

統計 2

日付/時刻 3

財務 4

論理 5

情報 6

検索/行列 7

データベース 8

文字列操作 9

エンジニアリング 10

キューブ 11

Web 12

互換性関数

日付／時刻 　日時情報 　　　　　　　　　2010 2013 2016 2019 365

イヤー

# YEAR

## 日付から年を求めて表示する 　　　　　　　　　　∨

**書　式**　YEAR(シリアル値または日付文字列)

**計算例**　YEAR("2021/4/1")
　　　　　日付 [2021/4/1] から「年」を表す数値 [2021] を返す。

**機　能**　YEAR関数は、シリアル値か日付文字列（またはそのセル参照）を引数とし、そのシリアル値に対応する「年」を返します。戻り値は1900～9999(年)の範囲の整数となります。
　　　　　なお、年の指定は西暦4桁を入力する必要があります。

### 使用例　名簿から入社年、入社月を求めて表示する 　　　∨

入社年月日のセルからYEAR関数を利用して年の数値を表示します。そのほか、MONTH関数で入社月の数値を表示します。

| F2 | | ▼ | : | × | ✓ | *fx* | =YEAR(D2:D8) | | |
|---|---|---|---|---|---|---|---|---|---|
| | A | B | C | D | E | F | G | H |
| 1 | 社員番号 | 氏名 | 所属 | 入社日 | | 入社年 | 入社月 | |
| 2 | 5301 | 正木 和也 | 営業部 | 1985/4/1 | | 1985 | 4 | |
| 3 | 4217 | 盛田 紗友里 | 企画部 | 1992/6/10 | | 1992 | 6 | |
| 4 | 3611 | 吉本 夏樹 | 営業部 | 1995/10/20 | | 1995 | 10 | |
| 5 | 2567 | 風間 祐大 | 総務部 | 2012/4/1 | | 2012 | 4 | |
| 6 | 4219 | 清水 俊太 | 人事部 | 2016/8/1 | | 2016 | 8 | |
| 7 | 5308 | 長瀬 友紀 | 企画部 | 2005/6/1 | | 2005 | 6 | |
| 8 | 4252 | 篠原 祥太郎 | 営業部 | 1998/9/1 | | 1998 | 9 | |
| 9 | | | | | | | | |

📄 03-02

---

日付／時刻 　日時情報 　　　　　　　　　2010 2013 2016 2019 365

マンス

# MONTH

## 日付から月を求めて表示する 　　　　　　　　　　∨

**書　式**　MONTH(シリアル値または日付文字列)

**計算例**　MONTH("2021/4/1")
　　　　　日付 [2021/4/1] から「月」を表す数値 [4] を返す。

**機　能**　MONTH関数は、シリアル値か日付文字列（またはそのセル参照）を引数とし、そのシリアル値に対応する「月」を返します。戻り値は1～12(月)の範囲の整数となります。

デイ

# DAY

## 日付から日を求めて表示する　　　　　　　　∨

書　式　DAY(シリアル値または日付文字列)

計算例　DAY("2021/4/1")
　　　　日付 [2021/4/1] から「日」を表す数値 [1] を返す。

機　能　DAY関数は、シリアル値か日付文字列 (またはそのセル参照) を引数とし、そのシリアル値に対応する「日」を返します。戻り値は1～31 (日) の範囲の整数となります。

---

アワー

# HOUR

## 時刻から時を求めて表示する　　　　　　　　∨

書　式　HOUR(シリアル値または時刻文字列)

計算例　HOUR("12:00")
　　　　時刻 [12:00] から「時間」を表す数値 [12] を返す。

機　能　HOUR関数は、シリアル値か時刻文字列 (またはそのセル参照) を引数とし、そのシリアル値に対応する「時」を返します。戻り値は0 (午前0時) ～23 (午後11時) の範囲の整数となります。

### 使用例　到着時間から時、分、秒を求める　　　　　　　　∨

到着時間から、HOUR関数を用いて「時」を表示します。そのほか、MINUTE関数で「分」、SECOND関数で「秒」を表示します。

| | A | B | C | D | E | F |
|---|---|---|---|---|---|---|
| | 到着時刻 | | 時 | 分 | 秒 | |
| 1 | | | | | | |
| 2 | 0時06分23秒 | | 0 | 6 | 23 | |
| 3 | 8時52分32秒 | | 8 | 52 | 32 | |
| 4 | 12時08分51秒 | | 12 | 8 | 51 | |
| 5 | 18時16分41秒 | | 18 | 16 | 41 | |
| 6 | 21時38分05秒 | | 21 | 38 | 5 | |
| 7 | | | | | | |
| 8 | | | | | | |

C2　▼　　×　✓　fx　=HOUR(A2)

📄 03-03

数学／三角
2
統計
3　日付／時刻
4　財務
5　論理
6　情報
7　検索／行列
8　データベース
9　文字列操作
10　エンジニアリング
11　キューブ Web
12　互換性関数

ミニット

# MINUTE

## 時刻から分を求めて表示する　∨

**書　式**　MINUTE(シリアル値または時刻文字列)

**計算例**　MINUTE("1:12")
時刻 [1:12]（1時12分）から「分」を表す数値 [12] を返す。

**機　能**　MINUTE関数は、シリアル値か時刻文字列（またはそのセル参照）を引数として入力し、その値に対応する「分」を返します。戻り値は0〜59の範囲の整数となります。
この種の関数は通常、引数にシリアル値を返す関数を組み合わせて使用します。

セカンド

# SECOND

## 時刻から秒を求めて表示する　∨

**書　式**　SECOND(シリアル値または時刻文字列)

**計算例**　SECOND("0:07:12")
時刻 [0:07:12]（0時7分12秒）から「秒」を表す数値 [12] を返す。

**機　能**　SECOND関数は、シリアル値か時刻文字列（またはそのセル参照）を引数として入力し、その値に対応する「秒」を返します。戻り値は0〜59の範囲の整数となります。
この種の関数は通常、引数にシリアル値を返す関数を組み込んで使用します。

### MEMO｜勤務時間の計算に使える関数

超過勤務や深夜勤務などの時間帯の計算では、MINUTE関数とHOUR関数を使用します。15分や30分での切り捨てをする場合はFLOOR.PRECISE関数（P.14参照）を使用します。

# WEEKDAY

## 日付から曜日を求めて表示する

**書　式** WEEKDAY(シリアル値または日付文字列, 種類)

**計算例** WEEKDAY("2020/5/1",1)
[2020/5/1]の曜日（土曜日）を種類[1]によって指定された数値[7]で返す。

**機　能** WEEKDAY関数は、シリアル値か日付文字列（またはそのセル参照）を引数として入力し、[種類]の指定に従って、そのシリアル値に対応する「曜日を表す整数」を返します。
戻り値は1〜7（または0〜6）の範囲の整数となります。

| 週の基準 | 戻り値 |
|---|---|
| 1 または省略 | 1（日曜）〜7（土曜）の範囲の整数 |
| 2 | 1（月曜）〜7（日曜）の範囲の整数 |
| 3 | 0（月曜）〜6（日曜）の範囲の整数 |
| 11 | 1（月曜）〜7（日曜）の範囲の整数 |
| 12 | 1（火曜）〜7（月曜）の範囲の整数 |
| 13 | 1（水曜）〜7（火曜）の範囲の整数 |
| 14 | 1（木曜）〜7（水曜）の範囲の整数 |
| 15 | 1（金曜）〜7（木曜）の範囲の整数 |
| 16 | 1（土曜）〜7（金曜）の範囲の整数 |
| 17 | 1（日曜）〜7（土曜）の範囲の整数 |

### 使用例　日付の曜日を表示する

下表は、日付に対する曜日を数値と曜日表示で示しています。WEEKDAY関数を指定すると整数で表示されます。曜日の表示にしたい場合は、＜セルの書式設定＞ダイアログボックスの＜ユーザー定義＞で「(aaa)」を設定します。

03-04

# WEEKNUM

## 日付がその年の何週目かを求める ∨

**書　式**　WEEKNUM(シリアル値, 週の基準)

**計算例**　WEEKNUM("2021/4/2",1)
　　　　　日曜を週の基準として数えた場合、[2021/4/2]がその年の[14週目]に当たることを返す。

**機　能**　[シリアル値]に指定した日付が、その年の第何週目に当たるかを整数値で返します。このとき、1月1日を含む週が第1週とします。週の数え方を[週の基準]で設定します。WEEKDAY関数が横軸、WEEKNUM関数が縦軸の関係にあります。

**解　説**　この関数は、「週単位の集計」に利用することができます(下表参照)。[週の基準]に[1]を指定するか省略すると週が日曜からはじまり、[2]を指定すると月曜からはじまります。
なお、この関数は2つのシステムがあります。下表のシステム欄の「1」は1月1日を含む週がその年の最初の週(第1週)にする場合です。「2」はその年の最初の木曜日を含む週がその年の最初の週(第1週)とする場合です。このシステムは、ヨーロッパ式週番号システムと呼ばれる方式です。

| 週の基準 | 週のはじまり | システム |
|---|---|---|
| 1 または省略 | 日曜日 | 1 |
| 2 | 月曜日 | 1 |
| 11 | 月曜日 | 1 |
| 12 | 火曜日 | 1 |
| 13 | 水曜日 | 1 |
| 14 | 木曜日 | 1 |
| 15 | 金曜日 | 1 |
| 16 | 土曜日 | 1 |
| 17 | 日曜日 | 1 |
| 21 | 月曜日 | 2 |

**関連**　**WEEKDAY** ························· P.117

# ISOWEEKNUM

## 日付のISO週番号を求める　　　　　　　　　　∨

**書　式**　ISOWEEKNUM(シリアル値)

**計算例**　ISOWEEKNUM("2021/4/15")
[シリアル値]で指定した["2021/4/15"]のISO週番号
[15]を返す。

**機　能**　ISOWEEKNUM関数は、ISO週番号を求めるものです。ISO週番号とは、その年の第1週を最初の木曜日が含まれる週とする方式です。[シリアル値]に指定した日付が、その年の何週目に当たるかを整数値で返します。

**解　説**　Excelでは、年月日をシリアル値で管理しています。既定では、1900年1月1日がシリアル値「1」で、以後1日ごとに1ずつカウントされます。2021年4月15日はシリアル値「44301」になるので、シリアル値で指定する場合は「ISOWEEKNUM(44301)」になります。
シリアル値を年月日で指定する場合は、計算例のようにダブルクォーテーション「"」で囲みます。

| 　 | A | B | C | D | E |
|---|---|---|---|---|---|
| 1 | 年月日 | ISO週番号 | 週番号 | | |
| 2 | 2020/5/20 | 21 | 21 | | |
| 3 | 2020/6/18 | 25 | 25 | | |
| 4 | 2020/7/25 | 30 | 30 | | |
| 5 | 2020/8/8 | 32 | 32 | | |
| 6 | 2020/9/23 | 39 | 39 | | |
| 7 | 2020/10/10 | 41 | 41 | | |
| 8 | 2020/11/18 | 47 | 47 | | |
| 9 | 2020/12/3 | 49 | 49 | | |
| 10 | 2020/12/31 | 53 | 53 | | |
| 11 | 2021/1/11 | 2 | 3 | | |
| 12 | 2021/2/2 | 5 | 6 | | |
| 13 | 2021/3/3 | 9 | 10 | | |
| 14 | 2021/4/15 | 15 | 16 | | |
| 15 | 2021/5/5 | 18 | 19 | | |

B2セル：=ISOWEEKNUM(A2)

週番号は=WEEKNUM(A2)で求めます。

03-05

*f(x)* **=ISOWEEKNUM(A2)**

数学／三角 1

統計 2

日付／時刻 3

財務 4

論理 5

情報 6

検索／行列 7

データベース 8

文字列操作 9

エンジニアリング 10

キューブ Web 11

互換性関数 12

エクスペイレーション・デート

# EDATE

## 指定した月数前／後の日付を求める ∨

**書　式**　EDATE(開始日, 月)

**計算例**　EDATE("2021/4/1",2)
[開始日]である[2021/4/1]のシリアル値[44287]から、[2カ月後]の日付である[2021/6/1]のシリアル値[44348]を返す。

**機　能**　EDATE関数は、[開始日]から起算して、指定された[月]数だけ前あるいは後ろの日付に対応するシリアル値を返します。このように、「月」だけずらして一種の「日」を維持するのはEDATE関数とEOMONTH関数しかありません（P.121のMEMO参照）。
1カ月の日数は、その月によって30日、31日が自動で算出されます。2月は28日と29日があります。たとえば、2020年2月は29日まであるので、「2020年1月31日」の1カ月後は「2月29日」のシリアル値を返し、2021年は「2月28日」を返します。

**関連**　**EOMONTH**　…………………… P.120

エンド・オブ・マンス

# EOMONTH

## 指定した月数前／後の月末日付を求める ∨

**書　式**　EOMONTH(開始日, 月)

**計算例**　EOMONTH("2021/4/1",2)
[開始日]である[2021/4/1]のシリアル値[44287]から、[2カ月後]の月末の日付である[2021/6/30]のシリアル値[44377]を返す。

**機　能**　EOMONTH関数は、[開始日]から起算して指定された[月]数だけ前あるいは後ろの「月の最終日に対応するシリアル値」を返します。
この関数は、月末に発生する満期日や支払日の計算に役立ちます（P.121のMEMO参照）。

2010 2013 2016 2019 365

# WORKDAY

## 土日、祝日を除く稼働日数後の日付を求める

**書　式**　WORKDAY(開始日, 日数 [, 祝日])

**計算例**　WORKDAY("2020/2/5",10,"2020/2/11")

土日以外の休日として、祝日の[2020/2/11]を指定して、[2020/2/5]のシリアル値[43866]から、稼働日数[10日後]に当たる稼働日[2020/2/22]のシリアル値[43883]を返す。

**機　能**　WORKDAY関数は、[開始日]から起算して指定された稼働日数だけ前または後ろの日付に対応するシリアル値を返します。稼働日とは、土曜日、日曜日、指定された祝日を除く日のことで、支払日・発送日や作業日数などを計算する際に、週末や祝日を除外することができます。

**解　説**　祝日や公休など、稼働日数の計算から除外したい日は、表のように「祝日のリスト」を作成しておきます。引数[祝日]にセル参照で指定すると便利です。

| | A | B | C | D | E |
|---|---|---|---|---|---|
| 1 | | 2020年 | | | |
| 2 | | 元旦 | 1月1日 | 水 | |
| 3 | | 成人の日　ハッピーマンデー | 1月13日 | 月 | |
| 4 | | 建国記念の日 | 2月11日 | 火 | |
| 5 | | 天皇誕生日 | 2月23日 | 日 | |
| 6 | | 春分の日 | 3月20日 | 金 | |
| 7 | | 昭和の日 | 4月29日 | 水 | |
| 8 | | 憲法記念日 | 5月3日 | 日 | |
| 9 | 祝 | みどりの日 | 5月4日 | 月 | |
| 10 | 日 | こどもの日 | 5月5日 | 火 | |
| 11 | | 振替休日 | 5月6日 | 水 | |
| 12 | | 海の日　ハッピーマンデー | 7月23日 | 木 | |
| 13 | | スポーツの日 | 7月24日 | 金 | |
| 14 | | 山の日　ハッピーマンデー | 8月10日 | 月 | |
| 15 | | 敬老の日 | 9月21日 | 月 | |
| 16 | | 秋分の日 | 9月22日 | 火 | |
| 17 | | 文化の日 | 11月3日 | 火 | |
| 18 | | 勤労感謝の日 | 11月23日 | 月 | |
| 19 | | 冬期休暇 | 1月4日 | 土 | |
| 20 | | 夏期休暇 | 8月10日 | 月 | |
| 21 | | 夏期休暇 | 8月11日 | 火 | |
| 22 | 公 | 夏期休暇 | 8月12日 | 水 | |
| 23 | 休 | 冬期休暇 | 12月28日 | 月 | |
| 24 | | 冬期休暇 | 12月29日 | 火 | |
| 25 | | 冬期休暇 | 12月30日 | 水 | |
| 26 | | 冬期休暇 | 12月31日 | 木 | |
| 27 | | | | | |

📄 03-06

---

### MEMO | 締日／支払日の計算に使う関数

締日／支払日の計算では、次のように関数を使い分けます。

| | |
|---|---|
| 「1 カ月後 10 日支払」 | EDATE 関数 |
| 「1 カ月 10 日後支払」 | EDATE 関数 |
| 「1 カ月後末日支払」 | EOMONTH 関数 |

ネットワーク・デイズ

# NETWORKDAYS

## 期間内の稼働日数を求める

**書　式** NETWORKDAYS(開始日, 終了日 [, 休日])

**計算例** NETWORKDAYS("2020/9/1","2020/12/1")
[2020/9/1] から [2020/12/1] までの稼働日数 [66] 日を返す（ここでは土日のみ除外）。

**機　能** NETWORKDAYS関数は、2つの日付をシリアル値または日付文字列で指定し、その2つの日付の間の稼働日数を計算します。土日の休日のほかに、祝日や公休などを指定することができます。

### 使用例　月ごとの営業日数を求める

下表では、月ごとの営業日数を計算しています。土日、土日と祝日、土日と祝日と公休をそれぞれ除いた営業日数は、NETWORKDAYS関数の引数[休日]に、「祝日のリスト」(P.121参照)に定義した名前(祝日、祝日公休)を指定しています。
たとえば、セル [F3] には「=NETWORKDAYS($B3,$C3,祝日公休)」と入力しています。

| F3 | | | $f_x$ | =NETWORKDAYS($B3,$C3,祝日公休) | | | | |
|---|---|---|---|---|---|---|---|---|
| | A | B | C | D | E | F | G | H | I |
| 1 | 月 | 開始日 | 終了日 | 営業日数 | | | | | |
| 2 | | | | 休日 | 休日 | 休日祝 | | | |
| 3 | 1月 | 1月1日 | 1月31日 | 23 | 21 | 23 | | | |
| 4 | 2月 | 2月1日 | 2月29日 | 20 | 19 | 20 | | | |
| 5 | 3月 | 3月1日 | 3月31日 | 22 | 21 | 22 | | | |
| 6 | 4月 | 4月1日 | 4月30日 | 22 | 21 | 22 | | | |
| 7 | 5月 | 5月1日 | 5月31日 | 21 | 18 | 21 | | | |
| 8 | 6月 | 6月1日 | 6月30日 | 22 | 22 | 22 | | | |
| 9 | 7月 | 7月1日 | 7月31日 | 23 | 21 | 23 | | | |
| 10 | 8月 | 8月1日 | 8月31日 | 21 | 20 | 18 | | | |
| 11 | 9月 | 9月1日 | 9月30日 | 22 | 20 | 22 | | | |
| 12 | 10月 | 10月1日 | 10月31日 | 22 | 22 | 22 | | | |
| 13 | 11月 | 11月1日 | 11月30日 | 21 | 20 | 20 | | | |
| 14 | 12月 | 12月1日 | 12月31日 | 23 | 23 | 21 | | | |
| 15 | 合計 | | | 262 | 248 | 256 | | | |
| 16 | 最大値 | | | 23 | 23 | 23 | | | |
| 17 | | | | | | | | | |
| 18 | | | | | | | | | |

03-07

**関連** WORKDAY …………… P.121

# WORKDAY.INTL

## 定休日を除く稼働日数後の日付を求める　∨

**書　式**　WORKDAY.INTL(開始日, 日数 [, 週末] [, 週末])

**計算例**　WORKDAY.INTL("2021/3/1",10,14)

毎週水曜日を定休日([週末]の[14])に指定した場合の、[2021/3/1]のシリアル値[44256]から、稼働日数[10日後]に当たる稼働日[2021/3/13]のシリアル値[44268]を返す。

**機　能**　WORKDAY関数は土日が稼働日から除外されていましたが、WORKDAY.INTL関数は、除外する曜日を[週末]で個別に指定できます。[週末]は非稼働日を[1]、稼働日を[0]として7桁の数字で表すことができます。

たとえば、[1000000]と指定すると、月曜日が週末になります。これにより、土日は営業、平日に定休日というパターンの稼働日数後の日付を求めることができます。

[週末]に指定する番号は、下表に示します。

| 番　号 | 曜　日 | 番　号 | 曜　日 |
|---|---|---|---|
| 1（省略） | 土、日 | 11 | 日 |
| 2 | 日、月 | 12 | 月 |
| 3 | 月、火 | 13 | 火 |
| 4 | 火、水 | 14 | 水 |
| 5 | 水、木 | 15 | 木 |
| 6 | 木、金 | 16 | 金 |
| 7 | 金、土 | 17 | 土 |

**関連**　**WORKDAY** ⋯⋯⋯⋯⋯⋯ P.121

---

#### MEMO｜開始日のセル指定

EDATE関数（P.120参照）などで、すでに日付が入力されている表などを利用して、月数後の日付を求めたいという場合は、[開始日]に基準となるセル値を指定すれば同様に求めることができます。

📄 03-08

**123**

数学／三角 1 │ 統計 2 │ 日付／時刻 3 │ 財務 4 │ 論理 5 │ 情報 6 │ 検索／行列 7 │ データベース 8 │ 文字列操作 9 │ エンジニアリング 10 │ キューブ／Web 11 │ 互換性関数 12

| 日付／時刻 | 期間 | | 2010 2013 2016 2019 365 |

ネットワークデイズ・インターナショナル

# NETWORKDAYS.INTL

## 指定する休日を除いた稼働日数を求める　　　∨

**書　式** NETWORKDAYS.INTL(開始日, 終了日 [, 週末] [, 休日])

**計算例** WORKDAY.INTL("2021/1/1","2021/2/1",14)
[2021/1/1] から [2021/2/1] までの稼働日数 [27] 日を返す (毎週水曜日は除外)。

**機　能** NETWORKDAYS.INTL関数は、NETWORKDAYS2つの日付間の稼働日数を求めます。ただしこれらは、定休日の曜日は [週末] で指定し、その他の休日は [休日] で指定します。[週末] に指定する番号は、WORKDAY.INTL関数と同じです。

**関連** **NETWORKDAYS** ············· P.122
**WORKDAY.INTL** ············· P.123

---

| 日付／時刻 | 期間 | | 2010 2013 2016 2019 365 |

イヤー・フラクション

# YEARFRAC

## 2つの日付の間の期間を年数で求める　　　∨

**書　式** YEARFRAC(開始日, 終了日 [, 基準])

**計算例** YEARFRAC("2021/4/1","2096/3/31",1)
[2021/4/1] から [2096/3/31] までの年数は [75] 年である。

**機　能** YEARFRAC関数は、2つの日付をシリアル値または文字列で指定し、その2つの日付の間の期間を年単位で計算します。[基準] は日数計算に使われる基準日数 (月/年) を数値で指定します。

03-09

| C2 | ▼ | × ✓ | fx | =YEARFRAC(A2,B2) | |
|---|---|---|---|---|---|
| | A | B | C | D | E |
| 1 | 開始日 | 終了日 | 年数 | | |
| 2 | 2021/4/1 | 2096/3/31 | 75 | | |
| 3 | 2021/8/1 | 2032/7/31 | 11 | | |

*f(x)* **=YEARFRAC(A2,B2)**

デート・ディフ

# DATEDIF

## 2つの日付の間の年／月／日数を求める

**書　式** DATEDIF(開始日, 終了日, 単位)

**計算例** DATEDIF("2021/1/1","2021/3/1","M")
[2021/1/1] から [2021/3/1] までの満月数 [2] を返す。

**機　能** DATEDIF関数は、2つの日付の期間を以下の単位で求めます。年齢や在社年数を求めるのに便利です。

| 単 位 | 戻り値の単位 |
|---|---|
| "Y" | 期間内の満年数を求める |
| "M" | 期間内の満月数を求める |
| "D" | 期間内の満日数を求める |
| "MD" | 1 カ月未満の日数を求める |
| "YM" | 1 年未満の月数を求める |
| "YD" | 1 年未満の日数を求める |

DATEDIF関数は、<関数の挿入>ダイアログボックスには表示されないため、直接入力します。

### 使用例

下表は社員の生年月日と入社年月日から、年齢、入社時年齢、在社年数を求めています。
それぞれの式は、下記のとおりです。

年齢：　　　「=DATEDIF (生年月日,基準日,"Y")」
入社時年齢：「=DATEDIF (生年月日,入社年月日,"Y")」
在社年数：　「=DATEDIF (入社年月日,基準日,"Y")

E3　　▼ : × ✓ fx =DATEDIF(C3,$C$1,E$1)

| | A | B | C | D | E | F | G | H |
|---|---|---|---|---|---|---|---|---|
| 1 | | 基準日 | 2020/4/23 | | Y | Y | Y | |
| 2 | | 氏名 | 生年月日 | 入社年月日 | 年齢 | 入社時年齢 | 在社年数 | |
| 3 | 1 | 斉藤 隆史 | 1980/12/21 | 2003/4/1 | 39 | 22 | 17 | |
| 4 | 2 | 中村 和成 | 1992/5/14 | 2016/4/1 | 27 | 23 | 4 | |
| 5 | 3 | 川上 信二 | 1978/8/4 | 1998/10/4 | 41 | 20 | 21 | |
| 6 | 4 | 北嶋 啓介 | 1985/6/23 | 2011/12/1 | 34 | 26 | 8 | |
| 7 | 5 | 尾崎 美紀 | 1986/9/1 | 2008/8/20 | 33 | 21 | 11 | |
| 8 | | | | | | | | |

📄 03-10

1 数学／三角
2 統計
3 日付／時刻
4 財務
5 論理
6 情報
7 検索／行列
8 データベース
9 文字列操作
10 エンジニアリング
11 キューブ／Web
12 互換性関数

数学／三角 1
統計 2
日付／時刻 3
財務 4
論理 5
情報 6
検索／行列 7
データベース 8
文字列操作 9
エンジニアリング 10
キューブ 11
Web 12
互換性関数

| 日付／時刻 | 期間 | | (2010) (2013) (2016) (2019) (365) |

デイズ

# DAYS

## 2つの日付の間の日数を求める ∨

**書　式**　DAYS(終了日, 開始日)

**計算例**　DAYS("2021/9/8","2020/4/15")
開始日 [2020/4/15] から終了日 [2021/9/8] までの期間の日数 [511] を返す。

**機　能**　DAYS関数は、指定した [開始日] と [終了日] 間の日数を求めます。[終了日] が [開始日] より前の場合は、マイナスで日数を返します。この関数はほかの関数とは異なり、[終了日] を先に指定します。期間の [開始日] および [終了日] は、シリアル値または半角のダブルクォーテーション「"」で囲んだ文字列で指定します。
DAYS関数は、DATEIF関数の [単位] に「"D"」を指定した場合と同じ結果が求められます。
また、日数から休日を除きたい場合はNETWORKDAYS.INTL関数を利用します。

**関連**　NETWORKDAYS.INTL …… P.124
　　　DATEDIF ………………………… P.125

---

| 日付／時刻 | 期間 | | (2010) (2013) (2016) (2019) (365) |

デイズ・スリー・シックスティー

# DAYS360

## 2つの日付の間の日数を求める (1年=360日) ∨

**書　式**　DAYS360(開始日, 終了日 [, 方式])

**計算例**　DAYS360("2020/5/28","2021/5/28",FALSE)
1年を360日とした場合、[2020/5/28] から [2021/5/28] までの期間 [360] 日を返す。

**機　能**　DAYS360関数は、会計計算においてよく用いられる計算方法で、1年を360日とみなして、2つの日付をシリアル値または日付文字列で指定し、その2つの日付の間の日数を計算します。[方式] は、日数の計算方式 (会計方式) によって論理値を指定します (米国方式：FALSEまたは省略、ヨーロッパ方式：TRUE)。

# 第 4 章

# 財務

Excel の財務関数は、会社の経理などで用いることが多い計算をかんたんに行うためにさまざまな関数が用意されています。特に計算が複雑になりがちな利率の計算やキャッシュフローに関するさまざまな計算は、財務関数を使うことでかんたんに処理でき、さらに計算間違いを減らすことができます。また、証券の利払日や受渡日までの日数の計算、利払回数を求めるための関数も用意されています。

ペイメント

# PMT

## 元利均等返済における返済金額を求める ∨

**書　式**　PMT(利率, 期間, 現在価値 [, 将来価値] [, 将来期日])

**計算例**　PMT(0.07/12,12,1000000,0)

100万円を借り入れ、年利 [7%] として [1年 (12カ月)] で
返済するときの定期返済額 [−86,527] 円を求める。

### 使用例　月々の返済金額を求める ∨

下表では、100万円を借り入れて1年間で月次返済する場合の、引数
の名前をA列に、その名前に対する実際の役割をB列に入力し、セル
[D3] にPMT関数を利用して月次返済額を算出しています (−表示につ
いてはP.129上のMEMO参照)。

$f(x)$ **=PMT(D6/12,D5,D2,D4)**

| | A | B | C | D | E |
|---|---|---|---|---|---|
| | D3　▼　：　×　✓　$f_x$　=PMT(D6/12,D5,D2,D4) | | | | |
| 1 | 引数 | 意味 | セルの内容 | 金額 | |
| 2 | 現在価値 | 借入金額 | 数値 | 1,000,000 | |
| 3 | 定期支払額 | 定期返済額 | PMT関数 | −86,527 | |
| 4 | 将来価値 | 最終返済額 | 数値 | 0 | |
| 5 | 期間 | 返済回数 | 数値 | 12 | |
| 6 | 利率 (年) | 借入利率 | 数値 | 7.0% | |
| 7 | | | | | |

04-01

**解　説**　元利均等返済を行う場合、図のように「定期返済額＝元金返
済額＋金利」となります。この中で、元金返済額だけを求め
るにはPPMT関数を、利息
だけを求めるにはIPMT関
数を使用します。
また、元金返済額の累計額
を求めるにはCUMPRINC
関数を、金利の累計額を求
めるにはCUMIPMT関数を
使用します。

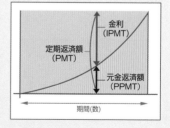

金利
(IPMT)

定期返済額
(PMT)

元金返済額
(PPMT)

期間(数)

**関連**　PPMT …………………………………… P.130
**関連**　CUMPRINC ……………………………… P.131
**関連**　CUMIPMT ……………………………… P.131

## MEMO｜財務関数の中の「借入／返済の関数群」システム

### ●借入／返済にかかわる関数群とは

財務関数は、合計に使う関数のカテゴリーです。「借入／返済など」投資評価な「減価償却」「証券など」のさまざまな使用目的に合わせて用意されています。その中で最も特徴的なものが借入／返済にかかわる関数群です。これらの関数には、次のような特徴があります。

### ◆入金は＋／出金は－

返済／貸付／投資のいずれの場合でも、出金は負の数字（金額）であり、借入／回収のいずれの場合でも、入金は正の数字（金額）で入力し、表示されます（これはほかの財務関数にも共通です）。

### ◆利率と期間は同じ単位で

引数のうち、［利率］と［期間］とは表裏一体の関係にあり、［利率］が年利なら［期間］は1年に1回となります。月に1回の借入／返済／投資／回収を行うなら、［利率］は月利となり、年利を12等分し、［期間］は月単位で数えるので1年間なら12回となります。「期間数が12倍なら利率は1/12」ということです。

### ◆5つ子の関数の組み合わせ

PMT関数（定期支払額）、NPER関数（期間）、RATE関数（利率）、PV関数（現在価値）、FV関数（将来価値）の5つの関数は、実は1つの方程式で結ばれています。つまり4つの引数を与えれば、ほかの1つが求められるということです。

### ◆定期支払額の位置づけ

PMT関数は、財務関数の基本的な構成を理解するには最適な関数で、「借入／返済と貸付／回収」「貯蓄／回収」「投資／回収」の計算を行うことができます。

5つの関数は、PMT関数の考え方で統一されています。借入／返済の場合には、「定期支払額」は「定期返済額」（元利金等返済における元金と金利の合計）になります。貯蓄／回収の場合は「定期貯蓄額」、投資／回収あるいは貸付／回収の場合は「定期回収額」となります。

## MEMO｜日数計算に利用する基準日数の値

利回りなどの計算をする際の［基準］は、日数計算に使う基準日数（月／年）の値を指定します。

| 値 | 基準日数 |
|---|---|
| 0 または省略 | 30 ／ 360 日（米国方式） |
| 1 | 実際の日数／実際の日数 |
| 2 | 実際の日数／ 360 日 |
| 3 | 実際の日数／ 365 日 |
| 4 | 30 日／ 360 日（ヨーロッパ方式） |

数学／三角
統計
日付／時刻
財務
論理
情報
検索／行列
データベース
文字列操作
エンジニアリング
キューブ
Web
互換性関数

| 財務 | 借入返済 | | 2010 2013 2016 2019 365 |
|---|---|---|---|

プリンシパル・ペイメント

# PPMT

## 元利均等返済における元金返済額を求める ⌄

**書　式** PPMT(利率, 期, 期間, 現在価値 [, 将来価値] [, 支払期日])

**計算例** PPMT(0.07/12,1,12,1000000)
100万円を借り入れ、年利 [7%] として [1年 (12カ月)] で返済する場合の [1カ月目] の元金返済額 [-80,693] 円を求める。

**機　能** PPMT関数は、利率が一定であると仮定して、定期定額支払を行う場合に、特定の期を指定して元金返済額を求める関数であり、PMT関数の戻り値の元金部分に対応します。
元金返済額の累計額を求めるには、CUMPRINC関数を利用します。

**関連** PMT ............................... P.128
CUMPRINC ...................... P.131

---

| 財務 | 借入返済 | | 2010 2013 2016 2019 365 |
|---|---|---|---|

インタレスト・ペイメント

# IPMT

## 元利均等返済における利息を求める ⌄

**書　式** IPMT(利率, 期, 期間, 現在価値 [, 将来価値] [, 支払期日])

**計算例** IPMT(0.07/12,1,12,1000000)
100万円を借り入れ、年利 [7%] として [1年 (12カ月)] で返済する場合の、[1カ月目] の利息 [-5,833] 円を求める。

**機　能** IPMT関数は、利率が一定であると仮定して、定期定額の支払を行う場合に、特定の期を指定して金利を求める関数であり、PMT関数の戻り値の利息部分に対応します。
金利の累計額を求めるには、CUMIPMT関数を利用します。

**関連** PMT ............................... P.128
CUMPRINC ...................... P.131

1 数学/三角
2 統計
3 日付・時刻
4 財務
5 論理
6 情報
7 検索/行列
8 データベース
9 文字列操作
10 エンジニアリング
11 キューブ
Web
12 互換性関数

**財務** | **借入返済**

キュムラティブ・プリンシパル

# CUMPRINC

## 元利均等返済における元金返済額累計を求める ∨

書　式　CUMPRINC(利率, 期間, 現在価値, 開始期, 終了期,
　　　　支払期日)

計算例　CUMPRINC(0.07/12,12,1000000,4,8,0)
　　　　100万円を借り入れ、年利[7%]、返済期間[1年]で
　　　　返済中の[4カ月目]に、[8カ月目]までの返済分を繰上返済
　　　　する場合の、元金返済額[-415,387]円を求める。

機　能　CUMPRINC関数は、元利均等返済等において指定期間に支
　　　　払う元金返済額の累計を求めます。
　　　　なお、[支払期日]は省略できません。
　　　　この関数は、複数期の合計を一括して計算するため、返済期
　　　　間の終了前に元金の一部を一括返済する「繰上返済の計算」や
　　　　「長期返済における一部の返済状況の表示」などに適していま
　　　　す。

---

**財務** | **借入返済**

キュムラティブ・インタレスト・ペイメント

# CUMIPMT

## 元利均等返済における金利累計を求める ∨

書　式　CUMIPMT(利率, 期間, 現在価値, 開始期, 終了期, 支払期日)

計算例　CUMIPMT(0.07/12,12,1000000,4,8,0)
　　　　100万円を借り入れ、年利[7%]、返済期間[1年]で返済中
　　　　の[4カ月目]に、[8カ月目]までの返済分を繰上返済する場
　　　　合の、利息累計額[-17,247]円を求める。

機　能　CUMIPMT関数は、元利均等返済において、指定した期間に
　　　　借入金に対して支払う利息の合計額を求める関数です。
　　　　なお、[支払期日]は省略できません。
　　　　この関数は、「繰上返済によって節約できる利息の計算」や「長
　　　　期返済における一部の返済状況の表示」などに適しています。

レート
# RATE

## 元利均等返済における利率を求める ⌄

| 書　式 | RATE(**期間**, **定期支払額**, **現在価値** [, **将来価値**] [, **支払期日**] [, **推定値**]) |
| --- | --- |

**計算例**　RATE(12,85000,-1000000)
　　　　　100万円を貸し付け、毎月 [85,000] 円ずつ [1年間 (12カ月)] で回収するのに必要な月利を求める。12倍して年利は3.7%となる。

**機　能**　「現在価値」と「定期支払額」は、「期間」に応じた「利率」を掛け合わせ続けて「将来価値」を実現します。RATE関数は、この場合の「利率」を求める関数であり、「期間」に対応して決定されます。

### 使用例　貸付金の金利を求める ⌄

下表は、100万円を貸し付けて1年間で月次返済 (85,000円) する場合の貸付金利を、RATE関数を利用して算出しています。

$f(x)$ **=RATE(D5,D3,D2,D4)\*12**

| | A | B | C | D | E | F |
| --- | --- | --- | --- | --- | --- | --- |
| | D6 | ▾ | $\times \checkmark f_x$ | =RATE(D5,D3,D2,D4)\*12 | | |
| 1 | 引数 | 意味 | セルの内容 | 金額 | | |
| 2 | 現在価値 | 貸付金 | PV | -1,000,000 | | |
| 3 | 定期支払額 | 定期回収額 | PMT | 85,000 | | |
| 4 | 将来価値 | 最終残額 | FV | 0 | | |
| 5 | 支払回数 | 返済期間数 | NPER | 12 | | |
| 6 | 利率 | 貸出金利 | RATE | 3.7% | | |
| 7 | | | | | | |
| 8 | | 定期回収額 | 金利 | 元金回収 | 貸出残高 | |
| 9 | 0 | | | | -1,000,000 | |
| 10 | 1 | 85,000 | 3,060 | 81,940 | -918,060 | |
| 11 | 2 | 85,000 | 2,809 | 82,191 | -835,869 | |
| 12 | 3 | 85,000 | 2,558 | 82,442 | -753,426 | |
| 13 | 4 | 85,000 | 2,305 | 82,695 | -670,732 | |
| 14 | 5 | 85,000 | 2,052 | 82,948 | -587,784 | |
| 15 | 6 | 85,000 | 1,798 | 83,202 | -504,583 | |
| 16 | 7 | 85,000 | 1,544 | 83,456 | -421,126 | |
| 17 | 8 | 85,000 | 1,289 | 83,711 | -337,415 | |
| 18 | 9 | 85,000 | 1,032 | 83,968 | -253,447 | |
| 19 | 10 | 85,000 | 775 | 84,225 | -169,223 | |
| 20 | 11 | 85,000 | 518 | 84,482 | -84,741 | |
| 21 | 12 | 85,000 | 259 | 84,741 | 0 | |
| 22 | | | | | | |

04-02

関連　**PMT** ････････････････････････････････ P.128

数/三角　統計　日付/時刻　**財務**　論理　情報　検索/行列　データベース　文字列操作　エンジニアリング　キューブ　Web　互換性関数

ナンバー・オブ・ピリオド

# NPER

## 元利均等返済における支払回数を求める ∨

**書　式**　NPER(利率, 定期支払額, 現在価値 [, 将来価値] [, 支払期日])

**計算例**　NPER(0.05/12,-60000,-200000,1000000)
年利 [5%]、頭金 [200,000] 円で、毎月 [60,000] 円を積み立てる場合に、満期額 [1,000,000] 円に到達するための積立回数 [12.83] を求める。

**機　能**　「現在価値」と「定期支払額」は、「期間」に応じた「利率」を掛け合わせ続けて「将来価値」を実現します。NPER関数は、この場合の「支払回数」を「期間(数)」として求める関数です。

$f(x)$ **=NPER(D6/12,D3,D2,D4)**

| | A | B | C | D | E | F | G |
|---|---|---|---|---|---|---|---|
| | 引数 | 意味 | セルの内容 | 金額 | | | |
| 2 | 現在価値 | 頭金 | PV | -200,000 | | | |
| 3 | 定期支払額 | 定期貯蓄額 | PMT | -60,000 | | | |
| 4 | 将来価値 | 貯蓄目標 | FV | 1,000,000 | | | |
| 5 | 支払回数 | 貯蓄期間数 | NPER | 12.830 | | | |
| 6 | 利率 | 預入金利 | RATE | 5.0% | | | |
| 7 | | | | | | | |

D5　=NPER(D6/12,D3,D2,D4)

📄 04-03

**関連** PMT ································· P.128

---

イズ・ペイメント

# ISPMT

## 元金均等返済における利息を求める ∨

**書　式**　ISPMT(利率, 期, 期間, 現在価値)

**計算例**　ISPMT(0.07/12,2,12,1000000)
[1,000,000] 円を借り入れ、年利 [7%] で [1年(12カ月)]で返済する場合の、[2カ月目] の金利 [-4,861] 円を求める。

**機　能**　ISPMT関数は、表計算ソフトLotus1-2-3との互換性の維持のために準備された関数で、元金均等返済の場合に、指定した期における利息額を求めるのに利用します。

**133**

プレゼント・バリュー

# PV

## 現在価値を求める ⌄

**書　式**　PV(利率, 期間, 定期支払額 [, 将来価値] [, 支払期日])

**機　能**　「現在価値」と「定期支払額」は、「期間」に応じた「利率」を掛け合わせ続けて「将来価値」を実現します。PV関数は、その「現在価値」を求める関数です。

この関数での「現在価値」は、投資においては「投資金額」、借入においては「借入金額」、貸付においては「貸付金額」、貯蓄においては「頭金」などに当たります。

| B4 | | ▼ | : | × | ✓ | fx | =PV(B1/12,B2*12,B3) |

| | A | B | C | D | E |
|---|---|---|---|---|---|
| 1 | 利率 | 6% | | | |
| 2 | 貸付期間 | 8 | | | |
| 3 | 定期支払額 | -60,000 | | | |
| 4 | 貸付限度額 | ¥4,565,713 | | | |
| 5 | | | | | |
| 6 | | | | | |

📄 04-04

フューチャー・バリュー

# FV

## 将来価値を求める ⌄

**書　式**　FV(利率, 期間, 定期支払額 [, 現在価値] [, 支払期日])

**機　能**　「現在価値」と「定期支払額」は、「期間」に応じた「利率」を掛け合わせ続けて「将来価値」を実現します。FV関数は、実現される「将来価値」を求めます。

**解　説**　FV関数における「将来価値」とは、「計算期間の期末における金額」という意味であり、「初期および中間期におけるキャッシュフローに金利を掛けて（必要があれば相殺して）実現する金額」となります。

この意味での「将来価値」は、借入では「最終返済金額」、貸付では「最終回収金額」、貯蓄においては「貯蓄目標額」または「満期受領金額」、投資においては「投資の期末のリターン」などの意味になります。

# RRI

## 将来価値から利率を求める ∨

**書　式** RRI(**期間, 現在価値, 将来価値**)

**計算例** RRI(10,1000000,1200000)
[現在価値] 100万円の投資をしたとき、10年後の [将来価値]
が120万円になる場合の年利 [0.018399376] を求める。

**機　能** RRI関数は、[期間] と [現在価値] から [将来価値] に到達す
るための利率を求めます。
なお、[期間] は年を入力する年利での利用が多いですが、月
利を求めたいときは [期間] に12を掛けて指定すれば利用で
きます。
RRI関数はExcel 2010にはありませんが、以下の数式を利
用すると利率を求めることができます。

RRI =（[将来価値] / [現在価値]）^（1/ [期間]）- 1

**解　説** RRI関数は投資額と期間、目標額が決まっていて、適切な投
資方法（年利）を選ぶ場合などに利用できます。

| | B5 | ▼ | × ✓ ƒx | =RRI(B1,B3,B4) | |
|---|---|---|---|---|---|
| ⊿ | A | B | C | D | E |
| 1 | 投資期間(年) | 10 | | | |
| 2 | | | | | |
| 3 | 投資額 | 1,500,000 | | | |
| 4 | 目標額 | 1,600,000 | | | |
| 5 | 年利 | 0.006474723 | | | |
| 6 | | | | | |
| 7 | | | | | |

04-05

---

### MEMO | 結果を%表示にしたい場合は？

RRI関数の戻り値は百分率で表示されますが、パーセント表示にすると
見やすくなります。パーセント表示は、<ホーム>タブの<パーセント
スタイル>9をクリックします。なお、パーセントスタイルでは小数
点以下が表示されないので、<ホーム>タブの<小数点以下の表示桁数
を増やす>をクリックして、表示桁数を設定す
るとよいでしょう。

**135**

# NPV

## 定期キャッシュフローの正味現在価値を求める ∨

**書　式** NPV(割引率, 値1[, 値2,…])

**計算例** NPV(0.07,B6：B10)
　　　　セル[B6]の投資を行い、その後翌期末以降にセル[B7：B10]収入があったときに、割引率を[7%]とした場合の正味現在価値を求める(使用例参照)。

**機　能** NPV関数は、一連の月次／年次などの「定期的なキャッシュフロー」をセル範囲または配列で記述し、[割引率]で割り戻して正味現在価値を算出します。
「投資の正味現在価値」は、将来行われる一連の支払い(負の数)と収益(正の数)を、指定した「割引率」によって現時点での価値に換算して求めます。「割引率」としては、「借入金利」や「利回り」などを使用します。
NPV関数の行う計算は、次の数式で表されます。

$$NPV = \sum_{i=1}^{\left[\begin{smallmatrix}キャッシュ\\フロー総数\end{smallmatrix}\right]} \frac{[i]期のキャッシュフロー}{(1+割引率)^i}$$

この数式で注意すべき点は、[i=1]の期のキャッシュフローも「割引」が行われるということであり、「現在」とは「割引が行われない期」であるということです。あるいは、[i=1]の期の期首時点の現在価値を計算する場合には、最初の投資は[i=1]の期の期末に行われると考えます。

### 使用例 正味現在価値を求める ∨

次ページの表では、セル範囲[B6：B10]に入力した投資に、セル[B2]に入力した利回りを適用して割り戻した正味現在価値を、NPV関数を使ってセル[B1]に表示しています。
この計算を確認するために、順に割り戻して、集計した結果をC列〜H列に表示しています。

$f(x)$ **=NPV($B$2,B6:B10)**

| | A | B | C | D | E | F | G | H |
|---|---|---|---|---|---|---|---|---|
| 1 | 正味現在価値 | 246 | | | | | | |
| 2 | 利回り | 7.00% | | | | | | |
| 3 | | | | | | | | |
| 4 | 期 | 投資／回収 | 現在価値 | 1 | 2 | 3 | 4 | 5 |
| 5 | 0 | 500 | 246 | -935 | 218 | 343 | 420 | 200 |
| 6 | 1 | -1,000 | -935 | -1,000 | 234 | 367 | 449 | 214 |
| 7 | 2 | 250 | 218 | | 250 | 393 | 480 | 229 |
| 8 | 3 | 420 | 343 | | | 420 | 514 | 245 |
| 9 | 4 | 550 | 420 | | | | 550 | 262 |
| 10 | 5 | 280 | 200 | | | | | 280 |

04-06

---

| 財務 | 現在価値／将来価値 | 2010 2013 2016 2019 365 |
|---|---|---|

フューチャー・バリュー・スケジュール

# FVSCHEDULE

## 利率が変動する投資の将来価値を求める ⌄

**書　式** FVSCHEDULE(元金, 利率配列)

**計算例** FVSCHEDULE(1000000,{0.1,0.1,0.1})
100万円を毎期10%の複利で貯蓄できた場合の満期金額を求める。

**機　能** FVSCHEDULE関数はFV関数のバリエーションであり、金利が一定ではなく、投資期間内の一連の金利を複利計算することにより、初期投資の元金の[将来価値]を算出します。金利が変動または調整されるような投資の将来価値を計算する場合に使用します。

**関連** **FV** ……………………………… P.134

137

エクストラ・ネット・プレゼント・バリュー

# XNPV

## 不定期キャッシュフローの正味現在価値を求める ∨

書　式　XNPV(割引率, キャッシュフロー , 日付)

機　能　NPV関数が「定期的なキャッシュフロー」の正味現在価値を
　　　　求めるのに対し、XNPV関数は「定期的でないキャッシュフ
　　　　ロー」の正味現在価値を、[日付]とともに指定して算出しま
　　　　す。
　　　　XNPV関数は、次の数式で表されます。

$$XNPV = \sum_{i=1}^{n} \frac{values_i}{(1+rate)^{\frac{(d_i-d_1)}{365}}}$$

di=　　i 回目の支払日
d1=　　最初の支払日
values=　i 回目の支払額
rate=　　キャッシュフロー
　　　　に適用する割引率

---

インターナル・レート・オブ・リターン

# IRR

## 定期キャッシュフローから内部利益率を求める ∨

書　式　IRR(範囲 [, 推定値])

計算例　IRR(B6:B10)
　　　　セル範囲 [B6:B10] に入力されている投資と回収のキャッ
　　　　シュフローの内部利益率を求める。

機　能　IRR関数は、一連の月次／年次などの定期的なキャッシュフ
　　　　ローに対する内部利益率を算出します。「内部利益率」とは、
　　　　一定の期間ごとに発生する投資（負の数）と収益（正の数）か
　　　　らなる投資の効率を表す利率で、NPV関数の計算結果が [0]
　　　　であるときの利率として定義されます。

| | A | B | C | D | E |
|---|---|---|---|---|---|
| | | | | =IRR(B1:B4) | |
| 1 | 投資/年 | -1,500,000 | | 内部利益率 | |
| 2 | 1 | 800,000 | | 11.74% | |
| 3 | 2 | 460,000 | | | |
| 4 | 3 | 580,000 | | | |
| 5 | | | | | |

04-07

**財務** | 現在価値／将来価値 | **2010 2013 2016 2019 365**

エクストラ・インターナル・オブ・リターン

# XIRR

## 不定期キャッシュフローから内部利益率を求める ⌄

**書　式** XIRR(**範囲, 日付** [**, 推定値**])

**機　能** IRR関数が「定期的なキャッシュフロー」に対する内部利益率を算出するのに対し、XIRR関数は「定期的でないキャッシュフロー」に対する内部利益率を算出します。
XIRR関数の計算結果は、XNPV関数の計算結果が [0] であるときの利率となります。

---

**財務** | 現在価値／将来価値 | **2010 2013 2016 2019 365**

モディファイド・インターナル・オブ・リターン

# MIRR

## 定期キャッシュフローから修正内部利益率を求める ⌄

**書　式** MIRR(**範囲, 安全利率, 危険利率**)

**計算例** MIRR(B1：B6,D2,D4)

セル範囲 [B1：B6] に入力されている取得金額（投資原価）と収益のキャッシュフローの修正内部利益率を求める。

**機　能** MIRR関数は、一連の月次／年次などの定期的なキャッシュフローに対する修正内部収益率を求めます。この関数では、投資原価と現金の再投資に対する受取利率の両方が考慮されます。「修正内部収益率」とは、IRR(内部利益率)の短所を補った一定期間の収益率を測る指標で、期間内の収益を再投資するかどうかなど、実際に起こり得る予測を計算に用いるために使われます。

| B8 | ▼ | × ✓ ƒx | =MIRR(B1:B5,D2,D4) | |
|---|---|---|---|---|
| | A | B | C | D | E |
| 1 | 取得価額 | -12,500,000 | | 借入年利（安全利率） | |
| 2 | 初年度収益 | 3,600,000 | | | 0.10 |
| 3 | 2年目収益 | 3,500,000 | | 再投資年利（危険利率） | |
| 4 | 3年目収益 | 3,700,000 | | | 0.12 |
| 5 | 4年目収益 | 4,600,000 | | | |
| 6 | 5年目収益 | 4,100,000 | | | |
| 7 | 5年後の修正内部利益率 | 14.38% | | | |
| 8 | 3年後の修正内部利益率 | 9.84% | | | |
| 9 | 危険利率を16%と仮定した場合の、5年後の修正内部利益率 | 16.13% | | | |
| 10 | | | | | |

📄 **04-08**

**関連** IRR ⋯⋯⋯⋯⋯⋯⋯⋯⋯⋯⋯⋯ P.138
　　 XIPP ⋯⋯⋯⋯⋯⋯⋯⋯⋯⋯⋯⋯ P.139

数学／三角 1

統計 2

日付／時刻 3

**4 財務**

論理 5

情報 6

検索／行列 7

データベース 8

文字列操作 9

エンジニアリング 10

キューブ 11

Web 12

互換性関数

**財務** 　　年利率 　　　　　　　　　　2010 2013 2016 2019 365

エフェクト

# EFFECT

## 実効年利率を求める 　　　　　　　　　　　　　　　　⌄

| 書　式 | EFFECT(名目利率, 複利計算回数) |
|---|---|

**計算例**　EFFECT(0.05,12)

　　　　名目年利率が [5.00％] の場合、1カ月複利の実質年利率
　　　　[5.12％] を求める。

**機　能**　EFFECT関数は、1年当たりの「複利計算回数」をもとに、「名
　　　　目利率」を「実効年利率」に変換します。
　　　　実効年利率とは、期間内に名目年利率で複利計算を行って得
　　　　られる実際の年利率のことです。

$$EFFECT=実質年利率=\left(1+\frac{NOMINAL}{複利計算回数}\right)^{複利計算回数}-1$$

**関連**　**NOMINAL** ‥‥‥‥‥‥‥‥‥‥‥‥ P.140

---

**財務** 　　年利率 　　　　　　　　　　2010 2013 2016 2019 365

ノミナル

# NOMINAL

## 名目年利率を求める 　　　　　　　　　　　　　　　⌄

| 書　式 | NOMINAL(実効利率, 複利計算期間) |
|---|---|

**計算例**　NOMINAL(0.05,12)

　　　　実効利率 [5％] を目標とする1年満期の定期預金で、1カ月
　　　　複利の名目年利率 [4.89％] を求める。

**機　能**　NOMINAL関数は、指定された「実効利率」と1年当たりの「複
　　　　利計算期間」をもとに名目年利率を算出します。
　　　　名目年利率とは、金融商品への投資などにおける、表面上の
　　　　年利率のことです。

$$NOMINAL=名目年利率$$
$$=複利計算回数\times\left(\sqrt[複利計算回数]{実質年利率+1}-1\right)$$

**関連**　**EFFECT** ‥‥‥‥‥‥‥‥‥‥‥‥ P.140

ダラー・デシマル

# DOLLARDE

## 分数表示のドル価格を小数表示に変換する

**書　式** DOLLARDE(分子, 分母)

分数で表されたドル価格を小数表示に変換する。

**機　能** DOLLARDE関数は「分数で表されたドル価格を小数表示に変換」します。

この分数表示は、表示形式の設定の変更を必要とするものではなく、[分母] に指定した数値の桁数と同じ桁数の「小数部分」を使って、分数の分子を表します。

---

ダラー・フラッシュ

# DOLLARFR

## 小数表示のドル価格を分数表示に変換する

**書　式** DOLLARFR(小数値, 分母)

小数で表されたドル価格を分数表示に変換する。

**使用例** 整数部で年を小数部で月数を表示する

DOLLARFR関数は、小数で表されたドル価格を分数表示に変換しますが、この関数の考え方を年数表示に応用すると、セル [B6] のように、かんたんな年月表示ができます。

| B6 | ▼ : × ✓ ƒx | =DOLLARFR(B4/12,12) | |
|---|---|---|---|
| | A | B | C | D |
| 1 | 借入金 | ¥20,000,000 | 数値 | |
| 2 | 定期返済額 | ¥-100,000 | 数値 | |
| 3 | 最終返済額 | ¥0 | 数値 | |
| 4 | 返済回数 | 277.61 | NPER関数 | |
| 5 | 借入金利 | 3.0% | 数値 | |
| 6 | 返済年数 | 23.02 | YY.MM | |
| 7 | | | | |
| 8 | 内容 | 数値 | 数式 | |
| 9 | 月数 | 277.61 | =B4 | |
| 10 | 年数 | 23.13377513 | =B9/12 | |
| 11 | 整数年数 | 23 | =INT(B9/12) | |
| 12 | 年数相当月数 | 276 | =B11*12 | |
| 13 | 端数月数 | 1.605301589 | =B9-B12 | |
| 14 | DOLLARFR引数 | 23.13377513 | =B9/12 | |
| 15 | DOLLARFR戻り値 | 23.01605302 | =DOLLARFR(B14,12) | |
| 16 | DOLLARDE戻り値 | 23.13377513 | =DOLLARDE(B15,12) | |
| 17 | | | | |

📄 04-09

**財務** | **減価償却**　　　　2010 2013 2016 2019 365

ディクライニング・バランス

# DB

## 減価償却費を旧定率法で求める ∨

書　式　**DB(取得価額, 残存価額, 耐用年数, 期 [, 月])**

機　能　DB関数は、特定の期における資産の減価償却費を「定率法（旧）」で求める関数です。定率法は、毎年同じ「割合」で資産価額を償却していく方法です。

解　説　DB関数は旧定率法にもとづいた計算方法です。新定率法では、2007年4月1日以降に取得した資産は1円まで償却できるようになったため、DB関数では正しい原価償却費を計算できませんので注意してください。

---

**財務** | **減価償却**　　　　2010 2013 2016 2019 365

ダブル・ディクライニング・バランス

# DDB

## 減価償却費を定率法で求める ∨

書　式　**DDB(取得価額, 残存価額, 耐用年数, 期 [, 率])**

機　能　DDB関数は、減価償却費を求める関数です。もともとは日本では使われない方法でしたが、2007年度の税制改正により、日本の定率法の減価償却費の計算に利用できるようになりました。

---

**財務** | **減価償却**　　　　2010 2013 2016 2019 365

バリアブル・ディクライニング・バランス

# VDB

## 定額法に切り替えて減価償却費を求める ∨

書　式　**VDB(取得価額, 残存価額, 耐用年数, 開始期, 終了期 [, 率] [, 切り替えなし])**

機　能　VDB関数は、定率法による減価償却費を求めます。ただし、[切り替えなし]を省略するか、[FALSE]を指定すると、償却保証額を下回ったら定額法に切り替えて計算します。

数学／三角

統計

日付・時刻

4 財務

論理

情報

検索／行列

データベース

文字列操作

エンジニアリング

キューブ／Web

互換性関数

| 財務 | 減価償却 | | 2010 2013 2016 2019 365 |

ストレート・ライン

# SLN

## 減価償却費を定額法で求める　　　　　　　　　∨

書　式　SLN(取得価額, 残存価額, 耐用年数)

機　能　SLN関数は、定額法を使用して、資産の1期当たりの減価償却費を算出します。「定額法」の名前のごとく、この償却費用金額は期によって変化しません。

$$SLN = \frac{取得価額 - 残存価額}{耐用年数}$$

定額法は減価償却費が一定で、期末簿価は一定額で減少します。定率法に比べて、減価償却が遅いことが特徴です。

| 財務 | 減価償却 | | 2010 2013 2016 2019 365 |

サム・オブ・イヤー・ディジッツ

# SYD

## 減価償却費を算術級数法で求める　　　　　　　∨

書　式　SYD(取得価額, 残存価額, 耐用年数, 期)

機　能　算術級数法を使用して、特定の期における減価償却費を求めます。この方法を利用する場合は、申請書の提出が必要です。

| 財務 | 減価償却 | | 2010 2013 2016 2019 365 |

アモリティスモン・デクレレシフ・コンスタビリテ

# AMORDEGRC

アモリティスモン・リネール・コンスタビリテ

# AMORLINC

## 各会計期における減価償却費を求める　　　　　∨

書　式　AMORDEGRC(取得価額, 購入日, 開始期, 残存価額, 期, 率 [, 年の基準])

書　式　AMORLINC(取得価額, 購入日, 開始期, 残存価額, 期, 率 [, 年の基準])

機　能　これらの関数は、フランスの会計システムのために用意されているもので、各会計期における減価償却費を算出します。

デュレーション

# DURATION

## 定期利付債のデュレーションを求める ✓

**書　式**　DURATION(受渡日, 満期日, 利率, 利回り, 頻度 [, 基準])

**機　能**　DURATION関数は、定期的に利子が支払われる証券の「デュレーション(マコーレー係数)」を算出します。デュレーションとは、「債券のキャッシュフローまでの期間を現在価値で加重平均した期間」で、債券の残存期間の代わりに、利回りの変更に対する債券価格の反応の指標として使用されます。

モディファイド・デュレーション

# MDURATION

## 証券に対する修正デュレーションを求める ✓

**書　式**　MDURATION(受渡日, 満期日, 利率, 利回り, **頻度 [, 基準]**)

**機　能**　MDURATION関数は、額面価格を$100と仮定して、証券に対する「修正デュレーション(修正マコーレー係数)」を算出します。デュレーションが債券の投資期間の指標として用いられるのに対し、デュレーションを(1+利率)で割ったものである修正マコーレー係数は、債券価格の金利感応度を表すものとして用いられます。

ピリオド・デュレーション

# PDURATION

## 目標額になるまでの投資期間を求める ✓

**書　式**　PDURATION(利率, 現在価値, 将来価値)

**機　能**　PDURATION関数は、[利率]と[現在価値]をもとに[将来価値]になるまでの投資期間を求めます。
なお、この関数はExcel 2010にはありませんが、以下の数式を利用すると期間を求めることができます。

PDURATION =([将来価値]-[現在価値])/(1+[利率])

| 財務 | 証券 | | 2010 2013 2016 2019 365 |
| --- | --- | --- | --- |

レシーブド

# RECEIVED

## 割引債の償還価格を求める　⌄

書　式　RECEIVED(受渡日, 満期日, 投資額, 割引率 [, 基準])

機　能　RECIEVED関数は、割引債を満期まで保有していた場合の[満期日] に支払われる償還価格を算出します。

| 財務 | 証券 | | 2010 2013 2016 2019 365 |
| --- | --- | --- | --- |

イントレート

# INTRATE

## 全額投資された証券の利率を求める　⌄

書　式　INTRATE(受渡日, 満期日, 投資額, 償還価額 [, 基準])

機　能　INTRATE関数は、全額投資された証券に対して、証券の利率を算出します。[投資額] に、[償還価格] を [100] として換算した価格を指定すると、YIELDDISC関数と同じ意味になり、同じ結果を得ます。

関連　YIELDDISC ……………………… P.145

| 財務 | 証券 | | 2010 2013 2016 2019 365 |
| --- | --- | --- | --- |

ディスカウント・イルード

# YIELDDISC

## 割引債の年利回りを求める　⌄

書　式　YIELDDISC(受渡日, 満期日, 現在価値, 償還価額 [, 基準])

機　能　YIELDDISC関数は、割引債の年利回りを算出します。[受渡日] に発行日を入れると、発行費から満期日までの利回りを求めることができます。

関連　INTRATE ……………………… P.145

---

### MEMO | 割引債

割引債は利息がない代わりに額面より割り引いて、安く購入し、満期に額面を受け取る債券です。

ディスカウント

# DISC

## 割引債の割引率を求める

書　式　DISC(受渡日, 満期日, 現在価値, 償還価額 [, 基準])

機　能　DISC関数は、割引債の割引率を算出します。

### 使用例　割引債の割引率を求める

下表は、償還価額が「100」の割引債を現在価格「92」で購入するとき
に割引率を求めています。

| | A | B | C | D | E |
|---|---|---|---|---|---|
| | | | | =DISC(B1,B2,B3,B4,1) | |
| 1 | 受渡日 | 2020/10/1 | | 割引率 | 0.800% |
| 2 | 満期日 | 2030/10/1 | | | |
| 3 | 現在価格 | 92 | | | |
| 4 | 償還価額 | 100 | | | |
| 5 | | | | | |

📄 04-10

---

プライス・オブ・ディスカウンティッド・セキュリティ

# PRICEDISC

## 割引債の額面100に対する価格を求める

書　式　PRICEDISC(受渡日, 満期日, 割引率, 償還価額 [, 基準])

機　能　PRICEDISC関数は、発行価格を額面より安くして発行する
　　　　割引債に対して、額面100に対する現在価格を算出します。

### 使用例　割引債の現在価格を求める

下表は、割引率1.5%の割引債を購入するときの額面100当たりの現
在価格を求めています。[受渡日]に債券の発行日を指定すれば発行価
格、すでに発行済みの債券であれば時価となります。この価格は、実
際に取り扱われている債券の価格の目安になります。

_f(x)_ **=PRICEDISC(B1,B2,B3,B4,B5)**

| | A | B | C | D | E | F | G |
|---|---|---|---|---|---|---|---|
| | | | | =PRICEDISC(B1,B2,B3,B4,B5) | | | |
| 1 | 受渡日 | 2020/10/1 | | 現在価格 | 94.00 | | |
| 2 | 満期日 | 2024/10/1 | | | | | |
| 3 | 割引率 | 1.50% | | | | | |
| 4 | 償還価額 | 100 | | | | | |
| 5 | 基準 | 1 | | | | | |
| 6 | | | | | | | |

📄 04-11

イールド

# YIELD

## 定期利付債の利回りを求める ∨

書 式 YIELD(**受渡日**, **満期日**, **利率**, **現在価値**, **償還価額**, **頻度** [, **基準**])

機 能 YIELD関数は、利息が定期的に支払われる債券の利回りを算出します。[受渡日]に債券の発行日を指定すると応募者利回りが求められます。

イールド・アット・マチュリティ

# YIELDMAT

## 満期利付債の利回りを求める ∨

書 式 YIELDMAT(**受渡日**, **満期日**, **発行日**, **利率**, **現在価値** [, **基準**])

機 能 YIELDMAT関数は、[満期日]に利息が支払われる債券の利回りを算出します。なお、[受渡日]と[発行日]を同日にすると[#NUM!]エラーになります。

### 使用例 債券の最終利回りを求める ∨

下表は定期利付債(YIELD関数)と満期利付債(YIELDMAT関数)について、満期まで保有していた場合の利回りを求めています。条件はいずれも、額面[100]の外国の5年債を発行日から9ヵ月後に時価[101.18]で購入したものとし、定期利付債は年に2回の利払いがあるとしています。

$f(x)$ **=YIELD(B1,B3,B4,B6,B5,B7,B8)**

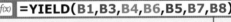

| | A | B | C | D | E |
|---|---|---|---|---|---|
| | B11 ▾ × ✓ fx | =YIELDMAT(B1,B3,B2,B4,B6,B8) | | | |
| 1 | 受渡日(購入日) | 2019/10/1 | | | |
| 2 | 発行日 | 2019/1/31 | | | |
| 3 | 満期日(償還日) | 2025/2/20 | | | |
| 4 | 利率(クーポン) | 2.875% | | | |
| 5 | 償還価値(額面) | 100 | | | |
| 6 | 現在価格(時価) | 101.18 | | | |
| 7 | 利払い頻度(定期利付債) | 2 | | | |
| 8 | 基準(30日/360日ベース) | 0 | | | |
| 9 | | | | | |
| 10 | 定期利付債の利回り | 2.6382% | | | |
| 11 | 満期利付債の利回り | 2.5759% | | | |
| 12 | | | | | |

04-12

$f(x)$ **=YIELDMAT(B1,B3,B2,B4,B6,B8)**

数学／三角 2 統計 3 日付／時刻 4 財務 5 論理 6 情報 7 検索／行列 8 データベース 9 文字列操作 10 エンジニアリング 11 キューブ Web 12 互換性関数

数学／三角 1
統計 2
日付／時刻 3
財務 4
論理 5
情報 6
検索／行列 7
データベース 8
文字列操作 9
エンジニアリング 10
キューブ 11
Web 12
互換性関数

| 財務 | 証券 | | 2010 2013 2016 2019 365 |
|------|------|--|--------------------------|

プライス

# PRICE

## 定期利付債の時価を求める ∨

| 書 式 | PRICE(受渡日,満期日,利率,利回り,償還価額,頻度[,基準]) |
|-------|---------------------------------------------------|

| 機 能 | PRICE関数は、定期的に利息が支払われる債券に対して、額面\$100当たりの時価を算出します。 |
|-------|--------------------------------------------------------------------------------------|

**関連** **PRICEMAT** ...................... P.148

---

| 財務 | 証券 | | 2010 2013 2016 2019 365 |
|------|------|--|--------------------------|

プライス・アット・マチュリティ

# PRICEMAT

## 満期利付債の時価を求める ∨

| 書 式 | PRICEMAT(受渡日,満期日,発行日,利率,利回り[,基準]) |
|-------|----------------------------------------------|

| 機 能 | PRICE関数は、[満期日]に利息が支払われる債券に対して、額面\$100当たりの時価を算出します。 |
|-------|------------------------------------------------------------------------------------|

### 使用例 既発債券の時価を求める ∨

下表は、すでに発行された定期利付債(PRICE関数)と満期利付債(PRICEMAT関数)の購入時の時価を求めています。条件は、いづれも額面[100]、利率[4%]、利回り[3%]の外国の5年債で、発行日から1年後に購入したものとします。なお、定期利付債は年に2回の利払いがあるとします。債券を購入する際、関数の結果を目安に店頭の時価と比較することが可能です。

$f(x)$ **=PRICE(B1,B3,B4,B5,B6,B7,B8)**

| | A | B | C | D | E | F |
|--|---|---|---|---|---|---|
| 1 | 受渡日(購入日) | 2020/4/1 | | 定期利付債の時価 | 105.45 | |
| 2 | 発行日 | 2018/4/1 | | 満期利付債の時価 | 103.86 | |
| 3 | 満期日(償還日) | 2026/4/1 | | | | |
| 4 | 利率(クーポン) | 4.0% | | | | |
| 5 | 利回り(税引き前) | 3.0% | | | | |
| 6 | 償還価値(額面) | 100 | | | | |
| 7 | 利払い頻度(定期利付債) | 2 | | | | |
| 8 | 基準(30日/360日ベース) | 0 | | | | |
| 9 | | | | | | |

📄 04-13

$f(x)$ **=PRICEMAT(B1,B3,B2,B4,B5,B8)**

# ACCRINT

## 定期利付債の経過利息を求める　　～

**書　式**　ACCRINT(**発行日, 最初の利払日, 受渡日, 利率, 額面,**
**頻度 [, 基準]**)

**機　能**　ACCRINT関数は、本来、利払日と利払日の間で購入した債券について、前回の利払日から受渡日までに発生した経過利息を算出する関数です。しかし、引数どおりに入力すると、単に[発行日]から[受渡日]までに発生する利息になります。

### 使用例　債券の経過利息を求める　　～

現在のACCRINT関数は、引数[最初の利払日]が使われていません。そこで、引数を次のように読み替えて指定することで債券の売買時における経過利息(下表のセル[B12])を求めます。

=ACCRINT(前回利払日, 最初の利払日, 受渡日, 利率, 額面, 頻度 [, 基準])

また、検算として発行日から前回利払日までの利息をセル[F2]、発行日から受渡日までの利息をセル[F4]に求め、セル[F4]からセル[F2]を引いた結果をセル[F6]に表示しています。

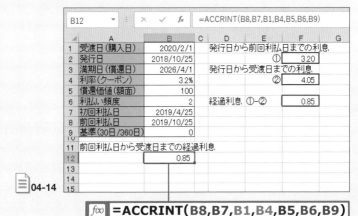

| | B12 | ▾ | : | × | ✓ | fx | =ACCRINT(B8,B7,B1,B4,B5,B6,B9) |
| --- | --- | --- | --- | --- | --- | --- | --- |

| | A | B | C | D | E | F | G |
| --- | --- | --- | --- | --- | --- | --- | --- |
| 1 | 受渡日(購入日) | 2020/2/1 | | 発行日から前回利払日までの利息. | | | |
| 2 | 発行日 | 2018/10/25 | | | ① | 3.20 | |
| 3 | 満期日(償還日) | 2026/4/1 | | 発行日から受渡日までの利息. | | | |
| 4 | 利率(クーポン) | 3.2% | | | ② | 4.05 | |
| 5 | 償還価値(額面) | 100 | | | | | |
| 6 | 利払い頻度 | 2 | | 経過利息. ①-② | | 0.85 | |
| 7 | 初回利払日 | 2019/4/25 | | | | | |
| 8 | 前回利払日 | 2019/10/25 | | | | | |
| 9 | 基準(30日/360日) | 0 | | | | | |
| 11 | 前回利払日から受渡日までの経過利息. | | | | | | |
| 12 | | 0.85 | | | | | |
| 13 | | | | | | | |
| 14 | | | | | | | |
| 15 | | | | | | | |

04-14

*f(x)* **=ACCRINT(B8,B7,B1,B4,B5,B6,B9)**

# ACCRINTM

## 満期利付債の利息を求める

**書　式**　ACCRINTM(発行日, 受渡日, 利率, 額面 [, 基準])

**機　能**　ACCRINTM関数は、満期日に利息が支払われる債券の利息を算出します。[受渡日] に満期日を入力すると、発行から満期までに発生する利息の合計が求められます。
なお、指定する引数を次のように読み替えることによって、債券保有期間の利息を求めることができます。

> =ACCRINTM(受渡日(買付),受渡日(売付),利率[,額面][,基準])

### 使用例　債券の利息を求める

下表のセル [E1] は、発行時から満期まで全期間保有していた場合の利息の合計を示します。また、セル [E2] には、受渡日から満期まで保有していた場合の利息の合計を示します。

$f(x)$ **=ACCRINTM(B2,B3,B4,B5,B6)**

| | A | B | C | D | E | F |
|---|---|---|---|---|---|---|
| | E1 ▼ : × ✓ fx =ACCRINTM(B2,B3,B4,B5,B6) | | | | | |
| 1 | 受渡日 (購入日) | 2019/2/1 | | 発行日から満期までの利息 | 17.4 | |
| 2 | 発行日 | 2020/10/25 | | 受渡日から満期までの利息 | 22.9 | |
| 3 | 満期日 (償還日) | 2026/4/1 | | | | |
| 4 | 利率 (クーポン) | 3.2% | | | | |
| 5 | 償還価値 (額面) | 100 | | | | |
| 6 | 基準(30日/360日) | 0 | | | | |
| 7 | | | | | | |
| 8 | | | | | | |
| 9 | | | | | | |

📄 04-15

$f(x)$ **=ACCRINTM(B1,B3,B4,B5,B6)**

---

### MEMO | 受渡日、満期日について

債券などの証券に対して計算する場合、[受渡日] は証券の売買代金を決済した日、[満期日] は証券の支払期日を指定します。たとえば、2021年1月1日に発行された20年債券を、発行日の3カ月後に購入した場合、[受渡日] は2021年4月1日になり、[満期日] は2041年1月1日になります。

1 数学/三角
2 統計
3 日付/時刻
4 財務
5 論理
6 情報
7 検索/行列
8 データベース
9 文字列操作
10 エンジニアリング
11 キューブ/Web
12 互換性関数

財務 | 証券    2010 2013 2016 2019 365

オッド・ファースト・プライス

# ODDFPRICE

## 最初の利払期間が半端な利付債の価格を求める ∨

書　式　ODDFPRICE(受渡日, 満期日, 発行日, 初回利払日, 利率,
　　　　利回り, 償還価額, 利払頻度 [, 計算基準])

機　能　ODDFPRICE関数は、最初の利払期間が異なる利付債の [満
　　　　期日] までの利回りから、額面＄100当たりの現在価格を算
　　　　出します。

---

財務 | 証券    2010 2013 2016 2019 365

オッド・ラスト・プライス

# ODDLPRICE

## 最後の利払期間が半端な利付債の価格を求める ∨

書　式　ODDLPRICE(受渡日, 満期日, 最終利払日, 利率, 利回り,
　　　　償還価額, 頻度 [, 基準])

機　能　ODDLPRICE関数は、最終期の日数が半端な証券に対して
　　　　額面＄100当たりの現在価格を算出します。

| E1 | | ▼ | ： | × | ✓ | ƒx | =ODDFPRICE(B1,B3,B2,B4,B5,B6,B7,B8,B9) |

| | A | B | C | D | E | F |
|---|---|---|---|---|---|---|
| 1 | 受渡日(購入日) | 2020/3/1 | | 現在価格 | 86.672 | |
| 2 | 発行日 | 2019/12/15 | | | | |
| 3 | 満期日(償還日) | 2023/1/1 | | | | |
| 4 | 初回利払日 | 2020/4/1 | | | | |
| 5 | 利率(クーポン) | 0.85% | | | | |
| 6 | 利回り | 6.0% | | | | |
| 7 | 償還価値(額面) | 100 | | | | |
| 8 | 利払い頻度 | 4 | | | | |
| 9 | 基準(30日/360日) | 0 | | | | |
| 10 | | | | | | |

📄 04-16

---

### MEMO | 利払期間が異なる場合

通常、利付債の利払期間は発行日から起算して等間隔になっています。たと
えば、年2回の利払いがある債券では発行日から起算して半年ごとに利払いが
あります。しかし、債券によっては最初の利払期間だけ、もしくは、最後の
利払期間だけほかの利払期間の日数と異なる場合があります。
このような場合は、「ODD」ではじまる関数を利用して現在価格や利回りを計
算します。

151

オッド・ファースト・イールド

# ODDFYIELD

## 最初の利払期間が半端な利付債の利回りを求める　∨

**書　式**　ODDFYIELD(受渡日, 満期日, 発行日, 初回利払日, 利率, 償還価額, 頻度 [, 基準])

**機　能**　ODDFYIELD関数は、1期目の日数が半端な証券の利回りを求めます。

### 使用例　債券の利息を求める　∨

下表では、最初の利払期間が2020年1月10日～2025年3月1日と半端な場合の証券の利回りを算出しています。

| | E1 | ▾ | : | ✕ | ✓ | fx | =ODDFYIELD(B1,B2,B3,B4,B5,B6,B7,B8) |

| | A | B | C | D | E | F |
|---|---|---|---|---|---|---|
| 1 | 受渡日 | 2020/1/10 | | 利回り | 0.66218585 | |
| 2 | 満期日 | 2025/3/1 | | | | |
| 3 | 発行日 | 2019/10/15 | | | | |
| 4 | 初回利払日 | 2020/3/1 | | | | |
| 5 | 利率 | 0.565 | | | | |
| 6 | 現在価格 | 85.8 | | | | |
| 7 | 償還価格 | 100 | | | | |
| 8 | 頻度 | 2 | | | | |
| 9 | | | | | | |

📄 04-17

---

オッド・ラスト・イールド

# ODDLYIELD

## 最後の利払期間が半端な利付債の利回りを求める　∨

**書　式**　ODDLYIELD(受渡日, 満期日, 最終利払日, 利率, 価格, 償還価額, 利払頻度 [, 計算基準])

**機　能**　ODDLYIELD関数は、最後の利払期間の日数（最終期）が半端な利付債を[満期日]まで保有していた場合に受け取れる利回りを求めます。

**解　説**　ODDFYIELD関数は最初の利払期間だけ半端になる利付債の利回りを求めます。購入したときにすでに最初の利払いを終えている場合は、YIELD関数（P.147参照）を使えば済みます。しかし、受渡日が最初の利払日より前である場合はODDFYIELD関数を利用します。

財務　　証券

2010 2013 2016 2019 365

数学/三角

1

統計

2

日付/時刻

3

4 財務

論理

5

情報

6

検索/行列

7

データベース

8

文字列操作

9

エンジニアリング

10

キューブ

11

Web

互換性関数

12

クーポン・デイズ・ビギニング・トゥ・セトルメント

# COUPDAYBS

## 前回の利払日から受渡日までの日数を求める　　　　✓

**書　式**　COUPDAYBS(受渡日, 満期日, 頻度 [, 基準])

**機　能**　COUPDAYBS関数は、証券の利払期間の1日目から[受渡日]までの日数を求めます。

| | E2 | ▼ | × ✓ *fx* | =COUPDAYBS(A2,B2,C2,D2) | | |
|---|---|---|---|---|---|---|
| ⬚ | A | B | C | D | E | F | G |
| 1 | 受渡日 | 満期日 | 頻度 | 基準(30日/360日) | 日数 | | |
| 2 | 2020/8/20 | 2021/7/1 | 4 | 0 | 49 | | |
| 3 | 2020/9/20 | 2021/7/1 | 4 | 0 | 79 | | |
| 4 | 2020/10/20 | 2021/7/1 | 4 | 0 | 19 | | |
| 5 | 2020/11/20 | 2021/7/1 | 4 | 0 | 49 | | |
| 6 | 2020/12/20 | 2021/7/1 | 4 | 0 | 79 | | |
| 7 | 2021/1/20 | 2021/7/1 | 4 | 0 | 19 | | |
| 8 | 2021/2/20 | 2021/7/1 | 4 | 0 | 49 | | |
| 9 | | | | | | | |

📄 04-18

---

財務　　証券

2010 2013 2016 2019 365

クーポン・デイズ

# COUPDAYS

## 証券の利払期間を求める　　　　✓

**書　式**　COUPDAYS(受渡日, 満期日, 頻度 [, 基準])

**機　能**　COUPDAYS関数は、証券の[受渡日]を含む利払期間の日数を求めます。[受渡日]を含む利払期間とは、[受渡日]の直前の利払日から次の利払日までの期間(日数)のことです。

| | E2 | ▼ | × ✓ *fx* | =COUPDAYS(A2,B2,C2,D2) | | |
|---|---|---|---|---|---|---|
| ⬚ | A | B | C | D | E | F | G |
| 1 | 受渡日 | 満期日 | 頻度 | 基準(30日/360日) | 日数 | | |
| 2 | 2020/8/20 | 2021/7/15 | 4 | 0 | 90 | | |
| 3 | 2020/9/20 | 2021/7/15 | 4 | 0 | 90 | | |
| 4 | 2020/10/20 | 2021/7/15 | 4 | 0 | 90 | | |
| 5 | 2020/11/20 | 2021/7/15 | 4 | 0 | 90 | | |
| 6 | 2020/12/20 | 2021/7/15 | 4 | 0 | 90 | | |
| 7 | 2021/1/20 | 2021/7/15 | 4 | 0 | 90 | | |
| 8 | 2021/2/20 | 2021/7/15 | 4 | 0 | 90 | | |
| 9 | | | | | | | |

📄 04-19

| 財務 | 証券 | (2010) (2013) (2016) (2019) (365) |

クーポン・プリービアス・クーポン・デート

# COUPPCD

## 前回の利払日を求める　　　　　　　　　　　　　　✓

**書　式**　COUPPCD(受渡日, 満期日, 頻度 [, 基準])

**機　能**　COUPPCD関数は、証券の[受渡日]以前で最も近い(直前)
利払日を求めます。なお、この結果はシリアル値で返される
ため、日付を表示する場合は、セルの表示形式を<日付>に
しておく必要があります。

| 財務 | 証券 | (2010) (2013) (2016) (2019) (365) |

クーポン・ネクスト・クーポン・デート

# COUPNCD

## 次回の利払日を求める　　　　　　　　　　　　　　✓

**書　式**　COUPNCD(受渡日, 満期日, 頻度 [, 基準])

**機　能**　COUPNCD関数は、証券の[受渡日]以降で最も近い(次回)
利払日を算出します。なお、この結果はシリアル値で返され
るため、日付を表示する場合は、セルの表示形式を<日付>
にしておく必要があります。

| 財務 | 証券 | (2010) (2013) (2016) (2019) (365) |

クーポン・デイズ・セトルメント・トゥ・ネクスト・クーポン

# COUPDAYSNC

## 受渡日から次の利払日までの日数を求める　　　　✓

**書　式**　COUPDAYSNC(受渡日, 満期日, 頻度 [, 基準])

**機　能**　COUPDAYSNC関数は、証券の[受渡日]から次の利払日ま
での日数を算出します。

E2　　　×　✓　fx　=COUPDAYSNC(A2,B2,C2,D2)

| | A | B | C | D | E | F |
|---|---|---|---|---|---|---|
| 1 | 受渡日 | 満期日 | 頻度 | 基準(30日/360日) | 日数 | |
| 2 | 2020/8/20 | 2021/7/15 | 4 | 0 | 55 | |
| 3 | 2020/9/20 | 2021/7/15 | 4 | 0 | 25 | |
| 4 | 2020/10/20 | 2021/7/15 | 4 | 0 | 85 | |
| 5 | 2020/11/20 | 2021/7/15 | 4 | 0 | 55 | |
| 6 | 2020/12/20 | 2021/7/15 | 4 | 0 | 25 | |
| 7 | 2021/1/20 | 2021/7/15 | 4 | 0 | 85 | |
| 8 | 2021/2/20 | 2021/7/15 | 4 | 0 | 55 | |
| 9 | | | | | | |

📄 04-20

クーポン・ナンバー

# COUPNUM

## 受渡日と満期日の間の利払回数を求める

**書　式** COUPNUM(受渡日, 満期日, 頻度 [, 基準])

**機　能** COUPNUM関数は、証券の [受渡日] と [満期日] の間に利息が支払われる回数を算出します。

---

### MEMO｜定期利付債の日付情報

COUPではじまる6つの関数は定期利付債の各種日付情報を知るために用意されています。債券は新規の応募時期以外（新発債）にもすでに発行されているもの（既発債）を購入することも可能です。COUPではじまる6つの関数は既発債の受渡日を基準に前後の利払日や利払日までの日数、利払回数などを求めることができます。

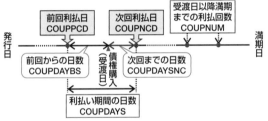

下表は年2回の利払いがある利付債の利払いに関する日付や日数を求めています。通常、利払期間は発行日から起算して等間隔になっています。たとえば、年2回であれば、発行日から半年ごとに利払日が設定されます。満期日が5月30日のため、利払日は毎年11月30日と5月30日になります。受渡日が9月15日の場合、前回の利払日から108日が経過しており、この日数分だけ経過利息が発生していると見ることができます。

| | A | B | C | D | E | F |
|---|---|---|---|---|---|---|
| B6 | ▾ | × ✓ fx | =COUPNUM(B1,B2,B3,B4) | | | |
| 1 | 受渡日（購入日） | 2020/9/15 | | 前回利払日 | 2020/5/30 | |
| 2 | 満期日（償還日） | 2025/5/30 | | 前回の利払日から受渡日までの日数 | 108 | |
| 3 | 頻度（年間利払回数） | 2 | | | | |
| 4 | 基準（実際の日数） | 1 | | 次回利払日 | 2020/11/30 | |
| 5 | | | | 受渡日から次回利払日までの日数 | 76 | |
| 6 | 受渡日から満期までの利払回数 | 10 | | | | |
| 7 | 利払期間の日数 | 183 | | | | |
| 8 | | | | | | |

📄 04-21

セル [E1] と [E4] において、関数を入力した直後の利払日はシリアル値で表示されます。日付を表示する場合は、セルの表示形式を＜日付＞にしておく必要があります。

**155**

**4 財務**

| 財務 | 証券 | 2010 2013 2016 2019 365 |
|---|---|---|

トレジャリー・ビル・プライス

# TBILLPRICE

## 米国財務省短期証券の額面$100当たりの価格を求める ∨

書 式　TBILLPRICE(受渡日, 満期日, 割引率)

機 能　TBILLPRICE関数は、米国財務省短期証券(Treasury Bill)の額面$100当たりの債権を[満期日]まで保有した場合の現在価格を算出します。

| 財務 | 証券 | 2010 2013 2016 2019 365 |
|---|---|---|

トレジャリー・ビル・イールド

# TBILLYIELD

## 米国財務省短期証券の利回りを求める ∨

書 式　TBILLYIELD(受渡日, 満期日, 現在価値)

機 能　TBILLYIELD関数は、米国財務省短期証券(Treasury Bill)の額面$100当たりの債権を[満期日]まで保有した場合の利回りを算出します。

| 財務 | 証券 | 2010 2013 2016 2019 365 |
|---|---|---|

トレジャリー・ビル・ボンド・エクイバレント・イールド

# TBILLEQ

## 米国財務省短期証券の債券に相当する利回りを求める ∨

書 式　TBILLEQ(受渡日, 満期日, 割引率)

機 能　TBILLEQ関数は、米国財務省短期証券(Treasury Bill)の額面$100当たりの債権を[満期日]まで保有した場合に、通常の債権に換算した値で利回りを算出します。

---

### MEMO | 財務関数利用の注意

財務関数には上のような、日本ではあまり利用する機会のない米国財務省短期証券を扱うための関数や、日本国内では税法上利用できない納税に関する関数などがあります。
十分な知識がない場合は、これらを誤って使ってしまわないように注意しましょう。

# 第 5 章

# 論理

Excel の関数の中で特に重要なのが論理関数
です。表のデータの単純な計算や、並べ替え
だけでなく、条件によって計算方法や表示方
法を変えたり、複数の条件をもとにして処理
する方法を変えたりする場合に使用します。
論理関数は単体で使用することはあまりなく、
ほかの関数と組み合わせて使うことがほとん
どです。また、論理関数同士を組み合わせて
使うこともあります。

イフ

# IF

## 条件によって異なる値を返す ∨

**書 式** IF(論理式, 真の場合 [, 偽の場合])

**計算例** IF(A1>=50," 合格 "," 不合格 ")

セル「A1」の値が50以上の場合は [合格]、そうでない場合は [不合格] と表示する。

**機 能** IF関数は、[論理式] を評価し、その結果が [TRUE] のとき [真の場合] の計算結果を返し、[FALSE] のとき [偽の場合] の計算結果を返します。[偽の場合] が省略されていて、[論理式] が [FALSE] のときは、[0] を返します。

[論理式] には、TRUE／FALSEの判断ができる数式などを記述します。

AND関数やOR関数を使うこともあり、最大64階層までのIFを引数 [真の場合]、または引数 [偽の場合] としてネストすることで、複雑な評価を行うことができます。

### 使用例 点数によって合格の判定を行う ∨

下表では、英語の試験の結果から、70点以上であれば [真の場合] として「合格」、69点以下であれば [偽の場合] として「不合格」という判定を表示します。

| No | 氏名 | 試験結果 | | | | 合否 | |
|---|---|---|---|---|---|---|---|
| | | 国語 | 数学 | 英語 | 3科目合計 | | |
| 1 | 石井 智和 | 78 | 85 | 72 | 235 | 合格 | |
| 2 | 犬貝 夏海 | 85 | 78 | 62 | 225 | 不合格 | |
| 3 | 永井 麻由美 | 68 | 80 | 100 | 248 | 合格 | |
| 4 | 坂下 祐樹 | 96 | 58 | 68 | 222 | 不合格 | |
| 5 | 金沢 俊介 | 71 | 63 | 95 | 229 | 合格 | |
| 6 | 品田 健太郎 | 73 | 94 | 70 | 237 | 合格 | |

05-01

*fx* **=IF(E3>=70,"合格","不合格")**

**関連** **AND** ················································ P.161
**OR** ················································ P.162

イフス

# IFS

## 複数の条件によって異なる値を返す

**書　式**　IFS(条件 1, 処理 1[, 条件 2, 処理 2,…])

**計算例**　IFS(点数比較 1, 成績表示 1, 点数比較 2, 成績表示 2)
　　　　成績一覧の入力されている点数を[点数比較1]で条件を満たしているかどうかを調べ、満たしている場合は[成績表示1]で成績を表示する。満たしていない場合は[点数比較2]で調べる。

**解　説**　IFS関数は、複数の条件を調べ、条件を満たす場合は指定した処理を、満たしていない場合は次の条件を調べます。従来はIF関数をネスト(入れ子に)して条件を確認して分岐させていましたが、IFS関数では条件と処理をカンマ「,」で区切って指定できるので、関数式がわかりやすくなります。条件と処理のセットは、最大127まで指定できます。

### 使用例　試験結果を点数ごとにランク分けする

下表では、点数に対する評価として90点以上をA、80～89点をB、60～79点をC、60点未満をDとして表示させています。最初の条件「B2>=90」を満たす場合は「A」と表示、満たさない場合は次の条件「B2>=80」を…というように、条件を調べていきます。
IFS関数ではすべての条件を満たさない場合の処理はなく、いずれの条件を満たさない数値が入力された場合は「#N/A」が表示されます。

| D2 | | fx | =IFS(C2>=90,"A",C2>=80,"B",C2>=60,"C",C2<=59,"D") |

| | A | B | C | D |
|---|---|---|---|---|
| 1 | No | 氏名 | 得点 | 評価 |
| 2 | 1 | 石井　智和 | 81 | B |
| 3 | 2 | 犬貝　夏海 | 59 | D |
| 4 | 3 | 永井　麻由美 | 60 | C |
| 5 | 4 | 坂下　祐樹 | 98 | A |
| 6 | 5 | 金沢　俊介 | 42 | D |
| 7 | 6 | 品田　健太郎 | 65 | C |
| 8 | 評価　A～C：合格　D：不合格 | | | |

05-02

数学／三角 1

統計 2

日付／時刻 3

財務 4

論理 5

情報 6

検索／行列 7

データベース 8

文字列操作 9

エンジニアリング 10

キューブ Web 11

互換性関数 12

論理 　　条件 　　　　　　　　　

スウィッチ

# SWITCH

## 複数のデータを比較検索して一致するかどうか調べる ∨

**書　式** SWITCH(値, 一致する値 1, 結果 1[, 一致する値 2] [,
結果 2] ,… [, 一致する値がない場合に返す値])

**計算例** SWITCH(所属コード, 所属コード 1, 所属名 1[,
所属コード 2] [, 所属名 2])

[所属コード] が入力されているセルの値を [所属コード1] と
比較し、一致している場合は [所属名1] を表示します。一致
していない場合は、[所属コード2] 以降の比較を行います。

**解　説** SWITCH関数は、「値」で指定した1つの値と [一致する値] で
指定する複数の値を比較し、最初に一致する値に対応する結
果を返します。いずれにも一致しない場合は、任意指定の既
定値([一致する値がない場合に返す値])が返されます。一致
する値および結果は、1から126個まで指定できます。

---

**使用例** 入力した所属コードに対応する所属名を表示する ∨

下表では、[所属コード] に入力した所属コードから、それに対応する
所属名を表示させます。存在しない所属コードを入力した場合は「入力
ミス」と表示します。

*f(x)* **=SWICH(B2,1001,"総務部",1002,"営業部",1003,"広報部","入力ミス")**

| C2 | ▼ : × ✓ *fx* | =SWITCH(B2,1001,"総務部",1002,"営業部",1003,"広報部","入力ミス") | | | | | | |
|---|---|---|---|---|---|---|---|---|
| ▲ | A | B | C | D | E | F | G | H | I |
| 1 | | 所属コード | 所属名 | | | | | | |
| 2 | 大澤　直樹 | 1003 | 広報部 | | | | | | |
| 3 | 野田　涼花 | 1001 | 総務部 | | | | | | |
| 4 | 坂田　博一 | 1003 | 広報部 | | | | | | |
| 5 | 松木　明希 | 1002 | 営業部 | | | | | | |
| 6 | 吉岡　隼人 | 1004 | 入力ミス | | | | | | |
| 7 | 大木　正美 | 1002 | 営業部 | | | | | | |
| 8 | 夏川　友紀奈 | 1003 | 広報部 | | | | | | |
| 9 | 髙橋　正樹 | 1004 | 入力ミス | | | | | | |
| 10 | 小田島　潤 | 1101 | 入力ミス | | | | | | |
| 11 | | | | | | | | | |
| 12 | | | | | | | | | |

📄 05-03

アンド

# AND

## 複数の条件をすべて満たすかどうか調べる ⌄

**書 式** AND(論理式 1[, 論理式 2] [, 論理式 3,…])

**計算例** AND(A1>=10,A1<=20)
「[10] ≦A1≦ [20]」という条件を満たす場合は [TRUE] を返し、そうでない場合は [FALSE] を返す。

**機 能** AND関数は、すべての引数が[TRUE]のとき[TRUE]を返し、1つでも [FALSE] の引数があると [FALSE] を返します。主にIF関数の [論理式] に組み合わせて使用され、1〜255個の引数が設定できます。

### 使用例 3科目とも70点以上なら合格の判定を行う ⌄

「3つの条件をすべて満たす」場合の論理式の例を示します。IF関数とAND関数を利用して、点数によって表示が変わるようにしています。

論理式 : AND(C3>=70,D3>=70,E3>=70)
真の場合 : "合格"
偽の場合 : "不合格"

国語≧ 70
かつ数学≧ 70
かつ英語≧ 70

真　　偽

合格　　不合格

**f(x)** **=IF(AND(C3>=70,D3>=70,E3>=70),"合格","不合格")**

| | A | B | C | D | E | F | G | H |
|---|---|---|---|---|---|---|---|---|
| 1 | No | 氏名 | 試験結果 | | | | 合否 | |
| 2 | | | 国語 | 数学 | 英語 | 3科目合計 | | |
| 3 | 1 | 石井 智和 | 78 | 85 | 72 | 235 | 合格 | |
| 4 | 2 | 犬貝 夏海 | 85 | 78 | 62 | 225 | 不合格 | |
| 5 | 3 | 永井 麻由美 | 68 | 80 | 100 | 248 | 不合格 | |
| 6 | 4 | 坂下 祐樹 | 96 | 58 | 68 | 222 | 不合格 | |
| 7 | 5 | 金沢 俊介 | 71 | 63 | 95 | 229 | 不合格 | |
| 8 | 6 | 品田 健太郎 | 73 | 94 | 70 | 237 | 合格 | |
| 9 | | | | | | | | |

05-04

**関連 IF** ............................................ P.158

**161**

1 数学／三角
2 統計
3 日付／時刻
4 財務
5 論理
6 情報
7 検索／行列
8 データベース
9 文字列操作
10 エンジニアリング
11 キューブ Web
12 互換性関数

| 論理 | 条件 | | 2010 2013 2016 2019 365 |

オア

# OR

## 複数の条件のいずれか1つを満たすかどうか調べる ∨

書　式　OR(論理式 1[, 論理式 2] [, 論理式 3,…])

計算例　OR(A1<10,A1>20)

「A1<[10]」または「A1>[20]」という条件のうち、いずれか1つでも満たす場合は [TRUE] を返し、そうでない場合は [FALSE] を返す。

機　能　OR関数は、いずれかの引数が [TRUE] のとき [TRUE] を返し、すべての引数が [FALSE] である場合に [FALSE] を返します。主にIF関数の [論理式] に組み合わせて使用され、1〜255個の引数が設定できます。AND関数（P.161参照）の使用例の論理式を、OR関数で「OR(C3<70,D3<70,E3<70)」と書き直し、「真の場合」と「偽の場合」を入れ替えても同じ結果が得られます。

| 論理 | 条件 | | 2010 2013 2016 2019 365 |

エクスクルーシブ・オア

# XOR

## 複数の条件で奇数の数を満たすかどうか調べる ∨

書　式　XOR(論理式 1[, 論理式 2] [, 論理式 3,…])

計算例　XOR(A2>100,B2>100)

セル [A2]、[B2] の値が100よりも大きいかどうかを判断し、100より大きいセルが1つ（奇数）の場合は [TRUE]、2つ（偶数）の場合は [FALSE] を返す。

機　能　XOR関数は、複数の条件によって求められる結果の数が奇数か偶数かによって、[TRUE]、[FALSE] を返します。1〜254個の引数が設定できます。XORは排他的論理和と呼ばれる論理演算で、一方の値が1の場合に [TRUE]、それ以外は [FALSE] を返します。
なお、Excel 2010にはXOR関数はありませんが、計算例の代わりに、
「=(A2>60)<>(B2>60)<>(C2>60)」
という数式を利用することができます。

## MEMO | 論理演算とは

演算とは、何らかの処理（計算）を行い結果の値を得ることです。四則演算という場合は「加算」、「減算」、「乗算」、「除算」を行い、それぞれ「加算結果」、「減算結果」、「乗算結果」、「除算結果」を得ることができます。たとえば「10＋20」という加算を行う場合、その結果として「30」を得ることになります。

論理演算も同様に、なんらかの処理（計算）を行い結果の値を得る場合に用います。論理演算には、「AND演算」、「OR演算」、「XOR演算」、「NOT演算」があり、Excelで演算を行う場合はそれぞれ「AND関数」、「OR関数」、「XOR関数」、「NOT関数」を使用します。

論理演算は0（偽：FALSE）と1（真：TRUE）の組み合わせで演算を行います。また、四則演算のように桁上がりや桁下がりはなく、0と1の組み合わせのみの演算です。

それぞれの論理演算の結果を表す表を「真理値表」といい、それぞれ次のように表されます。

### ● AND演算の真理値表
すべての値が「1（真）」の場合に「1（真）」を返し、それ以外は「0（偽）」を返す。

| 値1 | 値2 | 「値1 AND 値2」の演算結果 |
|---|---|---|
| 0（偽） | 0（偽） | 0（偽） |
| 0（偽） | 1（真） | 0（偽） |
| 1（真） | 0（偽） | 0（偽） |
| 1（真） | 1（真） | 1（真） |

### ● OR演算の真理値表
いずれかの値が「1（真）」の場合に「1（真）」を返し、それ以外は「0（偽）」を返す。

| 値1 | 値2 | 「値1 OR 値2」の演算結果 |
|---|---|---|
| 0（偽） | 0（偽） | 0（偽） |
| 0（偽） | 1（真） | 1（真） |
| 1（真） | 0（偽） | 1（真） |
| 1（真） | 1（真） | 1（真） |

### ● XOR演算の真理値表
一方の値が「1（真）」の場合に「1（真）」を返し、それ以外は「0（偽）」を返す。

| 値1 | 値2 | 「値1 XOR 値2」の演算結果 |
|---|---|---|
| 0（偽） | 0（偽） | 0（偽） |
| 0（偽） | 1（真） | 1（真） |
| 1（真） | 0（偽） | 1（真） |
| 1（真） | 1（真） | 0（偽） |

### ● NOT演算の真理値表
値が「1（真）」の場合は「0（偽）」を返し、値が「0（偽）」の場合は「1（真）」を返す。

| 値 | 「NOT 値」の演算結果 |
|---|---|
| 0（偽） | 1（真） |
| 1（真） | 0（偽） |

**163**

数学/三角 1

統計 2

日付/時刻 3

財務 4

論理 5

情報 6

検索/行列 7

データベース 8

文字列操作 9

エンジニアリング 10

キューブ/Web 11

互換性関数 12

| 論理 | 条件 | (2010) (2013) (2016) (2019) (365) |

ノット

# NOT

## [TRUE]のとき[FALSE]、[FALSE]のとき[TRUE]を返す ⌄

**書　式**　NOT(論理式)

**計算例**　NOT(A2=" 東京都")
　　　　　セル[A2]が[東京都]のとき、[FALSE]を返す。

**機　能**　NOT関数は、[論理式]の戻り値が[TRUE]のとき[FALSE]を、[FALSE]のとき[TRUE]を返します。この関数は、たとえば「NOT(A=B)」のように、ある値が特定の値と等しくない(A≠B)ことを確認してから先に進むような場合に使用します。

| 論理 | 論理値 | (2010) (2013) (2016) (2019) (365) |

トゥルー

# TRUE

## 必ず[TRUE]を返す ⌄

**書　式**　TRUE()

**機　能**　TRUE関数は引数を取らない関数で、つねに[TRUE]を返します。TRUE関数を入力する代わりに、セルや数式の中に直接「TRUE」と入力することも可能です。TRUE関数は、ほかの表計算ソフトとの互換性を維持するために用意されたものです。

| 論理 | 論理値 | (2010) (2013) (2016) (2019) (365) |

フォールス

# FALSE

## 必ず[FALSE]を返す ⌄

**書　式**　FALSE()

**機　能**　FALSE関数は引数を取らない関数で、FALSE関数はつねに[FALSE]を返します。FALSE関数を入力する代わりに、セルや数式の中に直接「FALSE」と入力することも可能です。FALSE関数は、ほかの表計算ソフトとの互換性を維持するために用意されたものです。

# IFERROR

## 対象がエラーの場合に指定した値を返す　　　　　　　∨

**書　式**　IFERROR(計算式, エラー戻り値)

**計算例**　IFERROR(C3/B3," －－ ")
計算式 [C3/B3] がエラーの場合は「－－」を表示し、エラーでない場合は、計算式 [C3/B3] の結果を返す。

**機　能**　IFERROR関数は、計算結果のエラーをトラップ処理する関数です。[計算式] に指定した計算式の計算結果がエラーでなければそのまま返しますが、計算結果がエラーの場合は、[エラー戻り値] に指定した値を返します。
IFERROR関数がエラーとして扱うものは、次の7つのエラー値です。

| エラー値 | 原　因 |
|---|---|
| #VALUE! | 数式の参照先、引数の型、演算子の種類などが間違っている場合 |
| #N/A | LOOKUP 関数や MATCH 関数などの検索関数で、検索した値が検索範囲内に存在しない場合 |
| #REF! | 参照先のセルがある列や行を削除した場合 |
| #DIV/0! | 割り算の除数の値が 0 の場合。または、除数を参照するセルが空白の場合 |
| #NUM! | 関数の引数が適切でない場合。または、Excel で処理できない範囲の数値が計算結果で入力される場合 |
| #NAME? | 関数名やセル範囲名が違っている場合 |
| #NULL! | 参照先のセルが存在しない場合 |

IFERROR関数を使用して計算できない（エラーになる）場合にエラー値ではなく、「－－」を表示します。

| D2 | ▼ | : | × | ✓ | fx | =IFERROR(A2/B2,"－－") |

| | A | B | C | D |
|---|---|---|---|---|
| 1 | 値1 | 値2 | 値1／値2<br>(エラー処理なし) | 値1／値2<br>(エラー処理あり) |
| 2 | 20 | 5 | 4 | 4 |
| 3 | 50 | 10 | 5 | 5 |
| 4 | 30 | 0 | #DIV/0! | －－ |
| 5 | A | 2 | #VALUE! | －－ |
| 6 | | | | |

値2が「0」なのでエラーになる

値1が文字「A」なのでエラーになる

05-05

**165**

イフ・ノン・アプリカブル

# IFNA

## 結果がエラー値 [#N/A] の場合は指定した値を返す　　∨

**書　式** IFNA(計算式, エラー戻り値)

**計算例** IFNA(VLOOKUP(A3,\$D\$3:\$E\$11,2,FALSE) ," 未登録")
VLOOKUP関数の検索値が検索範囲に存在しない場合、「未登録」と表示する。

**機　能** IFNA関数は、VLOOKUP関数などの検索関数を利用した計算式において、結果の値がエラー値 [#N/A]（範囲内に値が存在しない）になった場合は、[エラー戻り値] を返します。これ以外のエラー値の場合はそのエラー値を、エラーのない正しい結果の場合はその値を返します。
エラー値については、IFERROR関数 (P.165) を参照してください。

---

### 使用例　名簿のNoと一致すれば氏名表示する　　　　　　∨

下表は、VLOOKUP関数を利用して、受講生名簿のNoを1年名簿から検索してNoが合致した氏名を表示させます。
1年名簿に検索するNoが見つからない場合は、エラー値として「未登録」を表示させます。

| | B3 | ▼ : × ✓ fx | =IFNA(VLOOKUP(A3,\$D\$3:\$E\$11,2,FALSE),"未登録") | | | | |
|---|---|---|---|---|---|---|---|
| ◢ | A | B | C | D | E | F | G | H |
| 1 | 受講生名簿 | | | 1年名簿 | | | |
| 2 | **No** | **氏名** | | **No** | **氏名** | | |
| 3 | 2001 | 未登録 | | 1001 | 青山 克彦 | | |
| 4 | 1001 | 青山 克彦 | | 1002 | 加藤 京香 | | |
| 5 | 1004 | 高橋 美穂 | | 1003 | 佐々木 浩 | | |
| 6 | 2016 | 未登録 | | 1004 | 高橋 美穂 | | |
| 7 | 1005 | 野田 五郎 | | 1005 | 野田 五郎 | | |
| 8 | 1056 | 未登録 | | 1006 | 渡辺 信二 | | |
| 9 | 2007 | 未登録 | | 1007 | 柳田 精一 | | |
| 10 | 2011 | 未登録 | | 1008 | 小川 路子 | | |
| 11 | 1002 | 加藤 京香 | | 1009 | 春日 恭子 | | |
| 12 | | | | | | | |
| 13 | | | | | | | |

05-06

*fx* **=IFNA(VLOOKUP(A3,\$D\$3:\$D\$11,2,FALSE),"未登録")**

**関連** VLOOKUP ························· P.184

# 第6章

# 情報

Excel の情報関数は、指定したセルの情報を調べるときに使用します。たとえば、セルの書式やセルの位置、セルに入力されているのは数値なのか、それとも文字列なのかなど、さまざまな情報を調べることができます。また、セルに入力された数式のエラーの有無や、エラーがある場合はどのようなエラーなのかを知ることもでき、論理関数と組み合わせることでエラー時の処理を行うこともできます。

| 情報 | IS 関数 | (2010) (2013) (2016) (2019) (365) |
|---|---|---|

イズ・テキスト

# ISTEXT

## 対象が文字列かどうか調べる　　　　　　　　　　　∨

**書　式**　ISTEXT(対象)

**計算例**　ISTEXT("EXCEL")
　　　　　データ [EXCEL] は文字列なので [TRUE] を返す。

**機　能**　ISTEXT関数は、[対象] が文字列かどうかを調べます。文字列や文字列が入力されたセルを参照する場合に [TRUE] を返します。
　　　　　下段 (ISNONTEXT関数) の表を参照してください。

| 情報 | IS 関数 | (2010) (2013) (2016) (2019) (365) |
|---|---|---|

イズ・ノン・テキスト

# ISNONTEXT

## 対象が文字列以外かどうか調べる　　　　　　　　　∨

**書　式**　ISNONTEXT(対象)

**計算例**　ISNONTEXT(123)
　　　　　データ [123] は文字列ではないので [TRUE] を返す。

**機　能**　ISNONTEXT関数は、[対象] が文字列以外かどうかを調べます。文字列以外のデータや、それらが入力されたセルを参照する場合に [TRUE] を返します。
　　　　　下表に、テスト値に対するISTEXT関数とISNONTEXT関数の結果を示します。

| E2 | ▼ | : | × | ✓ | fx | =ISNONTEXT(C2) | |
|---|---|---|---|---|---|---|---|

| | A | B | C | D | E | F |
|---|---|---|---|---|---|---|
| 1 | 分類表 | | テスト値 | ISTEXT関数 | ISNONTEXT関数 | |
| 2 | 文字列 | | "123" | TRUE | FALSE | |
| 3 | 数値 | | 123 | FALSE | TRUE | |
| 4 | | 奇数 | 11 | FALSE | TRUE | |
| 5 | | 偶数 | 10 | FALSE | TRUE | |
| 6 | エラー値 | #N/A | #N/A | FALSE | TRUE | |
| 7 | | #N/A以外 | #NAME? | FALSE | TRUE | |
| 8 | 論理値 | | TRUE | FALSE | TRUE | |
| 9 | 空白セル | | | FALSE | TRUE | |
| 10 | | | | | | |
| 11 | | | | | | |

📄 06-01

イズ・ナンバー

# ISNUMBER

## 対象が数値かどうか調べる　⌄

**書　式**　ISNUMBER(対象)

**計算例**　ISNUMBER(123)
データ[123]は数値なので[TRUE]を返す。

**機　能**　ISNUMBER関数は、[対象]が数値かどうかを調べます。数値あるいは数値が入力されたセルを参照する場合に[TRUE]を返します。ISODD関数(P.170参照)の表を参照してください。

---

### MEMO｜情報関数

情報関数には、「IS」ではじまる関数が12種類あります。これらは総称して「IS(イズ)関数」と呼びます。「IS」とは、「○○であるかどうか」という意味です。○○には、ISに続く関数名が当てはまります。このほか、データやエラーに関する情報を取得する関数が7種類あります。

| 大分類 | 小分類 | | | 関数名 |
|---|---|---|---|---|
| IS関数 | 文字列 | | | ISTEXT |
| | 非文字列 | | | ISNONTEXT |
| | 数値 | | | ISNUMBER |
| | | 偶数 | | ISEVEN |
| | | 奇数 | | ISODD |
| | エラー値 | | | ISERROR |
| | | #N/A | | ISNA |
| | | #N/A以外 | | ISERR |
| | 論理値 | | | ISLOGICAL |
| | 空白セル | | | ISBLANK |
| | セル参照 | | | ISREF |
| | | | | ISFORMULA |
| データに関する情報の取得 | 引数に発生したエラーのタイプを表す数値を返す | | | ERROR.TYPE |
| | 引数のデータタイプを表す数値を返す | | | TYPE |
| データの発生／変換／抽出 | エラー値の発生 | | | NA |
| | 数値への変換 | | | N |
| | ふりがなの抽出 | | | PHONETIC |
| シートに関する情報の取得 | シートのシート番号を返す | | | SHEET |
| | シート数を返す | | | SHEETS |
| Excelに関する情報の取得 | 現在のExcelの操作環境に関する情報 | | | INFO |
| | セルの書式／位置／内容に関する情報 | | | CELL |

イズ・イーブン

# ISEVEN

## 対象が偶数かどうか調べる ∨

**書 式** ISEVEN(数値)

指定した数値が偶数の場合に [TRUE] を返す。

**機 能** ISEVEN関数は [数値] が偶数かどうかを調べます。偶数のとき [TRUE]、奇数のとき [FALSE] を返します。
下段 (ISODD関数) の表を参照してください。

イズ・オッド

# ISODD

## 対象が奇数かどうか調べる ∨

**書 式** ISODD(数値)

指定した数値が奇数の場合に [TRUE] を返す。

**機 能** ISODD関数は [数値] が奇数かどうかを調べます。奇数のとき [TRUE]、偶数のとき [FALSE] を返します。

### 使用例 テスト値が数値か偶数か奇数かを調べる ∨

下表では、分類のテスト値に対して、数値かどうか (ISNUMBER関数)、偶数かどうか (ISEVEN関数)、奇数かどうか (ISODD関数) を調べ、その結果を示しています。

D2　｜　×　✓　fx　=ISNUMBER(C2)

| | A | B | C | D | E | F | G |
|---|---|---|---|---|---|---|---|
| 1 | 分類表 | | テスト値 | ISNUMBER関数 | ISODD関数 | ISEVEN関数 | |
| 2 | 文字列 | | "123" | FALSE | #VALUE! | #VALUE! | |
| 3 | 数値 | | 123 | TRUE | TRUE | FALSE | |
| 4 | | 奇数 | 11 | TRUE | TRUE | FALSE | |
| 5 | | 偶数 | 10 | TRUE | FALSE | TRUE | |
| 6 | エラー値 | #N/A | #N/A | FALSE | #N/A | #N/A | |
| 7 | | #N/A以外 | #NAME? | FALSE | #NAME? | #NAME? | |
| 8 | 論理値 | | TRUE | FALSE | #VALUE! | #VALUE! | |
| 9 | 空白セル | | | FALSE | FALSE | TRUE | |
| 10 | | | | | | | |

📄 06-02

関連 **ISNUMBER** ............ P.169

# ISBLANK

## 対象が空白セルかどうか調べる　　　　∨

**書　式**　ISBLANK(対象)

**計算例**　ISBLANK(A1)

セル [A1] にデータが入力されていない場合に [TRUE] を返す。

**機　能**　ISBLANK関数は、[対象] が空白セルかどうかを調べます。空白セルの場合に [TRUE] を返します。ただし、見た目の空白は [TRUE] になりません。

表示されない0 (ゼロ値) についてはP.43を参照してください。

また、

$$=IF(ISBLANK(A1),"",A1)$$

という数式の使い方もできます。この場合、セル [A1] が [TRUE] (空白)のときは「""」(空白)を表示し、[FALSE] (空白ではない)のときは「A1」を表示します。

### 使用例　空白に見えるセルのISBLANK関数の戻り値　　　∨

下表では、B列のデータを調べています。セル [B3] には数値の「0」が入っていますが、[0] を表示しない設定にしているため、見た目が空白です。セル [B4] には Space を押した空白文字が入っています。ともに、ISBLANK関数の結果は [FALSE] となり、「セルは空白ではない」ことが確認できます。

| | A | B | C | D |
|---|---|---|---|---|
| | C2 | | =ISBLANK(B2) | |
| 1 | テスト値 | | ISBLANK関数 | |
| 2 | 空白セル | | TRUE | |
| 3 | 表示されないゼロ | | FALSE | |
| 4 | 空白文字の入力 | | FALSE | |
| 5 | 空白以外の値 | ABC | FALSE | |
| 6 | | | | |

06-03

**関連　COUNTBLANK** …………P.58

171

イズ・ロジカル

# ISLOGICAL

## 対象が論理値かどうか調べる　　　　　　　　　　　　⌄

**書　式**　ISLOGICAL(対象)

**計算例**　ISLOGICAL(FALSE)
　　　　　データ [FALSE] は論理値なので [TRUE] を返す。

**機　能**　ISLOGICAL関数は、[対象] が論理値かどうかを調べます。
　　　　　論理値 (TRUEやFALSE) の場合に [TRUE] を返します。な
　　　　　お、[対象] に [TRUE] や [FALSE] を直接指定しても [TRUE]
　　　　　になりますが、二重引用符を付けて ["TRUE"] とすると文字
　　　　　列とみなされて [FALSE] が返されます。

イズ・フォーミュラ

# ISFORMULA

## セルに数式が含まれているかどうか調べる　　　　　⌄

**書　式**　ISFORMULA(対象)

**計算例**　ISFORMULA(A3)
　　　　　セル [A3] に数式が含まれていれば [TRUE] を返す。

**機　能**　ISFORMULA関数は、[対象] にセルが含まれているかどう
　　　　　かを調べます。指定したセルへの参照に数式が含まれている
　　　　　場合は [TRUE] を返します。数式が含まれていない場合は
　　　　　[FALSE] を返します。

### 使用例　数式かどうかを判断する　　　　　　　　　　　⌄

下表では、A列に対象を指定して、C列に結果を返します。セル [A2]
のTODAY関数 (=TODAY()) やセル [A5] の「＝100」は数式なので
[TRUE] を返します。

| | A | B | C |
|---|---|---|---|
| 1 | 対象 | 対象の内容 | 結果 |
| 2 | 2020/7/10 | 本日の日付 (TODAY関数) | TRUE |
| 3 | 300,000 | 数値 | FALSE |
| 4 | Excel 2019 | "Excel 2019" は数式でなく文字列 | FALSE |
| 5 | 100 | 「＝100」 | TRUE |
| 6 | | | |

📄 06-04

172

イズ・リファレンス

# ISREF

## 対象がセル参照かどうか調べる ∨

**書　式** ISREF(対象)

**計算例** ISREF(A1:B3)
[A1：B3]はセル参照なので[TRUE]を返す。

**機　能** ISREF関数は、[対象]にセル参照が含まれているかどうかを調べます。セル番地やセル範囲の名前を表す場合に[TRUE]を返します。セル参照が含まれていない場合は[FALSE]を返します。

**解　説** セルやセル範囲に名前を定義している場合、[対象]に定義している名前を指定することができます。名前が正しければ、セル参照できるので[TRUE]が返ります。

### 使用例　Excelに指定する列/行が存在するか調べる ∨

下表では、Excelの最大列数「XFD」と最大行数「1048576」が存在するかどうかを調べています。Excelには列数が「XFD」まで設定されているのでセル[C2]は[TRUE]が返ります。
行は「1048576」にすると[TRUE]が返り、「1048577」にすると[FALSE]が返るため、最大1,048,576行入力できることが確認できます。

| | 計算式 | 結果 |
|---|---|---|
| 列 | =ISREF(XFD1) | TRUE |
| | =ISREF(XFE1) | FALSE |
| 行 | =ISREF(A1048576) | TRUE |
| | =ISREF(A1048577) | FALSE |

C2　=ISREF(XFD1)

06-05

**情報** | エラー値/データ型 | (2010) (2013) (2016) (2019) (365)

イズ・エラー・オア

# ISERROR

## 対象がエラー値かどうか調べる ∨

**書 式** ISERROR(対象)

**計算例** ISERROR(#DIV/0!)

データ [#DIV/0!] はエラー値なので [TRUE] を返す。

**機 能** ISERROR関数は、[対象] がエラー値かどうかを調べます。
エラー値 ([#VALUE!] [#N/A] [#REF!] [#DIV/0!] [#NUM!]
[#NAME?] [#NULL!]) の場合に [TRUE] を返します。
下表では、分類のテスト値に対して、エラー値かどうか
(ISERROR関数)、エラー値 [#N/A] かどうか (ISNA関数)、
エラー値 [#N/A] 以外かどうか (ISERR関数) を調べ、その結
果を示しています。

| | A | B | C | D | E | F | G |
|---|---|---|---|---|---|---|---|
| | | 分類表 | テスト値 | ISERROR関数 | ISNA関数 | ISERR関数 | |
| 1 | | | | | | | |
| 2 | | 文字列 | "123" | FALSE | FALSE | FALSE | |
| 3 | 数値 | | 123 | FALSE | FALSE | FALSE | |
| 4 | | 奇数 | 11 | FALSE | FALSE | FALSE | |
| 5 | | 偶数 | 10 | FALSE | FALSE | FALSE | |
| 6 | エラー値 | #N/A | #N/A | TRUE | TRUE | FALSE | |
| 7 | | #N/A以外 | #NAME? | TRUE | FALSE | TRUE | |
| 8 | | 論理値 | TRUE | FALSE | FALSE | FALSE | |
| 9 | | 空白セル | | FALSE | FALSE | FALSE | |
| 10 | | | | | | | |

D2 → fx =ISERROR(C2)

📄 06-06

**関連** ERROR.TYPE ················· P.176

---

**情報** | エラー値/データ型 | (2010) (2013) (2016) (2019) (365)

イズ・ノン・アプリカブル

# ISNA

## 対象がエラー値 [#N/A] かどうか調べる ∨

**書 式** ISNA(対象)

**計算例** ISNA(#N/A)

データがエラー値 [#N/A] なので [TRUE] を返す。

**機 能** ISNA関数は、[対象] がエラー値 [#N/A] の場合に [TRUE]
を返します。
使用例は、上段 (ISERROR関数) の表を参照してください。

イズ・エラー

# ISERR

## 対象がエラー値 [#N/A] 以外かどうか調べる ∨

**書 式** ISERR(対象)

**計算例** ISERR(#NAME?)
データ [#NAME?] はエラー値 [#N/A] 以外のエラー値なので [TRUE] を返す。

**機 能** ISERR関数は、[対象] が「[#N/A] 以外のエラー値」 ( [#VALUE!] [#REF!] [#DIV/0!] [#NUM!] [#NAME?] [#NULL!] [#GETTING_DATA]) の場合に [TRUE] を返します。使用例は、ISERROR関数 (P.174) の表を参照してください。エラー値の種類 (タイプ) を区別したい場合は、ERROR.TYPE関数を利用します。

**関連** ERROR.TYPE ..................... P.176

---

ノン・アプリカブル

# NA

## つねにエラー値 [#N/A] を返す ∨

**書 式** NA()

**計算例** NA()
エラー値 [#N/A] を返す。

**機 能** NA関数は、つねにエラー値 [#N/A] を返します。[#N/A]は、使用する値がない、数値が見つからない場合などに表示されるエラー値です。
この関数を使わずにセルに直接 [#N/A] と入力しても、エラー値 [#N/A] として認識するため、エラーのセルを参照する計算式の結果はエラーになります。

**解 説** 計算に使わないセルにあえてNA関数を入力しておけば、誤ってセルを参照した場合にエラーを発生できます。単なる空白セルではエラーが発生しませんが、この方法にするとセル参照の間違いに気づくので、入力ミスを確認する手段としても利用できます。

エラー・タイプ

# ERROR.TYPE

## エラー値のタイプを調べる ∨

**書 式** ERROR.TYPE(エラー値)

**計算例** ERROR.TYPE(#NULL!)

エラー値 [#NULL!] の種類を数値 [1] で返す。

**機 能** ERROR.TYPE関数は、エラー値を数値に変換して返します。
エラー値と戻り値は次のように対応しています。

| エラー値 | 戻り値 | エラー値 | 戻り値 |
|---------|-------|---------|-------|
| #NULL! | 1 | #NAME? | 5 |
| #DIV/0! | 2 | #NUM! | 6 |
| #VALUE! | 3 | #N/A | 7 |
| #REF! | 4 | その他 | #N/A |

関連 **ISERROR** ·························· P.174

---

タイプ

# TYPE

## データの型を調べる ∨

**書 式** TYPE(データ)

**計算例** TYPE(TRUE)

データ [TRUE] のデータ型を数値 [4] で表示する。

**機 能** TYPE関数は、データの型（データの種類）を調べます。引数
に指定したセルに入力されているデータ（数値や文字列など）
の種類が何か知りたいときに利用します。
指定する値と戻り値の関係は、次のようになります。

| データ | 戻り値 |
|-------|-------|
| 数値／日付／時刻、未入力 | 1 |
| 文字列 | 2 |
| 論理値（TRUE ／ FALSE） | 4 |
| エラー値 | 16 |
| 配列 | 64 |

関連 **INDEX** ·························· P.190

# N

## 引数を対応する数値に変換する　　　∨

**書　式**　N(値)

**計算例**　N(A1)
セル [A1] のデータ [2020/4/1] をシリアル値 [43922] に変換する。

**機　能**　N関数は、[値] が数値の場合はその数値を返し、数値でない場合はそのデータの型 (タイプ) に対応する数値を返します。

| 値 | 戻り値 |
|---|---|
| 数値 | そのままの数値 |
| Excel の組み込み書式で表示された日付 | 日付のシリアル値 |
| TRUE | 1 |
| エラー値 | 指定したエラー値 |
| FALSE ／文字列その他の値 | 0 |

### 使用例　N関数とVALUE関数の戻り値の比較　　∨

[値] が数値、日付／時刻、論理値以外の場合は [0] が返されます。[値] から数値を得るにはVALUE関数のほうが適当ですが、エラー値が返されることが多くなります。下表に変換結果の比較表を示します。

| | | | N関数 | | VALUE関数 | |
|---|---|---|---|---|---|---|
| 種類 | 分類 | 例 | 引数入力 | セル参照 | 引数入力 | セル参照 |
| 数値 | 実数 | 100 | 100 | 100 | 100 | 100 |
| | 記号付実数 | ¥100 | #NAME? | 100 | #NAME? | 100 |
| | 日付 | 2007/1/1 | 2007 | 39083 | 2007 | 39083 |
| 論理値 | TRUE | TRUE | 1 | 1 | #VALUE! | #VALUE! |
| | FALSE | FALSE | 0 | 0 | #VALUE! | #VALUE! |
| 文字列 | 数値に変換できる | "$123" | 0 | 0 | 123 | #VALUE! |
| | 数値に変換できない | 欠席 | 0 | 0 | #VALUE! | #VALUE! |
| エラー値 | | #N/A | #N/A | #N/A | #N/A | #N/A |
| 空白セル | | | エラー | 0 | エラー | 0 |
| 配列 | 数値 | {1,2,3} | 1 | 0 | 1 | #VALUE! |
| | 数値に変換できる文字列 | {"1","3"} | 0 | 0 | 1 | #VALUE! |
| | 数値に変換できない文字列 | {A,B,C} | エラー | 0 | エラー | #VALUE! |

E3 | × ✓ fx | =N(C3)

06-07

**関連　VALUE** …………………………… P.236

1 数学／三角
2 統計
3 日付／時刻
4 財務
5 論理
6 情報
7 検索／行列
8 データベース
9 文字列操作
10 エンジニアリング
11 キューブ Web
12 互換性関数

シート

# SHEET

## シートが何枚目かを調べる

**書　式** SHEET(対象)

**計算例** SHEET("WorkSheet")
[Worksheet]という名前のワークシートが、左から何枚目にあるかを返す。

**機　能** SHEET関数は、[対象]で指定したシートが何枚目にあるか、その番号を返します。[対象]はシート名もしくはシートへの参照を指定します。
シート名を指定する場合は、「Sheet1」を「"Sheet1"」のように半角のダブルクォーテーション「"」で囲みます(下のMEMO参照)。

### 使用例

下表は、セル範囲[A1:A5]の各支店名のワークシートがそれぞれ何番目にあるか、シートの番号を調べています。1番目のシートが「1」となります。
なお、シートの順番を変更すると、結果の番号も変更されます。

06-08

### MEMO | 関数や引数の入力

セルに数式を入力する場合、関数やその引数は大文字で入力しても小文字で入力しても同じように扱われます。ただし、文字を表示させるために半角のダブルクォーテーション「"」で囲んだ文字は入力したまま取り扱われるので、大文字と小文字を区別する必要があります。
　　=SUM(A1:A10)
　　=sum(a1:a10)
この2つは同じ数式として扱われます。

数学/三角　統計　日付/時刻　財務　論理　情報　検索/行列　データベース　文字列操作　エンジニアリング　キューブ/Web　互換性関数

シーツ

# SHEETS

## シートの数を調べる ∨

**書　式** SHEETS([対象])

**計算例** SHEETS(Sheet1:Sheet5!A1)
シート名 [Sheet1] から [Sheet5] までのワークシートの数を求める。

**機　能** SHEETS関数は、[対象] で指定した2つのシート名の範囲に含まれるシートの数を返します。[対象] を省略した場合は、SHEETS関数を実行したブックに含まれるすべてのシートの数を返します。ブックに多数のシートを作成している場合など、一部のシートを非表示にしていたり、シート名を変更したりしていると、シートの数がいくつあるかわかりにくくなります。こういった場合に、SHEETS関数を利用してシート数を数えることができます。

### 使用例 非表示のシートがある場合にシートの数を数える ∨

[Sheet3] が非表示になっているブックで、指定範囲(Sheet1〜Sheet4)のワークシート数と、ブック全体のワークシート数を求めることができます。

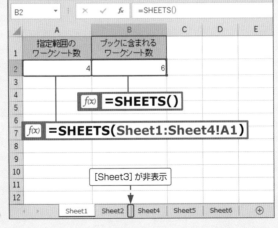

06-09

**関連** **SHEET** ............................ P.178

**179**

セル

# CELL

## セルの書式／位置／内容を調べる

**書　式**　CELL(検査の種類 [, 対象範囲])

**計算例**　CELL("address",B1)
　　　　　　セル[B1]のセル番地を絶対参照[$B$1]で返す。

**機　能**　CELL関数は、[対象範囲]の左上隅にあるセルの書式／位置
　　　　　　／内容についての情報を調べます。
　　　　　　CELL関数の戻り値は、表示形式などのセルの設定が変更さ
　　　　　　れても、自動的に更新されません。戻り値を更新するには、
　　　　　　関数が入力されたセルを選択して F9 を押します。
　　　　　　[検査の種類]に指定できる内容とCELL関数で返される情報
　　　　　　は、次ページの表のようになります。

### 使用例　セルの表示形式を調べる

下表は、データが入力されたA列の
セルに設定されている書式を調べ、
セルの表示形式に対応した「書式
コード」で表示させています。

B2　　　▼　：　✕　✓　fx　=CELL("format",A2)

| | A | B | C | D |
|---|---|---|---|---|
| 1 | データ | 戻り値（書式コード） | | |
| 2 | 9876 | G | | |
| 3 | 0.98 | F2 | | |
| 4 | 9,876 | ,0 | | |
| 5 | 98% | P0 | | |
| 6 | 2020/7/25 | D1 | | |
| 7 | 10月10日 | D3 | | |
| 8 | 12:35:41 | D8 | | |
| 9 | 5:07 | D9 | | |

📄 06-10

[検査の種類]に指定した種類によって、書式コードや記号などの戻り
値が定められています。"format"と"prefix"を例にその一部を下記に
紹介します。

▼ "format"を指定した場合

| 表示形式 | 戻り値（書式コード） |
|---|---|
| G/標準 | G |
| 0 | F0 |
| 0.00 | F2 |
| #,##0 | ,0 |
| #,##0.00 | ,2 |
| 0% | P0 |
| 0.00% | P2 |
| yyyy/m/d | D1 |

▼ "prefix"を指定した場合

| 配置 | 戻り値 |
|---|---|
| 左揃え | 「'」（引用符） |
| 中央揃え | 「^」（キャレット） |
| 右揃え | 「"」（二重引用符） |
| 両端揃え | 「\」（円記号） |
| その他 | 「""」（空白文字列） |

1 数学／三角

2 統計

3 日付／時刻

4 財務

5 論理

6 情報

7 検索／行列

8 データベース

9 文字列操作

10 エンジニアリング

11 キューブ／Web

12 互換性関数

| 検査の種類 | CELL 関数で返される情報 |
|---|---|
| "address" | 引数［対象範囲］の左上隅にあるセル番地を絶対参照で表示 |
| "col" | 引数［対象範囲］の左上隅にあるセルの列番号 |
| "color" | 負の数を色で表す書式がセルに設定されていれば［1］、そうでなければ［0］ |
| "contents" | 引数［対象範囲］の左上隅にあるセルの内容 |
| "filename" | 引数［対象範囲］を含むファイルの名前（絶対パス名）。引数［対象範囲］を含むファイルが保存されていない場合は空白文字列「""」 |
| "format" | セルの表示形式に対応する負の数を色で表す書式がセルに設定されている場合、結果の文字列定数の末尾に「-」が付く。正の数またはすべての値をカッコで囲む書式がセルに設定されている場合、結果の文字列定数の末尾に「()」が付く |
| "parentheses" | 正の数あるいはすべての値をカッコで囲む書式がセルに設定されていれば［1］、そうでなければ［0］ |
| "prefix" | セルに入力されている文字列の配置に対応する文字列定数。セルに文字列以外のデータが入力されているときや、セルが空白であるときは空白文字列「""」、セルが左詰めまたは均等配置の文字列を含む場合は「'」、セルが右詰めの文字列を含む場合は「"」、セルが中央配置の文字列を含む場合は「^」、セルが繰り返し配置の文字列を含む場合は「¥」 |
| "protect" | セルがロックされていなければ［0］、されていれば［1］ |
| "row" | 引数［対象範囲］の左上隅にあるセルの行番号 |
| "type" | セルに含まれるデータのタイプに対応する文字列定数。セルが空白のときは「b」（Blank の頭文字）、セルに文字列定数が入力されているときは「l」（Label の頭文字）、その他の値が入力されているときは「v」（Value の頭文字） |
| "width" | 小数点以下を切り捨てた整数のセル幅。セル幅の単位は、標準のフォントサイズの 1 文字の幅と等しくなる |

## MEMO ｜ 情報関数の応用的な利用

情報関数は、関数を使って複雑な仕組みのワークシートを作成するときに役立ちます。TYPE関数でセルに入力されているデータの種類を把握したり、INFO関数で利用者の環境情報を確認したりすることによって、情報関数を使わない限りは目視では確認できない部分の情報を可視化できます。
また、情報関数は作成中の不具合の特定にも使えます。IFERRORなどの論理関数でもエラーの有無は確認できますが、エラーに関するより多くの情報を取得したいときにはERROR.TYPE関数などの情報関数を使いましょう。エラーの種類を判別できるので、その後の修正が容易になります。これらは同じ数式として扱われます。

インフォ

# INFO

## Excelの動作環境を調べる                              ∨

**書　式**　INFO(検査の種類)

**計算例**　INFO("DIRECTORY")

作業中のブックのディレクトリのパス名を表示する。

**機　能**　INFO関数は、現在の動作環境についての情報を返します。
INFO関数の戻り値は、表示形式などのセルの設定が変更されても、自動的に更新されません。戻り値を更新するには、関数が入力されたセルを選択して **F9** を押します。
[検査の種類] に指定できる内容と戻り値の情報は、表のようになります。

| 検査の種類 | 戻り値が戻す情報 | 戻り値の例 |
|---|---|---|
| "DIRECTORY" | 現在のディレクトリまたはフォルダーのパス名 | C:\Users\ 技評太郎 \ Documents\ |
| "NUMFILE" | 作業中のワークシート | 3 |
| "ORIGIN" | 左上隅の可視セル(絶対参照) | $A:$A$1 |
| "OSVERSION" | オペレーティングシステムのバージョン | Windows (64-bit) NT 10.00 |
| "RECALC" | 再計算モード | 自動 |
| "RELEASE" | Microsoft Excel のバージョン | 16.0 |
| "SYSTEM" | Excel の運用環境 | pcdos |

### 使用例　バージョンを調べる                          ∨

下表は、使用しているOSやExcelのバージョン、ワークシート数などを調べています。使用している環境によって、表示は変更されます。

| ▲ | A | B |
|---|---|---|
| 1 | 情　報 | 戻り値 |
| 2 | 作業中のワークシート | 2 |
| 3 | OSのバージョン | Windows (64-bit) NT 10.00 |
| 4 | Excelのバージョン | 16.0 |
| 5 | 運用環境 | pcdos |
| 6 | | |
| 7 | | |
| 8 | | |

📄 06-11

# 第 7 章
# 検索／行列

Excel の検索／行列関数は、表から指定した
データを検索して抽出したり、同じデータをま
とめて抽出したり、指定したセルの行番号や
列番号、指定したセルの相対位置を求めたり、
相対位置を指定したりすることができます。
このほか、表のデータの順序を指定して並べ替
える、企業の株価を取り出す、国や地域のさま
ざまな情報も関数で調べるといったことができ
ます。

ブイ・ルックアップ

# VLOOKUP

## 縦方向に検索して値を抽出する ∨

**書　式**　VLOOKUP(検索値, 範囲, 列番号, 検索方法)

**計算例**　VLOOKUP(101, 表1, 2, 0)
　　　　　セル範囲 [表1] において、左端の列の [101] を探して、
　　　　　その行の [2列目] の値を返す。

**機　能**　VLOOKUP関数は、[範囲] の左端列を縦に検索して [検索値]
　　　　　と一致する値を探し、それが見つかると、その行と [列番号]
　　　　　で指定した列が交差するセルの値を返します。[検索値] の検
　　　　　索方法には、検索値と一致する値を抽出する「一致検索」と、
　　　　　検索値と一致する値がない場合に最も近い値を抽出する「近
　　　　　似検索」があります。[検索方法] に [0] を指定すると「一致
　　　　　検索」、[1] を指定するか省略すると「近似検索」になります
　　　　　(P.185のMEMO参照)。

### 使用例　商品コードから商品名と価格を検索する ∨

下表では、商品コードを利用して商品名や価格を抽出しています。

▼ <商品台帳> シートの内容

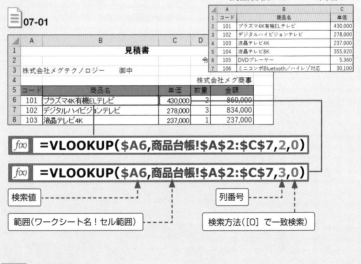

*f(x)* **=VLOOKUP($A6,商品台帳!$A$2:$C$7,2,0)**

*f(x)* **=VLOOKUP($A6,商品台帳!$A$2:$C$7,3,0)**

検索値

範囲(ワークシート名！セル範囲)

列番号

検索方法([0] で一致検索)

関連　**HLOOKUP** ························ P.185

エイチ・ルックアップ

# HLOOKUP

## 横方向に検索して値を抽出する

| 書　式 | HLOOKUP(検索値, 範囲, 行番号, 検索方法) |
|---|---|
| 計算例 | HLOOKUP(101, 表1, 2, 0) |

セル範囲 [表1] において、上端の行の [101] を探して、その列の [2行目] の値を返す。

**機　能**　HLOOKUP関数とVLOOKUP関数の違いは、次のとおりです。どちらの関数を使うほうが便利かは、表が縦長か横長かによります。

### ●VLOOKUP関数

[範囲]の「左端列を縦に検索」して、[検索値]と一致する値がある行で [列番号] で指定した列のセルの値を返します。

### ●HLOOKUP関数

[範囲]の「上端行を横に検索」して、[検索値]と一致する値がある列で [行番号] で指定した行のセルの値を返します。

どちらの関数も、[検索値] 用のデータ列や行より左側の列や上側の行の値を検索することはできません。

よって、[検索値] 用のデータ列や行は、[範囲] の左端、上端に配置します。

---

### MEMO｜2つの「検索方法」

VLOOKUP関数やHLOOKUP関数の[検索値]の検索方法には、「一致検索」と「近似検索」の2種類があります。

| 関数の種類 | | VLOOKUP | HLOOKUP |
|---|---|---|---|
| 検索の種類 | | 一致検索 | 近似検索 |
| 引数の指定 | | [FALSE] または [0] | [TRUE] または [1] または 省略 |
| [検索値] が 完全に一致す るデータが | ある場合 | 検索値が完全に一致したデータが抽出される | |
| | ない場合 | エラー値 [#N/A] が戻る | [検索値] 未満で最も大きい値が戻る |
| [範囲] のデータの 並べ方 | | [検索値] は [範囲] の左端列または上端列に配置する | 正しい結果を得るため、[検索値] の行・列のデータは「昇順」に並べ替えておく |

# LOOKUP … ベクトル形式

## 1行／1列のセル範囲を検索して対応する値を求める

**書　式**　LOOKUP(検査値, 検査範囲, 対応範囲)

**機　能**　LOOKUP関数では、「ベクトル形式」と「配列形式」の2つがあります（MEMO参照）。ベクトルとは1行あるいは1列からなるセル範囲のことです。
　　　　ベクトル形式のLOOKUP関数では、[検査範囲]から[検査値]を検索します。その検査値が見つかると、その位置に対応した[対応範囲]のセルの値を抽出します。

### 使用例　検索列とデータ列が離れている場合の検索

下表では、検索列を月数に、英語表記をデータ列に設定して、検査値 [3]
に対応する英語表記を抽出しています。

07-02

*f(x)* **=LOOKUP(E2,$A$1:$A$12,$C$1:$C$12)**

---

#### MEMO | LOOKUP 関数の使い分け

一般的には、HLOOKUP関数やVLOOKUP関数がよく使われますが、2種類の
LOOKUP関数にも利点があります。

#### ●ベクトル形式
ベクトル形式のLOOKUP関数では、[検査範囲]から[検査値]を検索し、それが見つかった位置に対応した[対応範囲]のセルです。
ベクトルとは、1行あるいは1列からなるセル範囲です。ベクトル形式は、VLOOKUP関数やHLOOKUP関数の行・列の幅をなくした代わりに、[検査値]に整数だけでなく実数が利用できます。また、[対応範囲]を別指定するので、[検査範囲]より左側の列や上側の行での検索も可能です。

ルックアップ

# LOOKUP … 配列形式

## 縦横の長い行または列で検索して対応する値を求める ˅

**書　式**　LOOKUP(検査値, 配列)

**機　能**　LOOKUP関数では、「ベクトル形式」と「配列形式」の2つがあります（MEMO参照）。配列形式のLOOKUP関数では、縦横を指定しなくても、「縦横の長いほうの辺の行または列で検索」して、その対辺の行または列にあるデータを表示します。

### 使用例　表の縦横を指定しない検索 ˅

下表では、長いほうの辺、つまりA列のセル範囲 [A1:A12] で検索し、見つかった値の対辺の英語表記を返します。

| F2 | ▾ | × ✓ fx | =LOOKUP(E2,$A$1:$C$12) |
|---|---|---|---|

| | A | B | C | D | E | F | G | H | I |
|---|---|---|---|---|---|---|---|---|---|
| 1 | 1 | 睦月 | Jan. | | 検索値 | 出力値 | | | |
| 2 | 2 | 如月 | Feb. | | 8 | Aug. | | | |
| 3 | 3 | 弥生 | Mar. | | | | | | |
| 4 | 4 | 卯月 | Apr. | | | | | | |
| 5 | 5 | 皐月 | May | | | | | | |
| 6 | 6 | 水無月 | Jun. | | | | | | |
| 7 | 7 | 文月 | Jul. | | | | | | |
| 8 | 8 | 葉月 | Aug. | | | | | | |
| 9 | 9 | 長月 | Sep. | | | | | | |
| 10 | 10 | 神無月 | Oct. | | | | | | |
| 11 | 11 | 霜月 | Nov. | | | | | | |
| 12 | 12 | 師走 | Dec. | | | | | | |
| 13 | | | | | | | | | |
| 14 | | | | | | | | | |

📄 07-03

*f(x)* **=LOOKUP(E2,$A$1:$C$12)**

●配列形式
一方、配列形式のLOOKUP関数は、ほかの表計算ソフトとの互換性を維持するために用意されています。[配列] の上端行あるいは左端列の長いほう（長さが縦横同じ場合は先頭列）から [検査値] を検索して、検査値が見つかると、下方向あるいは右方向の最終セルの値を返します。

●関数の使い分け
LOOKUP関数は、VLOOKUP関数またはHLOOKUP関数で代用できますが、ベクトル形式には [検査範囲] と [対応範囲] が連続している必要がないこと、配列形式には縦横の指定がないこと、つまりVLOOKUP関数／HLOOKUP関数のような使い分けが不要という特徴があります。

数学／三角　1
統計　2
日付／時刻　3
財務　4
論理　5
情報　6
検索／行列　7
データベース　8
文字列操作　9
エンジニアリング　10
キューブ　Web　11
互換性関数　12

# XLOOKUP

## セル範囲から指定した情報を検索する　　　　　　　　∨

| 書　式 | XLOOKUP(検索値, 検索範囲, 戻り値範囲 [, 一致モード] [, 検索モード]) |
|---|---|

**計算例**　XLOOKUP(**検索商品名**, **検索対象商品名**, **商品在庫数**)
　　　　[検索商品名]に入力されている商品名を[検索対象商品名]が入力されているセル範囲から検索し、[商品在庫数]に入力されている検索した商品名の在庫数を表示する。

**機　能**　表や指定したセルの範囲や配列から行ごとに情報を検索する場合は、XLOOKUP関数を使用します。この関数は1行ごとに入力された値や文字を1つの集まり(レコード)として扱い、検索値で検索して一致した行の指定した列の値を返します。
　　　　[一致モード]は、検索結果の一致の種類を指定します。省略可能で、省略した場合は「0」になります。

| 0 | 完全一致 |
|---|---|
| -1 | 完全一致または次に小さい項目 |
| 1 | 完全一致または次に大きい項目 |
| 2 | ワイルドカード文字との一致 |

[検索モード]は、検索範囲または検索配列内で検索する順序を指定します。省略した場合は「1」になります。

| 1 | 範囲または配列の先頭から末尾へ検索 |
|---|---|
| -1 | 範囲または配列の末尾から先頭へ検索 |
| 2 | バイナリ検索(範囲または配列内を昇順で並べ替えた状態で検索) |
| -2 | バイナリ検索(範囲または配列内を降順で並べ替えた状態で検索) |

### 使用例　指定した商品の在庫数を検索する　　　　　　　∨

下表は商品一覧と在庫数を示しています。商品名のA列の中から、セル[F2]で指定した商品名を検索して、その[在庫数]をセル[G2]に表示します。この場合、B列の商品コードを指定しても求めることができます。

| | A | B | C | D | E | F | G | H |
|---|---|---|---|---|---|---|---|---|
| 1 | 商品名 | 製品コード | 単価 | 在庫数 | | 商品名 | 在庫数 | |
| 2 | パソコン | 1001 | 79,800 | 7 | | 外付けHDD | 25 | |
| 3 | プリンター | 1002 | 24,800 | 2 | | | | |
| 4 | スキャナー | 1003 | 39,800 | 1 | | | | |
| 5 | 外付けHDD | 1004 | 12,800 | 25 | | | | |
| 6 | 無線ルーター | 1005 | 7,800 | 11 | | | | |

G2 =XLOOKUP(F2,A2:A6,D2:D6)

07-04

188

チューズ

# CHOOSE

## 引数リストから指定した位置の値を取り出す　∨

**書　式**　CHOOSE(インデックス [, 値 1] [, 値 2] [, 値 3,…])

**計算例**　CHOOSE(2,"A","B",…,"AC")
引数リストに入力した [A] 〜 [AC] の中から、[2番目] の値である [B] を返す。

**機　能**　P.184〜P.188までに解説した関数は、ワークシート上にデータを記述するものでしたが、CHOOSE関数は引数リストを内部に持ちます。引数の [値] には、1〜254個のいずれかの数値またはセル参照を指定します。

**使用例**　表示形式ではなく関数を使って日付の曜日を表示する　∨

下表では、日付に対しての曜日を表示するために、[年] [月] [日] を表す数値をDATE関数に入力して日付を算出します。その日付をWEEKDAY関数に代入して、曜日の番号を算出します。さらにその曜日の番号から曜日の文字列を、CHOOSE関数で算出しています。

$f(x)$ **=CHOOSE(WEEKDAY(DATE($A$1,$A$2,A5)), "日","月","火","水","木","金","土")**

| B5 | ▼ | : | × | ✓ | fx | =CHOOSE(WEEKDAY(DATE($A$1,$A$2,A5)),"日","月","火","水","木","金","土") |

| | A | B | C | D | E | F | G | H | I | J | K | L |
|---|---|---|---|---|---|---|---|---|---|---|---|---|
| 1 | 2020 | 年 | | | | | | | | | | |
| 2 | 10 | 月 | | | | | | | | | | |
| 3 | | | | | | | | | | | | |
| 4 | 日付 | | 出社時刻 | 退社時刻 | 昼休み | 勤務時間 | | | | | | |
| 5 | 1 | 木 | | | | | | | | | | |
| 6 | 2 | 金 | | | | | | | | | | |
| 7 | 3 | 土 | | | | | | | | | | |
| 8 | 4 | 日 | | | | | | | | | | |
| 9 | 5 | 月 | | | | | | | | | | |
| 10 | 6 | 火 | | | | | | | | | | |
| 11 | 7 | 水 | | | | | | | | | | |
| 12 | 8 | 木 | | | | | | | | | | |
| 13 | 9 | 金 | | | | | | | | | | |
| 14 | 10 | 土 | | | | | | | | | | |

📄 07-05

---

### MEMO | レコード

1行ごとに入力された値や文字データの集まりを「レコード」といいます。

インデックス

# INDEX

## セル範囲から指定した番地の値を取り出す　　　　✓

**書　式**　INDEX(範囲, 行番号, 列番号 [, 領域番号])

**計算例**　INDEX(表1, 表2,5,3,2)

2つの表のうち、領域番号で指定した[表2]の、[5行目]と[3列目]が交差する位置のデータを返す。

**機　能**　INDEX関数には、「セル範囲形式」と「配列形式」の2種類があります。配列形式のINDEXでは、引数に配列定数を利用できるうえ、計算結果を配列形式で返すことができます。セル範囲形式のINDEXでは、不連続なセル範囲をまとめて検索することができます。

縦横に碁盤の目のように並んで入力されているデータから、行の位置と列の位置をそれぞれ指定(あるいはさらに複数の領域から[領域番号]を利用して指定)して、その行と列の交差する位置の値あるいはセル参照を抽出する場合は、(「セル範囲形式」の)INDEX関数を利用します。

### 使用例　曜日とシフト名を指定して担当者を抽出する　　✓

下表では、曜日とシフト名から、その担当者を抽出しています。なお、曜日とシフト名の入力の代わりに、HLOOKUP関数とVLOOKUP関数を使って、行・列に指定している番号を入力し、曜日とシフト名を表示しています。

$fx$ **=INDEX(C3:I12,C15,C14,1)**

| | A | B | C | D | E | F | G | H | I | J | K | L |
|---|---|---|---|---|---|---|---|---|---|---|---|---|
| 1 | | | 1 | 2 | 3 | 4 | 5 | 6 | 7 | | | |
| 2 | | | 月 | 火 | 水 | 木 | 金 | 土 | 日 | | | |
| 3 | 1 | A | 佐藤 | 石川 | 青山 | 酒井 | 北川 | 山内 | 大内 | | | |
| 4 | 2 | B | 清水 | 佐藤 | 石川 | 青山 | 酒井 | 北川 | 山内 | | | |
| 5 | 3 | C | 森田 | 清水 | 佐藤 | 石川 | 青山 | 酒井 | 北川 | | | |
| 6 | 4 | D | 斉藤 | 森田 | 清水 | 佐藤 | 石川 | 青山 | 酒井 | | | |
| 7 | 5 | E | 橋本 | 斉藤 | 森田 | 清水 | 佐藤 | | | | | |
| 8 | 6 | F | 福田 | 伊藤 | 渡辺 | 森田 | 清水 | 森田 | 清水 | | | |
| 9 | 7 | G | 大内 | 福田 | 伊藤 | 渡辺 | 森田 | 斉藤 | 森田 | | | |
| 10 | 8 | H | 山内 | 大内 | 福田 | 伊藤 | 渡辺 | 橋本 | 斉藤 | | | |
| 11 | 9 | I | 北川 | 山内 | 大内 | 福田 | 伊藤 | 渡辺 | 橋本 | | | |
| 12 | 10 | J | 酒井 | 北川 | 山内 | 大内 | 福田 | | | | | |
| 13 | | | | | | | | | | | | |
| 14 | 曜日 | | 4 | 木 | 担当者 | | | | | | | |
| 15 | シフト | | 7 | G | 渡辺 | | | | | | | |

07-06

検索／行列　　相対位置

2010 2013 2016 2019 365

1 数学／三角

2 統計

3 日付／時刻

4 財務

5 論理

6 情報

7 検索／行列

8 データベース

9 文字列操作

10 エンジニアリング

11 キューブ Web

12 互換性関数

マッチ

# MATCH

## 検索した値の相対位置を求める ∨

**書　式**　MATCH(検査値, 検査範囲 [, 照合の種類])

**計算例**　MATCH(50, 表1, 0)
[表1]から検査値[50]を検索し、そのデータが[表1]の上端または左端から数えてどの位置にあるかを返す。

**機　能**　MATCH関数は、[照合の種類]に従って[検査範囲]内を検索し、[検査値]と一致するデータの相対的な位置を表す数値を求めます。[検査値]の位置を知りたい場合には、この関数を利用します。
[照合の種類]に[0]を指定すると一致する値を検索し、[1]を指定すると[検査値]以下の最大値([検査範囲]は昇順並び)を検索し、[-1]を指定すると[検査値]以上の最小値([検査範囲]は降順並び)を検索します。

### 使用例　得点の順位に対応する受験番号を抽出する ∨

下表では、得点の順位に対する受験番号を抽出しています。RANK関数では順位付け、LARGE関数では得点の大きな順位の抽出ができますが、「順位の上から数えた位置」がわかれば、受験番号から氏名を抽出できるので、MATCH関数を利用します。

この中での順位の位置を調べるのに、MATCH関数を利用します。

07-07

$f(x)$ **=MATCH(A14,\$D\$2:\$D\$11,0)**

エックス・マッチ

# XMATCH

## セルやセル範囲からの相対位置の値を求める　　　　　〜

**書　式**　XMATCH( **検索値**, **検索範囲** [, **一致モード**] [, **検索モード**])

**計算例**　XMATCH(**目標金額**, **売上金額**, 1)

[売上金額] の範囲の中から、[目標金額] の値に一致または [目標金額] より大きなはじめの値の位置（[売上金額] の範囲の行の相対的な位置）を返す。

**機　能**　XMATCH関数は、検索対象の中から値を検索して、その値に一致または一致モードで指定した条件を満たす値の入力されている行の相対的な位置を調べます。

検索対象の値および検索値は数値だけでなく文字列を使うことができ、ワイルドカードで検索することもできます。

[一致モード] は、検索結果の一致の種類を指定します。省略可能で、省略した場合は「0」になります。

| | |
|---|---|
| 0 | 完全一致 |
| −1 | 完全一致または次に小さい値 |
| 1 | 完全一致または次に大きい値 |
| 2 | ワイルドカード |

[検索モード] は、検索範囲または検索配列内で検索する順序を指定します。省略した場合は「1」になります。

| | |
|---|---|
| 1 | 範囲または配列の最初から最後まで順番に検索 |
| −1 | 範囲または配列の最後から最初へ向かって順番に検索（逆検索） |
| 2 | バイナリ検索（範囲または配列内を昇順で並べ替えた状態で検索） |
| −2 | バイナリ検索（範囲または配列内を降順で並べ替えた状態で検索） |

### 使用例　目標金額に一致する相対位置を求める　　　　　〜

下表では、売上金額が入力されている列の中から目標金額 [250,000] を検索します。売上金額の中には目標金額に一致する値がないので、一致モードで指定した [1]、すなわち、完全一致または次に大きい値 [295,680] が入力されている相対的な位置（表のデータが入力されている行）のNo [3] を返します。

| | A | B | C | D | E | F | G | H |
|---|---|---|---|---|---|---|---|---|
| | | | | H2 | × ✓ fx | =XMATCH(G2,E2:E6,1) | | |
| 1 | No | 商品名 | 単価 | 販売数 | 売上金額 | | 目標金額 | 目標達成商品No |
| 2 | 1 | パソコン | 79,800 | 21 | 1,843,380 | | 250,000 | 3 |
| 3 | 2 | プリンター | 44,800 | 8 | 394,240 | | | |
| 4 | 3 | 外付けHDD | 12,800 | 21 | 295,680 | | | |
| 5 | 4 | スキャナー | 39,800 | 3 | 131,340 | | | |
| 6 | 5 | 無線ルーター | 7,800 | 2 | 17,160 | | | |
| 7 | | | | | | | | |

📄 07-08

192

2010 2013 2016 2019 365

# OFFSET

## 基準のセルからの相対位置を求める

**書　式**　OFFSET(基準, 行数, 列数 [, 高さ] [, 幅])

**計算例**　OFFSET(A1,3,4)
基準のセル[A1]から下へ3行、右へ4列だけシフトした位置にあるセル参照を返す。

**機　能**　OFFSET関数は、[基準]のセル(範囲)から[行数]と[列数]だけシフトした位置にある、[高さ]と[幅]を持つセル範囲の参照(オフセット参照)を求めます。この関数で、あるセルに対して、相対的な位置とサイズを持つ新しいセル範囲を指定できます。
MATCH関数は「値の相対位置」を与えますが、OFFSET関数は「基準のセルからの相対位置のセル参照」を返し、セル参照を引数として使う関数と合わせて利用します。

**使用例**　**集計するセル範囲を数値で指定する**

下表では、セル範囲を数値入力で指定して、そのセル範囲の合計を求めています。OFFSET関数は、セル範囲を返すので、これにSUM関数を適用すると、指定したセル範囲の数値の合計が得られます。
この例では、セル範囲[B15:B17]にMATCH関数を利用しています。

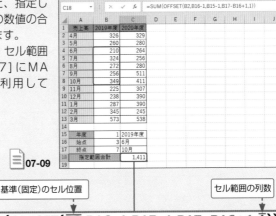

07-09

| 基準(固定)のセル位置 | | | セル範囲の列数 |

$f(x)$ =SUM(OFFSET(B2,B16−1,B15−1,B17−B16+1,1))

| | 行と列のオフセット | セル範囲の行数 | |

ロウ

# ROW

## セルの行番号を求める　　　　　　　　　　　　　　　∨

書　式　　ROW(範囲)

　　　　　[範囲]に指定したセル範囲の上端の行番号を求める。

機　能　　ROW関数は、セルまたはセル範囲の行番号を求めます。指
　　　　　定した[範囲]に対して、[範囲]の上端の行番号を返します。

---

カラム

# COLUMN

## セルの列番号を求める　　　　　　　　　　　　　　　∨

書　式　　COLUMN(範囲)

　　　　　[範囲]に指定したセル範囲の左端の列番号を求める。

機　能　　COLUMN関数は、セルまたはセル範囲の先頭の行番号を求
　　　　　めます。指定した[範囲]に対して、[範囲]の左端の列番号
　　　　　を返します。

### 使用例　　VLOOKUP関数の列番号を自動調整する　　　　　　∨

下表では、VLOOKUP関数でD列の情報を参照してH列に表示してい
ます。この場合、普通に列番号を指定しておくと、列を挿入した場合
には正しい参照結果が得られませんが、COLUMN関数で列番号を得
て(セル[D2])、そのセルをVLOOKUP関数で参照すると、列を挿入
しても、正しい参照結果が得られます。

$f(x)$ **=VLOOKUP(F4,\$A\$4:\$D\$8,D\$2,0)**

$f(x)$ **=COLUMN()**

07-10

関連　**VLOOKUP** ························ P.184

194

ロウズ

# ROWS

## セル範囲の行数を求める　　　　　　　　　　✓

**書　式**　ROWS(範囲)

[範囲]として指定したセル範囲の行数を求める。

**機　能**　ROWS関数は、セルまたはセル範囲の行数を求めます。指定した[範囲]に対して、[範囲]に含まれる行数を返します。使用例は、下段(COLUMNS関数)を参照してください。

---

カラムズ

# COLUMNS

## セル範囲の列数を求める　　　　　　　　　　✓

**書　式**　COLUMNS(範囲)

[範囲]として指定したセル範囲の列数を求める。

**機　能**　COLUMNS関数は、セルまたはセル範囲の列数を求めます。指定した[範囲]に対して、シート上で[範囲]に含まれる列数を返します。

### 使用例　リスト形式のデータから行番号や列番号を求める　　✓

下表では、コードと商品名、価格の表をもとにレコード数やフィールド数を求めています。セル上にデータがリスト形式などで入力されている場合、レコード部分をセル範囲として選択すると、行数はレコード数、列数はフィールド数に対応します。

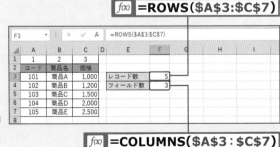

*fx* **=ROWS($A$3:$C$7)**

07-11

*fx* **=COLUMNS($A$3:$C$7)**

# INDIRECT

## セル参照の文字列からセルの値を求める ⌄

**書 式** INDIRECT(参照文字列 [, 参照形式])

**計算例** INDIRECT(E6,TRUE)
セル [E6] に入力されている文字列をセルのアドレスとして指定し、対応しているセルの内容を返す。

**機 能** INDIRECT関数は、セル参照と同じ形式での文字列(あるいはその文字列が入力されているセル)を [参照文字列] によって指定し、その文字列を介して間接的なセルの指定を行います。INDIRECT関数で返されたセル参照はすぐに計算され、結果としてセルの内容が表示されます。
INDIRECT関数は主に、ADDRESS関数で作成したセル参照文字列を引数として、セル参照を行います。ADDRESS関数で、行番号、列番号、シート名を設定しておくと、ダイナミックなセル参照を記述することができます。

### 使用例 シート名を入力してデータを表示する ⌄

INDIRECT関数とADDRESS関数にOFFSET関数を組み合わせて、シート名に入力してある営業所名を先頭の「集計」シートに入力すると、その営業所の業績だけを表示するしくみを作っています。

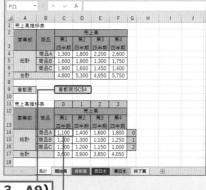

07-12

$fx$ **=ADDRESS(4,3,,,A9)**

$fx$ **=OFFSET(INDIRECT($C$9),$G14,C$11)**

**関連** OFFSET ............... P.193
ADDRESS ............... P.197

アドレス

# ADDRESS

## 行番号と列番号をセル参照の文字列に変換する ∨

書　式　ADDRESS(行番号, 列番号 [, 参照の型] [, 参照形式] [, シート名])

機　能　ADDRESS関数は、[行番号]と[列番号]からセル参照を表す文字列を作成します。[参照の型]で絶対参照([1]または省略)、複合参照([2]で行固定、[3]で列固定)、相対参照([4])を、[参照形式]で「A1形式/R1C1形式」を指定し、[シート名]で、ほかのシートへの参照を作成できます。使用例は、INDIRECT関数(P.196)を参照してください。

---

エリアズ

# AREAS

## 範囲／名前に含まれる領域の数を求める ∨

書　式　AREAS(範囲)

計算例　AREAS(A1:A10)
セル範囲[A1:A10]の中にある領域の数を返す。

機　能　AREAS関数は、[範囲]に含まれる領域の個数を求めます。領域とは「1つ以上のセルを含むセル範囲」であり、[範囲]の名前に含まれる領域の数も求められます。

### 使用例　指定した範囲名の領域数を求める ∨

この例では、2乗、3乗、4乗の計算を3つの領域に分けて行い、その領域に名前「累乗」を付けています。「=AREAS(累乗)」と入力すると、名前「累乗」に含まれる領域の数が求められます。

07-13

1 数学／三角
2 統計
3 日付／時刻
4 財務
5 論理
6 情報
7 検索／行列
8 データベース
9 文字列操作
10 エンジニアリング
11 キューブ／Web
12 互換性関数

トランスポーズ

# TRANSPOSE

## セル範囲の行と列を交換する

**書　式**　TRANSPOSE(配列)

**計算例**　TRANSPOSE(A1:G10)
配列 [A1:G10] の行と列を入れ替えて返す。

**機　能**　TRANSPOSE関数は、[配列] に指定したセル範囲（表）の縦方向と横方向を逆転させた値を、配列数式として返します。TRANSPOSE関数を入力するセル範囲と [配列] に指定した元の表とは、それぞれ列数と行数、行数と列数が一致する必要があります。また、セルの書式は設定し直します。
Excelの「行と列を入れ替えてコピーする」機能を利用した場合は、数式の関係が保持されません。元の計算結果が変化した場合、その変化はこのTRANSPOSE関数を経由して戻り値に反映されます。

### 使用例　表の縦横を交換する

下表では、横長の表の行と列を入れ替えて、下に表示しています。この場合、数式を入力後、[Ctrl]+[Shift]+[Enter]を押して配列数式として入力する必要があります。
なお、入れ替えた表は、セルの色などは反映されません。

これらのセル範囲は、TRANSPOSE関数でリンクされています。

*f(x)* **{=TRANSPOSE(A4:J9)}**

07-14

ハイパーリンク

# HYPERLINK

## ほかのドキュメントへのリンクを作成する 　　　　　〜

**書　式** HYPERLINK(**リンク先**【, **別名**】)

**計算例** HYPERLINK("http://gihyo.jp/book"," 技術評論社")
セルに表示された [技術評論社] をクリックすると、指定した
リンク先が開く。

**機　能** HYPERLINK関数は、ネットワーク上にあるコンピュータに
格納されているファイルへのリンクを作成します。この関数
が入力されているセルをクリックすると、[リンク先]のファ
イルが開きます。[リンク先]には、計算例のようなWebペー
ジのURLのほかに、ハードディスク内のファイルやフォル
ダーのパス名、ほかのブック内にあるセル(セル範囲)、メー
ルアドレスなども指定できます。
なお、HYPERLINKが入力されているセルを選択するには、
セルのマウスボタンを1秒以上押し続けます。[別名]には、
関数を入力したセルに表示する文字列または数値を指定する
か、入力されているセルを指定します。

ゲット・ピボット・データ

# GETPIVOTDATA

## ピボットテーブル内の値を抽出する 　　　　　　　〜

**書　式** GETPIVOTDATA(**データフィールド**, **ピボットテーブル** 【,
**フィールド** 1, **アイテム** 1, **フィールド** 2, **アイテム** 2】,…)

**機　能** GETPIVOTDATA関数は、[ピボットテーブル]内の集計デー
タの中から、指定したセルの値を抽出します。数式は、ピボッ
トテーブルの外にあるセルを利用します。
数式バーに「=」を入力後、ピボットテーブルのセルをクリッ
クすると自動的にGETPIVOTDATAの数式が表示されます。
入力する引数位置で、該当するセルをクリックすると指定で
きます。ピボットテーブルのページの切り替えなどにより、
参照しているセルの位置が移動した場合でも、つねに目的の
データを参照することができます。

| 検索／行列 | データ抽出 | | 2010 2013 2016 2019 365 |

フォーミュラ・テキスト

# FORMULATEXT

## 数式を文字列に変換する ⌄

書　式　FORMULATEXT(対象)

計算例　FORMULATEXT(A3)
　　　　セル [A3] に入力されている数式を、文字列に変換して返す。

機　能　FORMULATEXT関数は、[対象] に入力されている数式を、
　　　　文字列に変換して返します。
　　　　[対象] のセルに数式以外が入力されている場合や空白の場合
　　　　には、エラー値 [#N/A] を返します。

---

| 検索／行列 | データ抽出 | | 2010 2013 2016 2019 365 |

アール・ティー・ディー

# RTD

## RTDサーバーからデータを取り出す ⌄

書　式　RTD(プログラム ID [, サーバー], トピック 1 [, トピック 2],
　　　　…)

計算例　RTD("HITRTD.RTDReport","Orange","Counter")
　　　　コンピュータ「Orange」にある「HITRTD.RTDReport」から
　　　　「Counter」を取り出す。

機　能　RTD関数は、リアルタイムデータサーバー(RTDサーバー)
　　　　を呼び出し、データをリアルタイムに取得します。たとえば、
　　　　ホームページの訪問者数を取得したり、証券の価格を取得し
　　　　たりするなど、時々刻々と変化するデータを扱いたい場合に
　　　　利用します。このとき、表示が変化するように、ブックの計
　　　　算方法を「自動」に設定しておきます。

解　説　RTD関数を利用するには、あらかじめRTDサーバーが用意
　　　　されていることが条件です。RTD関数の利用に際して、プロ
　　　　グラムの内容を理解する必要はありませんが、プログラムが
　　　　どこに (サーバー名)、何という名前 (プログラムID) である
　　　　のか、そして、取得するデータの名前 (トピック) を把握して
　　　　おく必要があります。

# FILTER

## 条件を指定してデータを抽出する　　　　　　　　　∨

**書　式**　FILTER(範囲, 条件1[, 条件2,…])

**計算例**　FILTER(データ範囲, 商品名, パソコン)

[データ範囲] で指定した範囲の中にある [商品名] のデータ
が入力されている範囲から、商品名が [パソコン] の行のデー
タを抽出し、行ごとに表示する。

**機　能**　FILTER関数は、指定された範囲の中から検索条件に一致し
たデータのある行を抽出し、FILTER関数の入力された位置
から行ごとにデータを表示します。関数式の入力は1つのセ
ルに行うだけでよく、抽出された行数に応じて自動的に一覧
表示されます。検索値を空欄もしくは検索対象にない値を指
定すると、エラー「#CALC!」になります。
なお、表の書式は自動的に設定されないので、あらかじめ設
定をしておく必要があります。

### 使用例　検索商品に一致する情報を表示する　　　　　　　∨

下表では、検索値で抽出するセル範囲 [A2：D13] で、検索する商品
名が入力されているセル範囲 [C2：C13] の中からセル [G1] に指定
された検索商品の [プリンター] を検索し、一致するデータが入力され
ている行をセル [F4] の位置から順に表示します。

この例では関数式をセル [F4] に入力することで、ほかのセル（ここで
はセル範囲 [F4：I6]）に自動的に関数式が入力されます。

| | F4 | ▼ | | ✕ ✓ ƒx | =FILTER(A2:D13,C2:C13=G1) | | | |
|---|---|---|---|---|---|---|---|---|
| | A | B | C | D | E | F | G | H | I |
| 1 | 支店名 | 担当者 | 商品名 | 数量 | | 検索商品 | プリンター | | |
| 2 | 東京 | 仲間由紀子 | パソコン | 6 | | | | | |
| 3 | 横浜 | 小野寺幸男 | プリンター | 23 | | 支店名 | 担当者 | 商品名 | 数量 |
| 4 | さいたま | 小澤汀子 | 外付けHDD | 13 | | 横浜 | 小野寺幸男 | プリンター | 23 |
| 5 | 千葉 | 仲間由紀子 | モニター | 9 | | さいたま | 仲間由紀子 | プリンター | 13 |
| 6 | 東京 | 小野寺幸男 | スキャナー | 12 | | 千葉 | 小澤汀子 | プリンター | 17 |
| 7 | 横浜 | 小澤汀子 | パソコン | 14 | | | | | |
| 8 | さいたま | 仲間由紀子 | プリンター | 13 | | | | | |
| 9 | 千葉 | 小野寺幸男 | 外付けHDD | 16 | | | | | |
| 10 | 東京 | 小澤汀子 | モニター | 5 | | | | | |
| 11 | 横浜 | 仲間由紀子 | スキャナー | 13 | | | | | |
| 12 | さいたま | 小野寺幸男 | パソコン | 21 | | | | | |
| 13 | 千葉 | 小澤汀子 | プリンター | 17 | | | | | |
| 14 | | | | | | | | | |
| 15 | | | | | | | | | |

📄 **07-15**

1 数学／三角
2 統計
3 日付／時刻
4 財務
5 論理
6 情報
7 検索／行列
8 データベース
9 文字列操作
10 エンジニアリング
11 キューブ Web
12 互換性関数

フィールド・バリュー

# FILEDVALUE

## 株価や地理のデータを取り出す　　　　　　　　　　　　　　∨

**書　式**　FIELDVALUE(値, フィールド名)

**計算例**　FIELDVALUE(都市名, 人口)
　　　　　[都市名]で指定している都市の人口を取り出す。

**機　能**　FIELDVALUE関数は、株価データや地理データなどリンク
　　　　　された外部データから、取り出したいデータの種類を指定し
　　　　　て取り出します。
　　　　　なお、データによっては最新値をリアルタイムに反映してい
　　　　　ない場合もあるので、使用する際は注意が必要です。

---

### 使用例　都道府県一覧から指定するデータを取り出す　　　　　∨

下表では、都道府県一覧から、関東の都県庁所在地と人口のデータを
取り出します(2020年4月末現在、日本語非対応)。

| | A | B | C | D | E |
|---|---|---|---|---|---|
| B2 | ▼ : × ✓ *fx* | =FIELDVALUE(A2,"Capital") | | | |
| 1 | 都道府県 | 都道府県庁所在地 | 人口 | | |
| 2 | ▥Tokyo | Shinjuku | 13,929,286 | | |
| 3 | ▥Kanagawa Prefecture | Yokohama | 9,199,871 | | |
| 4 | ▥Saitama Prefecture | Saitama | 7,335,344 | | |
| 5 | ▥Chiba Prefecture | Chiba | 6,278,060 | | |
| 6 | ▥Ibaraki Prefecture | Mito | 2,871,199 | | |
| 7 | ▥Tochigi Prefecture | Utsunomiya | 1,943,886 | | |
| 8 | ▥Gunma Prefecture | Maebashi | 1,937,626 | | |
| 9 | | | | | |

📄 07-16

**解　説**　FIELDVALUE関数で株価データや地理データを取り出すに
　　　　　は、あらかじめ企業名や都市名などを外部データにリンクし
　　　　　ておく必要があります。
　　　　　外部データにリンクするには、外部データにリンクしたい値
　　　　　が入力されているセル(使用例ではセル[A2]の[Tokyo])を
　　　　　選択して、<データ>タブの<地理>をクリックします。外
　　　　　部データにリンクされて、値の前にアイコンが表示されます。
　　　　　取り出すデータの種類は、<フィールドの挿入>をクリック
　　　　　すると一覧表示されます。また、値の入力されているセルを
　　　　　選択して、[Ctrl]+[Alt]+[F10]を押して表示させることもできま
　　　　　す。なお、使用できるフィールド名は、データを取り出す値
　　　　　によって異なります。

左余白(縦書き): 数学／三角　統計　日付／時刻　財務　論理　情報　検索／行列　データベース　文字列操作　エンジニアリング　キューブ／Web　互換性関数

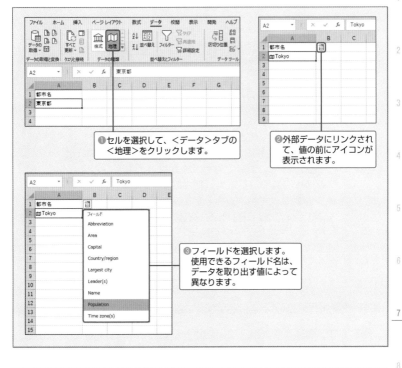

❶セルを選択して、<データ>タブの<地理>をクリックします。

❷外部データにリンクされて、値の前にアイコンが表示されます。

❸フィールドを選択します。使用できるフィールド名は、データを取り出す値によって異なります。

## MEMO データ選択ウィザード

セルに入力した企業名などで対象が複数ある場合は、<データ選択ウィザード>ウィンドウが表示されます。表示された一覧の中から該当するデータ（企業名など）の<選択>をクリックします。なお、表示された企業名などをクリックすると、詳細情報が表示されます。

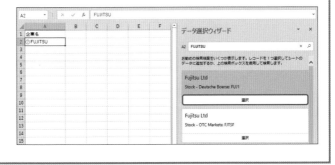

数学／三角　1
統計　2
日付／時刻　3
財務　4
論理　5
情報　6
検索／行列　7
データベース　8
文字列操作　9
エンジニアリング　10
キューブ／Web　11
互換性関数　12

ユニーク

# UNIQUE

## 同じデータをまとめる／取り出す　　　　　　　　　　　　 ∨

**書　式**　UNIQUE(範囲, 基準の列, 回数)

**計算例**　UNIQUE(範囲)

[範囲]で指定した縦方向に入力されているデータから、重複しないすべてのデータを抽出する。

**機　能**　UNIQUE関数は、指定した範囲の中から重複しないデータを抽出します。対象となるデータは、列(縦方向)または行(横方向)に連続して入力したものです。このとき、[範囲]のみを指定した場合は重複しないすべてのデータを抽出します。また、[回数]に[TRUE]を指定した場合は範囲の中に1つだけ入力されたデータを抽出し、[FALSE]は範囲の重複しないすべての行または列のデータを抽出します。

数式は、先頭のセルにのみ入力します。抽出されたデータは、行数に応じて自動的に一覧表示されます。

### 使用例　　　　　　　　　　　　　　　　　　　　　　　 ∨

下表では、商品名が入力されているセル範囲[C2：C11]から、商品名を重複することなく抽出して、セル[E2]以降に表示します。

| | A | B | C | D | E | F | G | H |
|---|---|---|---|---|---|---|---|---|
| | E2 | ▾ | × ✓ fx | =UNIQUE(C2:C11) | | | | |
| 1 | 受注日 | 支店名 | 商品名 | | 受注商品一覧 | | | |
| 2 | 4月1日 | 東京 | パソコン | | パソコン | | | |
| 3 | 4月1日 | 横浜 | プリンター | | プリンター | | | |
| 4 | 4月1日 | 千葉 | パソコン | | スキャナー | | | |
| 5 | 4月2日 | 横浜 | スキャナー | | 無線ルーター | | | |
| 6 | 4月2日 | 東京 | 無線ルーター | | | | | |
| 7 | 4月3日 | さいたま | パソコン | | | | | |
| 8 | 4月4日 | 千葉 | スキャナー | | | | | |
| 9 | 4月4日 | 横浜 | パソコン | | | | | |
| 10 | 4月4日 | 東京 | プリンター | | | | | |
| 11 | 4月4日 | さいたま | パソコン | | | | | |
| 12 | | | | | | | | |
| 13 | | | | | | | | |

📄 07-17

**fx** =UNIQUE(C2:C11)

数学／三角　統計　日付／時刻　財務　論理　情報　検索／行列　データベース　文字列操作　エンジニアリング　キューブ　Web　互換性関数

**204**

# SORT

## 順序を指定してデータを並べ替える

**書　式** SORT(範囲 [, 並べ替えインデックス] [, 並べ替え順序] [, 並べ替え基準])

**計算例** SORT(売上表,5,-1,FALSE)
[売上表]で指定した範囲の[5]列目を、行単位で降順に並べ替える。

**機　能** SORT関数は、もとの表を直接並べ替えるのではなく、表はそのままにして、別のセルに並べ替えをした表を作成します。並べ替えは行方向だけでなく、列方向にも行うことができ、昇順/降順の指定もできます。なお、並べ替えを行う範囲はデータのみの範囲を指定し、見出し行を含めることができません。
[並べ替えインデックス]は並べ替えの基準となる行または列を示す値で、省略時は「1」となります。[並べ替え順序]は、昇順(1)もしくは降順(-1)を指定し、省略時は「1」となります。[並べ替え基準]は並べ替えの方向を指定し、行方向は[FALSE](省略時)、列方向は[TRUE]です。

**解　説** 数式は、並べ替えた表を表示させる左上のセルにのみ入力します。SORT関数で作成された表は、もとの表の書式は反映されません。

### 使用例　売上表の価格を降順に並べ替える

下表では、売上表の[税込価格]の列のデータを、降順(売上金額の大きい順)で並べ替えを行います。売上金額が同じ場合は、もとの表で上のほうにある行が先に表示されます。

07-18

# SORTBY

## 複数の基準と順序を指定してデータを並べ替える ∨

**書　式** SORTBY(範囲,基準1[,順序1][,基準2][,順序3],…)

**計算例** SORTBY(売上表,商品名,1,担当者,-1)
[売上表]で指定した範囲から[商品名]を昇順に並べ替えを行い、さらに[担当者]を降順に並べ替える。

**機　能** SORTBY関数はもとの表を直接並べ替えるのではなく、表はそのままにして、別のセルに複数の条件で並べ替えた表を作成します。並べ替えは、昇順/降順の指定をすることができます。なお、並べ替えを行う範囲はデータのみの範囲を指定し、見出し行を含めることができません。
[基準]は並べ替えのもとにする範囲で、[順序]は並べ替えの順序を指定します。昇順(1)もしくは降順(-1)で、省略時は「1」です。

**解　説** 関数式は、並べ替えた表を表示させる左上のセルにのみ入力します。SORTBY関数で作成された表は、もとの表の書式は反映されません。

### 使用例　売上表の商品名と担当者で並べ替える ∨

下表では、売上表で指定したセル範囲[A2：C12]をもとに、E列=G列に並べ替えの結果を表示しています。ここでは、最初に[商品名]で昇順に並べ替えを行い、その状態からさらに[担当者]で降順に並べ替えを行っています。

| F2 | ▼ | : | × | ✓ | fx | =SORTBY(A2:C12,A2:A12,1,B2:B12,-1) |

| | A | B | C | D | E | F | G | H |
|---|---|---|---|---|---|---|---|---|
| 1 | 商品名 | 担当者 | 税込価格 | | 商品名 | 担当者 | 税込価格 | |
| 2 | パソコン | 佐々木茂 | 87,780 | | スキャナ | 野田明希 | 49,280 | |
| 3 | プリンタ | 山中幸弘 | 81,840 | | スキャナ | 佐々木茂 | 98,560 | |
| 4 | スキャナ | 野田明希 | 49,280 | | スキャナ | 佐々木茂 | 49,280 | |
| 5 | スキャナ | 佐々木茂 | 98,560 | | パソコン | 山中幸弘 | 175,560 | |
| 6 | パソコン | 橋本優子 | 175,560 | | パソコン | 佐々木茂 | 87,780 | |
| 7 | プリンタ | 山中幸弘 | 109,120 | | パソコン | 佐々木茂 | 263,340 | |
| 8 | プリンタ | 野田明希 | 81,840 | | パソコン | 橋本優子 | 175,560 | |
| 9 | パソコン | 佐々木茂 | 263,340 | | プリンタ | 野田明希 | 81,840 | |
| 10 | スキャナ | 佐々木茂 | 49,280 | | プリンタ | 野田明希 | 136,400 | |
| 11 | パソコン | 山中幸弘 | 175,560 | | プリンタ | 山中幸弘 | 81,840 | |
| 12 | プリンタ | 野田明希 | 136,400 | | プリンタ | 山中幸弘 | 109,120 | |
| 13 | | | | | | | | |

📄 07-19

# 第 8 章
# データベース

Excel でデータベース形式の表を作成した場合に使われるのが、データベース関数です。表のレコードから数値だけのセルや文字列の個数を求めたり、何らかのデータが入力されているセルの個数を求めたりすることができます。また、表の数値の最大値や最小値を求める、数値の合計や平均値、積を求める、レコードの標本分散や不偏分散などを求めることもできます。

ディー・サム

# DSUM

## 条件を満たすレコードの合計を求める

**書　式**　DSUM(データベース, フィールド, 条件)

**計算例**　DSUM(A2：F14,F2,A16：F17)

セル範囲 [A2：F14] のデータベースから、セル範囲 [A16：F17] で指定した条件を満たすレコードを検索して、セル [F2] で指定するフィールドの合計を返す。

**機　能**　DSUM関数は、[データベース] において、[条件] を満たすレコードを検索して、指定された [フィールド] 列を合計します。

### 使用例　条件に合うデータの売上合計を求める

下表は、商品の販売一覧です。セル範囲 [A1：D10] のデータベースから、条件に指定された [商品名] (パソコン) を満たすレコードを検索して、該当する [販売数] の合計を求めています。これによって、セル [D15] には「パソコンの販売数」が求められます。

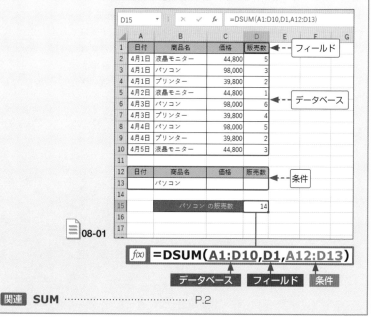

| | A | B | C | D |
|---|---|---|---|---|
| 1 | 日付 | 商品名 | 価格 | 販売数 |
| 2 | 4月1日 | 液晶モニター | 44,800 | 5 |
| 3 | 4月1日 | パソコン | 98,000 | 3 |
| 4 | 4月1日 | プリンター | 39,800 | 2 |
| 5 | 4月2日 | 液晶モニター | 44,800 | 1 |
| 6 | 4月3日 | パソコン | 98,000 | 6 |
| 7 | 4月3日 | プリンター | 39,800 | 4 |
| 8 | 4月4日 | パソコン | 98,000 | 5 |
| 9 | 4月4日 | プリンター | 39,800 | 2 |
| 10 | 4月5日 | 液晶モニター | 44,800 | 3 |
| 11 | | | | |
| 12 | 日付 | 商品名 | 価格 | 販売数 |
| 13 | | パソコン | | |
| 14 | | | | |
| 15 | | パソコン の販売数 | | 14 |
| 16 | | | | |
| 17 | | | | |

D15　=DSUM(A1:D10,D1,A12:D13)

08-01

$f(x)$ **=DSUM(A1:D10,D1,A12:D13)**

データベース　フィールド　条件

**関連** SUM ‥‥‥‥‥‥‥‥‥‥‥‥ P.2

ディー・プロダクト

# DPRODUCT

## 条件を満たすレコードの積を求める ∨

**書　式** DPRODUCT(データベース, フィールド, 条件)

**計算例** DPRODUCT(A2：C14,C2,A16：A19)

セル範囲 [A2：C14] のデータベースから、セル範囲 [A16：A19] の条件に一致するレコードを検索して、セル [C2] ではじまるフィールドの積を返す。

**機　能** DPRODUCT関数は、[データベース] において、[条件] を満たすレコードを検索して、指定された [フィールド] 列の積を求めます。

### 使用例　商品在庫表から商品名の在庫量を確認する ∨

下表は、商品在庫表のデータベースから、[在庫] フィールドで、条件で指定した商品名のレコードを検索して、在庫量を確認します。指定した商品の在庫量をすべて掛け合わせて0にならなければ、いずれも在庫が0ではないことが確認できます。

ここでは、IF関数と組み合わせて、0になった場合には、"要確認"と表示されるように設定しています。

C11　▼　×　✓　fx　=IF(DPRODUCT(A2:C8,C2,A10:A13)=0,"要確認","在庫あり")

| | A | B | C | D | E | F | G | H | I | J |
|---|---|---|---|---|---|---|---|---|---|---|
| 1 | 商品在庫表 | | | | | | | | | |
| 2 | 商品名 | 注文数 | 在庫 | | | | | | | |
| 3 | 液晶モニター | 4 | 9 | | | | | | | |
| 4 | キーボード | 5 | 9 | | | | | | | |
| 5 | スキャナー | 2 | 10 | | | | | | | |
| 6 | デジタルカメラ | 6 | 0 | | | | | | | |
| 7 | パソコン | 8 | 2 | | | | | | | |
| 8 | マウス | 2 | 9 | | | | | | | |
| 9 | | | | | | | | | | |
| 10 | 商品名 | | 在庫 | | | | | | | |
| 11 | パソコン | | 要確認 | | | | | | | |
| 12 | デジタルカメラ | | | | | | | | | |
| 13 | マウス | | | | | | | | | |
| 14 | | | | | | | | | | |
| 15 | | | | | | | | | | |

08-02

*fx* **=IF(DPRODUCT(A2:C8,C2,A10:A13)
=0,"要確認","在庫あり")**

**関連 PRODUCT** ‥‥‥‥‥‥‥‥‥ P.6

データベース | 平均値 | 2010 2013 2016 2019 365

ディー・アベレージ

# DAVERAGE

## 条件を満たすレコードの平均値を求める

**書　式**　DAVERAGE(データベース, フィールド, 条件)

**計算例**　DAVERAGE(A1：H6,G1,A8：H9)

セル範囲 [A1：H6] のデータベースから、セル範囲 [A8：H9] で指定した条件を満たすレコードを検索して、セル [G1] で指定するフィールドの平均値を返す。

**機　能**　DAVERAGE関数は、[データベース] において、[条件] を満たすレコードを検索して、指定された [フィールド] 列の平均値を求めます。

### 使用例　試験結果表から女性の総合点の平均を求める

下表は、各教科の点数から総合点や順位まで作成された試験結果のデータベースから、[総合点] フィールドで、条件の [性別] が「女」のレコードを検索して、平均点を求めます。

📄 08-03

$f(x)$ **=DVERAGE(A1:H6,G1,A8:H9)**

**関連**　AVERAGE ･････････････････P.42

---

データベース | 最大/最小 | 2010 2013 2016 2019 365

ディー・ミニマム

# DMIN

## 条件を満たすレコードの最小値を求める

**書　式**　DMIN(データベース, フィールド, 条件)

**機　能**　DMIN関数は、[データベース] において、[条件] を満たすレコードを検索して、指定された [フィールド] 列の最小値を求めます。

**関連**　MIN ･････････････････P.50

ディー・マックス

# DMAX

## 条件を満たすレコードの最大値を求める

**書　式**　DMAX(データベース, フィールド, 条件)

**計算例**　DMAX(A1:H6,G1,A8:H9)
　　　　　セル範囲 [A1：H6] のデータベースから、セル範囲 [A8：H9] の条件に一致するレコードを検索して、セル [G1] ではじまるフィールドの最大値を返す。

**機　能**　DMAX関数は、[データベース] において、[条件] を満たすレコードを検索して、指定された [フィールド] 列の最大値を求めます。

---

### 使用例　試験結果表から女性の総合最高点を求める

下表は、各教科の点数から総合点や順位まで作成された試験結果のデータベースから、[総合点] フィールドで、条件の [性別] が「女」のレコードを検索して、最高点を求めます。

08-04

$f(x)$ =DMAX(A1:H6,G1,A8:H9)

**関連**　MAX ································ P.48
　　　　MAXA ······························ P.48

---

### MEMO | <関数のライブラリ>に表示されない

データベース関数は、<数式>タブの<関数ライブラリ>には表示されていません。<関数の挿入>ボタン $f_x$ をクリックして、<関数の挿入>ダイアログボックスの<すべての関数>を指定し、一覧から使用する関数を選択します。あるいは、セルに直接数式を入力します。直接入力する際にポップアップヒントが表示されるので、これを参考にして入力するとよいでしょう。

1　数学/三角
2　統計
3　日付/時刻
4　財務
5　論理
6　情報
7　検索/行列
8　データベース
9　文字列操作
10　エンジニアリング
11　キューブ
12　Web　互換性関数

データベース | 分散 | (2010) (2013) (2016) (2019) (365)

ディー・バリアンス・ピー

# DVARP

## 条件を満たすレコードの標本分散を求める ✓

**書 式** DVARP(データベース, フィールド, 条件)

**計算例** DVARP(A1：H8,D1,A10：H11)

セル範囲 [A1：H8] のデータベースから、セル範囲 [A10：H11] の条件に一致するレコードを検索して、セル [D1] のフィールドの標本分散を返す。

**機 能** DVARP関数は、[データベース] において、[条件] を満たすレコードを検索します。指定された [フィールド] 列を母集団全体とみなして、その分散 (標本分散) を求めます。

**関連** VAR.P ･････････････････････････P.64

---

データベース | 分散 | (2010) (2013) (2016) (2019) (365)

ディー・バリアンス

# DVAR

## 条件を満たすレコードの不偏分散を求める ✓

**書 式** DVAR(データベース, フィールド, 条件)

**計算例** DVAR(A1：H8,D1,A10：H11)

セル範囲 [A1：H8] のデータベースから、セル範囲 [A10：H11] の条件に一致するレコードを検索して、セル [D1] のフィールドの不偏分散を返す。

**機 能** DVAR関数は、[データベース] において、[条件] を満たすレコードを検索します。指定された [フィールド] 列を標本とみなして、母集団の分散の推定値 (不偏分散) を求めます。

表では、DVAR関数で不偏分散、DVARP関数で標本分散を求めています。

📄 08-05

**関連** VAR.S ･････････････････････････P.64

212

ディー・スタンダード・ディビエーション・ビー

# DSTDEVP

## 条件を満たすレコードの標準偏差を求める

**書　式** DSTDEVP(データベース, フィールド, 条件)

**計算例** DSTDEVP(A1：G6,D1,A8：G9)

セル範囲 [A1：G6] のデータベースから、セル範囲 [A8：G9] の条件に一致するレコードを検索して、セル [D1] のフィールドの標準偏差を返す。

**機　能** DSTDEVP関数は、[データベース] において、[条件] を満たすレコードを検索し、指定された [フィールド] 列を母集団全体とみなして、その標準偏差を求めます。

### 使用例　試験結果表から条件を満たす数学の標準偏差

下表は、必修数学と選択科目の試験結果表です。セル範囲 [A1:G15] のデータベースから、セル範囲 [A17：G18] に指定された条件を満たす「必修数学」のフィールドを検索します。これを母集団全体とみなし、標準偏差を求めています。

| | A | B | C | D | E | F | G | H |
|---|---|---|---|---|---|---|---|---|
| | | | | =DSTDEVP(A1:G15,C1,A17:G18) | | | | |
| 1 | 番号 | 氏名 | 必修数学 | 選択物理 | 選択化学 | 総合点 | 順位 | |
| 2 | 1 | 青山 克彦 | 50 | | 50 | 100 | 12 | |
| 3 | 2 | 加藤 京香 | 60 | | 45 | 105 | 11 | |
| 4 | 3 | 佐々木 浩 | 75 | 60 | | 135 | 5 | |
| 5 | 4 | 髙橋 美穂 | 90 | 75 | | 165 | 3 | |
| 6 | 5 | 中村 武 | 100 | 100 | | 200 | 1 | |
| 7 | 6 | 橋本 麻里 | 40 | 50 | | 90 | 13 | |
| 8 | 7 | 松本 義昭 | 35 | | 50 | 85 | 14 | |
| 9 | 8 | 大沢 敦子 | 65 | 54 | | 119 | 8 | |
| 10 | 9 | 熊谷 武弘 | 70 | 60 | | 130 | 6 | |
| 11 | 10 | 渡邊 優子 | 45 | | 65 | 110 | 9 | |
| 12 | 11 | 太田 正幸 | 55 | | 70 | 125 | 7 | |
| 13 | 12 | 野田 明希 | 85 | 90 | | 175 | 2 | |
| 14 | 13 | 依田 直人 | 90 | 75 | | 165 | 3 | |
| 15 | 14 | 原田 智恵 | 60 | | 50 | 110 | 9 | |
| 16 | | | | | | | | |
| 17 | 番号 | 氏名 | 必修数学 | 選択物理 | 選択化学 | 総合点 | 順位 | |
| 18 | | | >=0 | | | | | |
| 19 | | | | | | | | |
| 20 | | 数学の標準偏差 | | 17.6666175 | | | | |
| 21 | | | | | | | | |

08-06

$f(x)$ **=DSTDEVP(A1:G15,C1,A17:G18)**

**関連** STDEVP ……………………………… P.65

# DSTDEV

## 条件を満たすレコードの標準偏差推定値を求める

**書　式** DSTDEV(データベース, フィールド, 条件)

**計算例** DSTDEV(A1：G6,D1,A8：G9)

セル範囲[A1:G6]にあるデータベースから、セル範囲[A8:G9]の条件に一致するレコードを検索して、母集団の標準偏差の推定値を返す。

**機　能** DSTDEV関数は、[データベース]において、[条件]を満たすレコードを検索して、指定された[フィールド]列を標本とみなし、母集団の標準偏差の推定値を求めます。

### 使用例　試験結果表から条件を満たす数学の推定値を求める

下表は、必修数学と選択科目の試験結果表です。セル範囲[A1：G8]のデータベースから、セル範囲[A17：G18]に指定された条件を満たす「必修数学」のフィールドを検索します。これを標本とみなし、標準偏差の推定値を求めています。

**08-07**

$f(x)$ **=DSTDEV(A1:G15,C1,A17:G18)**

**関連** STDEV.S ................................ P.65

214

ディー・カウント

# DCOUNT

## 条件を満たすレコードの数値の個数を求める　　∨

**書　式**　DCOUNT(データベース, フィールド, 条件)

**計算例**　DCOUNT(A1：I8,F1,A10：I12)
　　　　　セル範囲 [A1：I8] のデータベースから、セル範囲 [A10：
　　　　　I12] の条件に一致するレコードを検索して、セル [F1] では
　　　　　じまるフィールドに入力されているセルの個数を返す。

**機　能**　DCOUNT関数は、[データベース] において、[条件] を満た
　　　　　すレコードを検索して、指定された [フィールド] 列の数値が
　　　　　入力されているセルの個数を求めます。

### 使用例　複数の得点の条件を満たす物理受験者数を求める　　∨

下表は、複数の科目の試験結果表です。セル範囲 [A1：I15] のデータ
ベースから、セル範囲 [A17：I19] に指定された複数の条件を満たす
レコードを検索して、「物理」のフィールド列で、数値が入力されてい
る受験者数を求めています。

E21　｜　×　✓　fx　=DCOUNT(A1:I15,F1,A17:I19)

| | A | B | C | D | E | F | G | H | I | J |
|---|---|---|---|---|---|---|---|---|---|---|
| 1 | 番号 | 氏名 | 現国 | 英語 | 数学 | 物理 | 化学 | 総合点 | 順位 | |
| 2 | 1 | 青山 克彦 | 50 | 80 | 50 | | 70 | 180 | 14 | |
| 3 | 2 | 加藤 京香 | 60 | 70 | 60 | | 80 | 190 | 12 | |
| 4 | 3 | 佐々木 浩 | 75 | 60 | 80 | | 70 | 215 | 8 | |
| 5 | 4 | 高橋 美穂 | 90 | 75 | 85 | 80 | | 330 | 2 | |
| 6 | 5 | 中村 武 | 95 | 90 | 95 | 85 | | 365 | 1 | |
| 7 | 6 | 橋本 麻里 | 40 | 50 | 65 | 60 | | 215 | 8 | |
| 8 | 7 | 松本 義明 | 75 | 70 | 85 | 欠席 | | 230 | 6 | |
| 9 | 8 | 大沢 敦子 | 65 | 55 | 70 | | 80 | 190 | 12 | |
| 10 | 9 | 熊谷 武弘 | 70 | 60 | 85 | | 80 | 215 | 8 | |
| 11 | 10 | 渡邉 優子 | 45 | 55 | 65 | 55 | | 220 | 7 | |
| 12 | 11 | 太田 正幸 | 55 | 55 | 70 | 60 | | 240 | 5 | |
| 13 | 12 | 野田 明希 | 85 | 90 | 80 | | 95 | 255 | 3 | |
| 14 | 13 | 依田 直人 | 90 | 75 | 85 | | 80 | 250 | 4 | |
| 15 | 14 | 原田 哲憲 | 60 | 70 | 65 | | 70 | 195 | 11 | |
| 16 | | | | | | | | | | |
| 17 | 番号 | 氏名 | 現国 | 英語 | 数学 | 物理 | 化学 | 総合点 | 順位 | |
| 18 | | | >=60 | >=60 | | | | | | |
| 19 | | | | >=60 | >=60 | | | | | |
| 20 | | | | | | | | | | |
| 21 | 指定条件を満たす物理受験者数 | | | | | 2 | 名 | | | |
| 22 | | | | | | | | | | |
| 23 | | | | | | | | | | |

📄 08-08

*fx* **=DCOUNT(A1:I15,F1,A17:I19)**

**関連**　COUNT ·······························P.54

1 数学／三角
2 統計
3 日付／時刻
4 財務
5 論理
6 情報
7 検索／行列
8 データベース
9 文字列操作
10 エンジニアリング
11 キューブ／Web
12 互換性関数

2010 2013 2016 2019 365

ディー・カウント・エー

# DCOUNTA

## 条件を満たすレコードの空白以外のセルの個数を求める ∨

**書　式** DCOUNTA(データベース, フィールド, 条件)

**計算例** DCOUNTA(A1：I8,F1,A10：I12)

セル範囲 [A1：I8] のデータベースから、セル範囲 [A10：I12] の条件に一致するレコードを検索して、セル [F1] ではじまるフィールドに数値や文字列などの値が入力されているセルの個数を返す。

**機　能** DCOUNTA関数は、[データベース] において [条件] を満たすレコードを検索して、指定された [フィールド] 列の空白でないセルの個数を求めます。

---

**使用例**　複数の得点の条件を満たす物理受験者数を求める ∨

下表は、複数の科目の試験結果表です。セル範囲 [A1：J15] のデータベースから、セル範囲 [A17：J19] に指定された複数の得点の条件を満たすレコードを検索して、「物理」のフィールド列で、欠席者を含んだ「物理」受験者数を求めています。

08-09

$f(x)$ **=DCOUNTA(A1:J15,G1,A17:J19)**

**関連** COUNTA・・・・・・・・・・・・・・P.54

216

数学／三角

2 統計

3 日付／時刻

4 財務

5 論理

6 情報

7 検索／行列

8 データベース

9 文字列操作

10 エンジニアリング

11 キューブ Web

12 互換性関数

## MEMO | 引数［条件］における条件設定

データベース関数の引数［条件］では、「同じ行に記述するとAND条件（条件をすべてを満たす）」、「異なる行に記述するとOR条件（いずれかの条件を満たす）」という規則があり、これらを守れば何行でも条件を記述することができます。これは、すべてのデータベース関数に共通です。前のページの例（DCOUNTA関数）では、18行目と19行目にAND条件を設定し、18行目または19行目の2行で、それぞれの行のいずれかの条件を満たすというOR条件を設定しています。

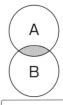

| AND 条件 | | 同じ行に記述する |

| 現国 | 英語 |
| --- | --- |
| >=60 | >=60 |

「現国が 60 点以上」
かつ「英語が 60 点以上」

A ∩ B

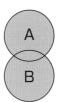

| OR 条件 | | 違う行に記述する |

| 現国 | 英語 |
| --- | --- |
| >=60 | |
| | >=60 |

「現国が 60 点以上」
または「英語が 60 点以上」

A ∪ B

AND 条件と OR 条件の組み合わせ

| 現国 | 英語 | 数学 | 経済 |
| --- | --- | --- | --- |
| >=60 | >=60 | | |
| | | >=60 | >=60 |

(A ∩ B) ∪ (C ∩ D)

「現国が 60 点以上」かつ「英語が 60 点以上」
または、
「数学が 60 点以上」かつ「経済が 60 点以上」

| A | 現国 | 60点以上 |
| --- | --- | --- |
| B | 英語 | 60点以上 |
| C | 数学 | 60点以上 |
| D | 経済 | 60点以上 |

ディー・ゲット

# DGET

## データベースから1つの値を抽出する ∨

| 書　式 | DGET(データベース, フィールド, 条件) |
|---|---|
| 計算例 | DGET(A1：H8,B1,A10：H11) |
| | セル範囲 [A1：H8] のデータベースから、セル範囲 [A10：H11] の条件に一致するレコードを検索して、セル [B1] のフィールドの値を返す。 |

| 機　能 | DGET関数は、[データベース] において、[条件] を満たすレコードを検索して、指定された [フィールド] 列の値を1つだけ抽出します。 |
|---|---|
| 解　説 | ランキングリストをExcelの関数で作成するには、LARGE関数やMATCH関数などが必要です。しかし、単に1つのランクに対応する受験者名などのデータを得るだけなら、RANK.EG関数で順位さえ求めておけば、DGET関数だけで十分です。 |

### 使用例　指定した条件に該当する氏名を求める ∨

下表は、複数の科目の試験結果表です。セル範囲[A1:H8]のデータベースから、セル範囲 [A10：H11] に指定された条件 ( [順位] が [3] )を検索して、[氏名] フィールドから該当する一人の氏名を抽出します。

| | A | B | C | D | E | F | G | H |
|---|---|---|---|---|---|---|---|---|
| 1 | 番号 | 氏名 | フリガナ | 必修数学 | 選択物理 | 選択化学 | 総合点 | 順位 |
| 2 | 1 | 青山 克彦 | アオヤマ カツヒコ | 50 | | 50 | 100 | 5 |
| 3 | 2 | 加藤 京香 | カトウ キョウカ | 60 | | 45 | 105 | 4 |
| 4 | 3 | 佐々木 浩 | ササキ ヒロシ | 75 | 60 | | 135 | 3 |
| 5 | 4 | 髙橋 美穂 | タカハシ ミホ | 90 | 75 | | 165 | 2 |
| 6 | 5 | 中村 武 | ナカムラ タケシ | 100 | 100 | | 200 | 1 |
| 7 | 6 | 橋本 麻里 | ハシモト マリ | 40 | 50 | | 90 | 6 |
| 8 | 7 | 松本 義昭 | マツモト ヨシアキ | 35 | | 50 | 85 | 7 |
| 9 | | | | | | | | |
| 10 | 番号 | 氏名 | フリガナ | 必修数学 | 選択物理 | 選択化学 | 総合点 | 順位 |
| 11 | | | | | | | | 3 |
| 12 | | | | | | | | |
| 13 | | 氏名 | | | | | | |
| 14 | | 佐々木 浩 | | | | | | |
| 15 | | | | | | | | |

B14　=DGET(A1:H8,B1,A10:H11)

08-10

$f(x)$ **=DGET(A1:H8,B1,A10:H11)**

関連 **RANC.EQ** ⋯⋯⋯⋯⋯⋯⋯⋯⋯⋯P.60

# 第 9 章
# 文字列操作

Excel の文字列操作関数は、文字や文字列を操作するための関数です。複数のセルに入力されている文字列を結合して1つの文字列にしたり、文字列から条件を指定して文字や文字列を抽出したりすることができます。また、ひらがなをカタカナに変換する、半角文字を全角文字に変換するなどの文字変換、入力したときの読み方の情報をもとに、文字列のふりがなを取り出すこともできます。

コンカティネート

# CONCATENATE

## 複数の文字列を結合する

**書　式**　CONCATENATE(文字列 1[, 文字列 2,…])

**計算例**　CONCATENATE("Desk","Top","Publishing")
文字列 [Desk] [Top] [Publishing] を結合した
[DeskTopPublishing] という文字列を返す。

**機　能**　CONCATENATE関数は、複数のセルにある文字列を結合して1つの文字列にまとめます。名簿の名前の後ろに「様」などを付ける場合に便利です。文字をつなげるには文字列演算子「＆」を使うこともできますが（="Desk"&"Top"&"Publishing"）、COUNCATENATE関数で引数を指定したほうがかんたんです。なお、引数は30個まで指定できます。

### 使用例　宛名リストや住所の作成

取引先名簿などから、敬称を付けた宛名リストを作成する場合、CONCATENATE関数でかんたんに作成することができます。また、「都道府県」や「市区町村」などが別々に入力された一覧表から、ひと続きの住所を作成することもできます。

| F2 | ▼ | × ✓ fx | =CONCATENATE(B2,C2,D2) | | |
|----|---|--------|--------|---|---|
| | A | B | C | D | E | F |
| 1 | 氏名 | 都道府県 | 市区町村 | 住所 2 | | 住所 |
| 2 | 浅田 一樹 | 埼玉県 | 富士見市 | 上沢3-3-3 | | 埼玉県富士見市上沢3-3-3 |
| 3 | 伊東 吾郎 | 神奈川県 | 座間市 | 緑ヶ丘 4 -5-6 | | 神奈川県座間市緑ヶ丘 4 -5-6 |
| 4 | 植松 麻沙美 | 東京都 | 港区 | 青山5-67-8 | | 東京都港区青山5-67-8 |
| 5 | 江成 日南子 | 大阪府 | 岸和田市 | 磯上町8-9-10 | | 大阪府岸和田市磯上町8-9-10 |
| 6 | 大竹 泰啓 | 北海道 | 函館市 | 港本通2-1-9 | | 北海道函館市港本通2-1-9 |
| 7 | 小金沢 咲来 | 福岡県 | 博多区 | 中央本町100-5 | | 福岡県博多区中央本町100-5 |
| 8 | | | | | | |

09-01

### MEMO | 数式の値への変換

作成した宛名や住所は、コピーして利用するときのために、数式から値に変換しておきます。数式を値に変換するには、数式が入力されたセル（セル範囲）を選択して<コピー>をクリックし、貼り付けたいセルを選択して<貼り付け>の下部分をクリックし、<値>を選択します。

コンカット
# CONCAT

## 複数のセルの文字列を結合する　　　　　　　　　　　∨

**書　式**　CONCAT(文字列 1[, 文字列 2,…] )

**計算例**　CONCAT(A2,B2)
A列に入力されている文字列「姓」と、B列に入力されている
文字列「名」を統合し、姓名として1つのセルに表示する。

**機　能**　CONCAT関数は、複数の文字列を結合し、1つの文字列に
します。ただし、結合する文字列の間に区切り記号やアンパ
サンド(&)などの記号を入れることはできません。
結合する文字列は最大252個で、結合後の文字数は32,767
以下(Excelで1つのセルに入力できる半角の最大文字数)で、
これを超えた場合、「#VALUE」エラーになります。

### 使用例　　　　　　　　　　　　　　　　　　　　　　　∨

下表では、A列に「都道府県」名、B列に「市区町村」名が入力されてい
る文字列をそのまま結合して、C列に1つの文字列として表示していま
す。

| | A | B | C | D |
|---|---|---|---|---|
| 1 | 都道府県 | 市区町村 | 住所 | |
| 2 | 北海道 | 岩見沢市 | 北海道岩見沢市 | |
| 3 | 福島県 | いわき市 | 福島県いわき市 | |
| 4 | 東京都 | 西東京市 | 東京都西東京市 | |
| 5 | 神奈川県 | 横浜市西区 | 神奈川県横浜市西区 | |
| 6 | 静岡県 | 静岡市葵区 | 静岡県静岡市葵区 | |
| 7 | 大阪府 | 東大阪市 | 大阪府東大阪市 | |
| 8 | 鹿児島県 | 薩摩川内市 | 鹿児島県薩摩川内市 | |
| 9 | | | | |
| 10 | | | | |

C2　▼　:　×　✓　*fx*　=CONCAT(A2,B2)

09-02

*f(x)* **=CONCAT(A2,B2)**

**関連**　**CONCATENATE** ················· P.220
　　　**TEXTJOIN** ························· P.222

文字列操作　　文字列結合　　　　　　　　　2010 2013 2016 2019 365

テキストジョイン

# TEXTJOIN

## 区切り記号で複数のセルの文字列を結合する　　　∨

**書　式**　TEXTJOIN(区切り記号, 空の文字列を無視, 文字列 1[, 文字列 2] ,…)

**機　能**　TEXTJOIN関数は、複数の文字列を結合する際に、文字列と文字列の間に区切り記号などを入れて1つの文字列にします。[空の文字列を無視] では、無視する場合は [TRUE]、結合の対象とする場合は [FALSE] を指定します。結合した文字列が32,767文字（Excelで1つのセルに入力できる半角の最大文字数）を超えた場合、「#VALUE」エラーになります。

### 使用例　文字列の間に空白を入れて結合する　　　∨

下表では、都道府県と市区町村の各間に全角のスペース（全角空白）を入れて結合しています。空白のセルがある場合は、無視します。

| | A | B | C | D | E |
|---|---|---|---|---|---|
| 1 | 都道府県 | 市 | 区 | 町村 | 住所 |
| 2 | 北海道 | 岩見沢市 | | 南町4条 | 北海道　岩見沢市　南町4条 |
| 3 | 福島県 | いわき市 | | | 福島県　いわき市 |
| 4 | 東京都 | | 千代田区 | 一番町 | 東京都　千代田区　一番町 |
| 5 | 神奈川県 | 横浜市 | 西区 | みなとみらい | 神奈川県　横浜市　西区　みなとみらい |
| 6 | 静岡県 | 静岡市 | 葵区 | 安倍口団地 | 静岡県　静岡市　葵区　安倍口団地 |
| 7 | 大阪府 | 東大阪市 | | 長田中 | 大阪府　東大阪市　長田中 |
| 8 | 鹿児島県 | 薩摩川内市 | | 向田町 | 鹿児島県　薩摩川内市　向田町 |
| 9 | | | | | |

E2 セル：`=TEXTJOIN(" ",TRUE,A2,B2,C2,D2)`

09-03

---

文字列操作　　文字列長　　　　　　　　　2010 2013 2016 2019 365

レングス

# LEN

## 文字列の文字数を求める　　　∨

**書　式**　LEN(文字列)
　　　　文字列の文字数を返す。

**機　能**　LEN関数は、全角と半角の区別なく1文字を [1] として文字列の文字数を返します。使用例は、P.223のLENB関数を参照してください。

関連　**LENB**⋯⋯⋯⋯⋯⋯⋯⋯⋯⋯⋯⋯⋯ P.223

レングス・ビー

# LENB

## 文字列のバイト数を求める　　　　　　　　　∨

**書　式**　LENB(文字列)

文字列のバイト数を返す。

**機　能**　LEFTB関数は、文字列の先頭(左端)から数えて、指定された バイト数の文字を返します。全角文字は、文字数としては [1]、バイト数としては[2]と数えます。

引数に文字列を直接指定する場合は、半角のダブルクォーテーション「"」で囲む必要があります。

### 使用例　セルの文字数とバイト数を数える　　　　　　∨

下表は、A列に入力された文字列に対し、LEN関数とLENB関数を用いて文字数とバイト数を表示しています。

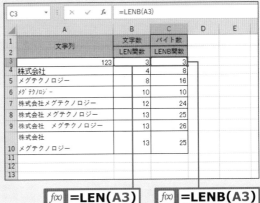

| | A | B | C | D | E |
|---|---|---|---|---|---|
| | | 文字数 | バイト数 | | |
| | 文字列 | LEN関数 | LENB関数 | | |
| 3 | 123 | 3 | 3 | | |
| 4 | 株式会社 | 4 | 8 | | |
| 5 | メグテクノロジー | 8 | 16 | | |
| 6 | ﾒｸﾞﾃｸﾉﾛｼﾞｰ | 10 | 10 | | |
| 7 | 株式会社メグテクノロジー | 12 | 24 | | |
| 8 | 株式会社 メグテクノロジー | 13 | 25 | | |
| 9 | 株式会社　メグテクノロジー | 13 | 26 | | |
| 10 | 株式会社<br>メグテクノロジー | 13 | 25 | | |

C3 | × ✓ fx | =LENB(A3)

09-04

f(x) **=LEN(A3)**　　　f(x) **=LENB(A3)**

**関連** LEN ……………………………… P.222

---

### MEMO｜LEN関数とLENB関数

LEN関数とLENB関数は、次ページ以降で紹介するLEFT関数/LEFTB関数、RIGHT関数/RIGHTB関数、MID関数/MIDB関数などの引数[文字数]に使用します。また、引数[開始位置]などの指定の際にも必要となります。

**文字列操作** | **文字列抽出**　　　　　　　　(2010) (2013) (2016) (2019) (365)

レフト

# LEFT

## 文字列の左端から指定数の文字を取り出す　　　∨

**書　式**　LEFT(文字列 [, 文字数])

文字列の左端から指定文字数の文字を返す。

**機　能**　LEFT関数は、文字列の先頭（左端）から数えて、指定された数の文字を返します。全角と半角の区別なく、1文字を [1] として文字単位で数えます。

**使用例**　部課名から部名に相当する左3文字を抽出する　　　∨

下表は、A列に入力された文字列に対し、B列にLEFT関数を用いて、左から3文字分を抜き出した例です。部署名の中に3文字ではないものがある場合には、「部」などの文字をFIND関数やSEARCH関数などで検索してから、その位置までを抜き出す操作が必要です。

| | A | B | C | D |
|---|---|---|---|---|
| 1 | 部課名 | 部名 | | |
| 2 | 人事部人事課 | 人事部 | | |
| 3 | 総務部総務課 | 総務部 | | |
| 4 | 営業部営業1課 | 営業部 | | |
| 5 | 総務部庶務課 | 総務部 | | |
| 6 | 営業部営業２課 | 営業部 | | |
| 7 | 営業部販売課 | 営業部 | | |
| 8 | 総務部国際課 | 総務部 | | |
| 9 | 人事部給与課 | 人事部 | | |
| 10 | 財務部経理課 | 財務部 | | |
| 11 | | | | |

B2　▼　：　×　✓　fx　=LEFT(A2,3)

09-05

---

**文字列操作** | **文字列抽出**　　　　　　　　(2010) (2013) (2016) (2019) (365)

レフト・ビー

# LEFTB

## 文字列の左端から指定バイト数の文字を取り出す　∨

**書　式**　LEFTB(文字列 [, バイト数])

文字列の左端から指定バイト数の文字を返す。

**機　能**　LEFTB関数は、文字列の先頭（左端）から数えて、指定されたバイト数の文字を返します。全角文字は、文字数としては [1]、バイト数としては [2] と数えます。

1 数学/三角

2 統計

3 日付・時刻

4 財務

5 論理

6 情報

7 検索・行列

8 データベース

9 文字列操作

10 エンジニアリング

11 キューブ Web

12 互換性関数

文字列操作 | 文字列抽出

2010 2013 2016 2019 365

ライト

# RIGHT

## 文字列の右端から指定数の文字を取り出す ∨

**書 式** RIGHT(文字列 [, 文字数])

文字列の右端から指定文字数の文字を返す。

**機 能** RIGTH関数は、文字列の末尾(右端)から数えて、指定された数の文字を返します。全角と半角の区別なく、1文字を[1]として文字単位で数えます。

### 使用例 「都道府県」の文字の位置以降の文字列を抽出する ∨

下表では、RIGHT関数を用いて「住所」の文字列の「都道府県」の文字の次の文字の位置から末尾までの文字列を「住所2」に抽出します。文字列の長さは、LEN関数を用いて求めた全長から"先頭から「都道府県」の文字の位置まで"の文字数を差し引いたものです。ちなみに、「住所1」には、"先頭から「都道府県」の文字の位置まで"の文字を、LEFT関数を用いて求めます。

H3 ▾ : × ✓ fx =RIGHT($A3,LEN($A3)-$F3)

| | A | B | C | D | E | F | G | H |
|---|---|---|---|---|---|---|---|---|
| 1 | | 文字の位置 | | | | | 住所1 | 住所2 |
| 2 | 住所 | 都 | 道 | 府 | 県 | 都道府県 | | |
| 3 | 北海道札幌市中央区旭ヶ丘 | 0 | 3 | 0 | 0 | 3 | 北海道 | 札幌市中央区旭ヶ丘 |
| 4 | 神奈川県座間市緑ヶ丘4丁目 | 0 | 0 | 0 | 4 | 4 | 神奈川県 | 座間市緑ヶ丘4丁目 |
| 5 | 東京都港区南青山5丁目 | 3 | 0 | 0 | 0 | 3 | 東京都 | 港区南青山5丁目 |
| 6 | 大阪府岸和田市磯上町3丁目 | 0 | 0 | 3 | 0 | 3 | 大阪府 | 岸和田市磯上町3丁目 |
| 7 | | | | | | | | |
| 8 | | | | | | | | |

≡ 09-06

**f(x) =RIGHT($A3,LEN($A3)-$E3)**

関連 LEN ................................. P.222

---

文字列操作 | 文字列抽出

2010 2013 2016 2019 365

レフト・ビー

# RIGHTB

## 文字列の右端から指定バイト数の文字を取り出す ∨

**書 式** RIGHTB(文字列 [, バイト数])

文字列の右端から指定バイト数の文字を返す。

**機 能** RIGHTB関数は、文字列の末尾(右端)から数えて、指定されたバイト数の文字を返します。全角文字は、文字数としては[1]、バイト数としては[2]と数えます。

数学／三角　1

統計　2

日付／時刻　3

財務　4

論理　5

情報　6

検索／行列　7

データベース　8

文字列操作　9

エンジニアリング　10

キューブ　Web　11

互換性関数　12

ミッド

# MID

## 文字列の指定位置から指定数の文字を取り出す ∨

**書　式** MID(**文字列, 開始位置, 文字数**)

文字列の指定の位置から指定文字数の文字を返す。

**機　能** MID関数は、文字列の開始位置から指定された数の文字を返します。全角と半角の区別なく、1文字を[1]として文字単位で数えます。

### 使用例 表示形式ではなく関数を用いて曜日を表示する ∨

下表では、日付に応じた曜日を表示するために、MID関数、WEEKDAY関数、DATE関数を用いています。まず、[年][月][日]を表す数値をDATE関数に入力して日付を算出し、その日付をWEEKDAY関数に代入して曜日の番号を算出し、その番号から曜日の文字列をMID関数で抽出します。

09-07

*f(x)* **=MID("日月火水木金土",WEEKDAY(DATE($A$1,$A$2,A5)),1)**

---

ミッド・ビー

# MIDB

## 文字列の指定位置から指定バイト数の文字を取り出す ∨

**書　式** MIDB(**文字列, 開始位置, バイト数**)

文字列の指定の位置から指定バイト数の文字を返す。

**機　能** MIDB関数は、文字列の開始位置から指定バイト数の文字を返します。全角文字は、文字数としては[1]、バイト数としては[2]と数えます。

ファインド

# FIND

## 検索する文字列の位置を求める

書　式　**FIND(検索文字列, 対象 [, 開始位置])**
　　　　文字列を検索して、最初に現れる位置の文字番号を返す。

機　能　FIND関数は、[検索文字列] で指定された文字列を [対象] の
　　　　中で検索して、[検索文字列] が最初に現れる位置の文字番号
　　　　を求めます。
　　　　なお、全角と半角、英字の大文字と小文字を区別することが
　　　　できますが、ワイルドカード(P.58参照)は使用できません。

### 使用例　文字列から「都道府県」の文字の位置を求める

下表では、A列の「住所」にある文字列内の、「都道府県」の文字の位置
を求めるためにFIND関数を用いています。この数式では、あとで文字
の位置をMAX関数で集計するときのために、[検索文字列] が見つから
ない場合にはエラー表示ではなく、[0] を返すようにISERROR関数を
使用しています。
求めた文字の位置を使って、住所の先頭から「都道府県」の文字の位置
までの文字列を取り出したり(住所1)、住所の「都道府県」の文字の次
の文字の位置から末尾までの文字列を取り出したり(住所2)すること
ができます。

| B3 | × ✓ fx | =IF(ISERROR(FIND(B$2,$A3)),0,FIND(B$2,$A3)) | | | | | | |

| | A | B | C | D | E | F | G | H |
|---|---|---|---|---|---|---|---|---|
| 1 | 住所 | \multicolumn{5}{c} 文字の位置 | | | | 住所1 | 住所2 |
| 2 | | 都 | 道 | 府 | 県 | 都府県 | | |
| 3 | 北海道札幌市中央区旭ヶ丘 | 0 | 3 | 0 | 0 | 3 | 北海道 | 札幌市中央区旭ヶ丘 |
| 4 | 神奈川県座間市緑ヶ丘4丁目 | 0 | 0 | 0 | 4 | 4 | 神奈川県 | 座間市緑ヶ丘4丁目 |
| 5 | 東京都港区南青山5丁目 | 3 | 0 | 0 | 0 | 3 | 東京都 | 港区南青山5丁目 |
| 6 | 大阪府岸和田市磯上町3丁目 | 0 | 0 | 3 | 0 | 3 | 大阪府 | 岸和田市磯上町3丁目 |
| 7 | | | | | | | | |

09-08

*f(x)* **=IF(ISERROR(FIND(B$2,$A3)),0,FIND(B$2,$A3))**

関連　**ISERROR** ························· P.174
　　　**LEFT** ································· P.224
　　　**RIGHT** ······························ P.225

ファインド・ビー

# FINDB

## 検索する文字列のバイト位置を求める　　　　　✓

**書　式**　FINDB(検索文字列, 対象 [, 開始位置])
　　　　　文字列を検索し、最初に現れる位置のバイト番号を返す。

**機　能**　FINDB関数は、[検索文字列]で「指定された文字列を[対象]
　　　　　の中で検索して、[検索文字列]が最初に現れる位置のバイト
　　　　　番号を求めます。なお、全角と半角、英字の大文字と小文字
　　　　　を区別できますが、ワイルドカードは使用できません。

---

サーチ

# SEARCH

## 検索する文字列の位置を求める　　　　　　✓

**書　式**　SEARCH(検索文字列, 対象 [, 開始位置])
　　　　　文字列を検索して、最初に現れる位置の文字番号を返す。

**機　能**　SEARCH関数は、[検索文字列]で指定された文字列を[対象]
　　　　　の中で検索して、[検索文字列]が最初に現れる位置の文字番
　　　　　号を求めます。[検索文字列]では、英字の大文字と小文字区
　　　　　別できませんが、「＊(任意の文字列)」、「?(任意の1文字)」
　　　　　のワイルドカードを使用できます。

### 使用例　住所録から「横浜」の位置を調べる　　　　✓

下表では、SEARCH関数を使って、住所から「横浜」の位置を調べてい
ます。ここでは、住所の中に「横浜」が含まれているかどうかを調べ、

含まれる場合は位置の
番号を、含まれていな
い場合はエラーを表示し
ます。

| C2 | ▼ | × ✓ fx | =SEARCH("横浜",B2) |
|---|---|---|---|

| | A | B | C |
|---|---|---|---|
| 1 | 氏　名 | 住　所 | 検索位置 |
| 2 | 待井 香 | 神奈川県横浜市磯子區1-2-3 | 5 |
| 3 | 木村 優里菜 | 神奈川県横浜市金沢区中央本町9-8-7 | 5 |
| 4 | 坂下 和希 | 神奈川県伊勢原市笠井5-6-43 | #VALUE! |
| 5 | 吉田 亜咲美 | 神奈川県横浜市保土ヶ谷区緑が丘10-41-74 | 5 |
| 6 | 尾崎 柊太 | 神奈川県大和市藍川町6-5-4 | #VALUE! |
| 7 | 杰木 佳朗 | 神奈川県三浦市白山町100-2 | #VALUE! |
| 8 | | | |

📄 09-09

関連　FIND ············· P.227

**228**

サーチ・ビー

# SEARCHB

## 検索する文字列のバイト位置を求める ⌄

**書 式** SEARCHB(**検索文字列, 対象** [**, 開始位置**])
文字列を検索し、最初に現れる位置のバイト番号を返す。

**機 能** SEARCHB関数は、[検索文字列]で指定された文字列を[対象]の中で検索して、[検索文字列]が最初に現れる位置のバイト番号を求めます。[検索文字列]では、英字の大文字と小文字区別できませんが、「*（任意の文字列）」、「?（任意の1文字）」のワイルドカードを使用できます。

関連 **FINDB** ………………………… P.228

---

リプレース

# REPLACE

## 指定した文字数の文字列を置換する ⌄

**書 式** REPLACE(**文字列, 開始位置, 文字数, 置換文字列**)
[文字列]中の[開始位置]以降の[文字数]を[置換文字列]で置換する。

**機 能** REPLACE関数は、全角と半角を区別せずに、1文字を1として、文字列中の指定された開始位置から、文字数分の文字列を置換文字列で置き換えます。

---

リプレース・ビー

# REPLACEB

## 指定したバイト数の文字列を置換する ⌄

**書 式** REPLACEB(**文字列, 開始位置, バイト数, 置換文字列**)
[文字列]中の[開始位置]以降の[バイト数]を[置換文字列]で置換する。

**機 能** REPLACEB関数は、文字列中の指定された開始位置から、バイト数分の文字列を置換文字列に置き換えます。

1 数学／三角
2 統計
3 日付／時刻
4 財務
5 論理
6 情報
7 検索／行列
8 データベース
9 文字列操作
10 エンジニアリング
11 キューブ Web
12 互換性関数

文字列操作 | 検索/置換 | (2010) (2013) (2016) (2019) (365)

サブスティチュート

# SUBSTITUTE

## 指定した文字列を置換する ✓

書　式　SUBSTITUTE(文字列, 検索文字列, 置換文字列 [, 置換対象])

機　能　SUBSTITUTE関数は、文字列中の検索文字列の一部または全部の文字列を置換文字列で置き換えます。
[検索文字列] と同じすべての文字列を置き換えるか、[置換対象] 番目の検索文字列と同じ文字列を置き換えるかで指定します。

---

文字列操作 | 数値/文字列 | (2010) (2013) (2016) (2019) (365)

フィックスト

# FIXED

## 数値を四捨五入しカンマを使った文字列に変換する ✓

書式例　FIXED(数値 [, 桁数] [, 桁区切り])

計算例　FIXED(123456.789,1)
数値 [123456.789] を、小数点以下第2位で四捨五入し、桁区切り記号を使った文字列 [123,456.8] に変換する。

機　能　FIXED関数は数値を四捨五入して、桁区切り記号「,」を使って書式設定した文字列に変換します。
表示形式を設定しても、表示が変わるだけで文字列には変換されませんが、FIXED関数を使用すると、数値は書式設定された文字列に変換されます。

### 使用例　数値を文字列に変換して文章に使う ✓

下表は、円の面積の数値を文字列に変換して、文章に埋め込んだ例です。

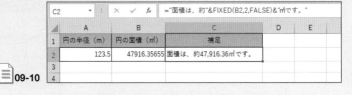

| | A | B | C | D | E |
|---|---|---|---|---|---|
| | 円の半径 (m) | 円の面積 (㎡) | 補足 | | |
| 1 | | | | | |
| 2 | 123.5 | 47916.35655 | 面積は、約47,916.36㎡です。 | | |
| 3 | | | | | |
| 4 | | | | | |

C2　｜　×　✓　fx　="面積は、約"&FIXED(B2,2,FALSE)&"㎡です。"

📄 09-10

ダラー
# DOLLAR

エン
# YEN

バーツ・テキスト
# BAHTTEXT

## 数値を四捨五入し通貨記号を付けた文字列に変換する ✓

**書　式**　DOLLAR(数値 [, 桁数])
数値を四捨五入し、ドル記号を付けた文字列に変換する。

**書　式**　YEN(数値 [, 桁数])
数値を四捨五入し、円記号を付けた文字列に変換する。

**書　式**　BAHTTEXT(数値)
数値を四捨五入し、バーツ書式の文字列に変換する。

**機　能**　DOLLAR関数は、[数値] を四捨五入して、ドル記号「$」を
付けた文字列に変換します。YEN関数は、[数値] を四捨五
入して、円記号「¥」を付けた文字列に変換します。[桁数] に
は、小数点以下の桁数を指定します。
BAHTTEXT関数は、[数値] を四捨五入して、タイで使われ
るバーツ書式を設定した文字列に変換します。
表示形式を設定しても、表示が変わるだけで文字列には変換
されませんが、DOLLAR関数を使用すると、数値は書式設
定された文字列に変換されます。

### 使用例　数値の通貨記号付文字列への変換 ✓

下表では、数値 [1000] に対するドル、円、バーツ表示を表しています。
文字列に変換されるため、各セルとも左詰めで表示されます。

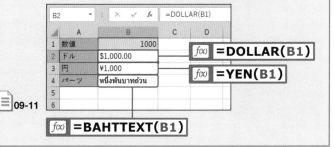

| | A | B | C | D |
|---|---|---|---|---|
| | | | B2 ▼ : × ✓ fx =DOLLAR(B1) | |
| 1 | 数値 | 1000 | | |
| 2 | ドル | $1,000.00 | | f(x) =DOLLAR(B1) |
| 3 | 円 | ¥1,000 | | f(x) =YEN(B1) |
| 4 | バーツ | หนึ่งพันบาทถ้วน | | |
| 5 | | | | |
| 6 | | | | |

📄 09-11

f(x) =BAHTTEXT(B1)

1 数学／三角
2 統計
3 日付／時刻
4 財務
5 論理
6 情報
7 検索／行列
8 データベース
9 文字列操作
10 エンジニアリング
11 キューブ／Web
12 互換性関数

テキスト

# TEXT

## 数値を書式設定した文字列に変換する　　　　　　∨

**書　式**　TEXT(数値, 表示形式)

**計算例**　TEXT(1200,"¥#,##0")

数値 [1200] を、指定した表示形式の文字列 [¥1,200] に
変換する。

**機　能**　TEXT関数は、[数値] をさまざまな表示形式（P.223参照）
を設定した文字列に変換します。
表示形式は、数値の書式を「yyy/m/d」（日付）や「#,##0」
（桁区切り）など、ダブルクォーテーション「"」で囲んだテキ
スト文字列として指定します。表示形式については、次ペー
ジを参照してください。

**解　説**　数値を含むセルに表示形式を設定しても、表示が変わるだけ
で文字列には変換されませんが、TEXT関数を使用すると [数
値] は書式設定された文字列に変換されます。

### 使用例　数値によって表示形式を変更する　　　　　　∨

TEXT関数の [表示形式] に条件値を指定しておくと、条件によって異なる
表示形式を [数値] に設定することができます。
[表示形式] に、「[>=100000] 約#,###,千;#,###」と指定すると、[数
値] が [100000] 以上の場合は「約○千」と表示し、[100000] 未満
の場合は桁区切りして表示します。
また、日付をもとに曜日を表示させることもできます。[表示形式] に
[aaaa] を指定すると日付に対応する曜日を「○曜日」という形式で表示
します。

| | C2 | ▼ | × ✓ fx | =TEXT(A2,B2) | |
|---|---|---|---|---|---|
| | A | B | | C | D |
| 1 | [数値] | [表示形式] | | TEXTの戻り値 | |
| 2 | 123456 | [>=100000]約#,###,千;#,### | | 約123千 | |
| 3 | 10000 | [>=100000]約#,###,千;#,### | | 10,000 | |
| 4 | 20211010 | #年00月00日 | | 2021年10月10日 | |
| 5 | 2021/10/10 | aaaa | | 日曜日 | |
| 6 | | | | | |
| 7 | | | | | |
| 8 | | | | | |

09-12

## ●おもな表示形式の書式記号

| 分 類 | 書式記号 | 内 容 |
|---|---|---|
| 数値 | 0 | 数字を表示。桁数に満たない場合は「0」を表示 |
| | ? | 数字を表示。桁数に満たない場合はスペースを表示 |
| | # | 数字を表示 |
| | .（ピリオド） | 小数点を表示 |
| | % | パーセントを表示 |
| | / | 分数を表示 |
| 通貨 | ,（カンマ） | 桁区切りを表示 |
| | ¥ | 金額を表示 |
| | $ | ドルを表示 |
| 日付 | yyyy | 西暦4桁を表示 |
| | yy | 西暦下2桁を表示 |
| | e | 和暦の年を表示 |
| | ggg | 和暦の元号を表示 |
| | mmm | 月の英語表示（Jan ～ Dec） |
| | mm | 月の2桁表示（01 ～ 12） |
| | m | 月の表示（1 ～ 12） |
| | ddd | 曜日の英語表示（Sun ～ Sat） |
| | aaaa | 曜日を表示（日曜日～土曜日） |
| | aaa | 曜日の短縮表示（日～土） |
| | dd | 日の2桁位表示（01 ～ 31） |
| | d | 日の表示（1 ～ 31） |
| 時刻 | hh | 時間の2桁表示（00 ～ 23） |
| | h | 時間の表示（0 ～ 23） |
| | mm | 分の2桁位表示（00 ～ 59） |
| | m | 分の表示（0 ～ 59） |
| | ss | 秒の2桁位表示（00 ～ 59） |
| | s | 秒の表示（0 ～ 59） |
| | [h] | 時間の経過時間の表示（24時を過ぎた［26］） |
| | [m] | 分の経過時間の表示（60分を超えた［100］） |
| 文字 | ! | 「！」の後ろの半角文字を1文字表示 |
| | _ | 「_」（アンダーバー）の後ろに指定した文字と同じ文字幅のスペースを空ける |

| 文字列操作 | 数値／文字列 | (2010) (2013) (2016) (2019) (365) |
|---|---|---|

ナンバー・ストリング

# NUMBERSTRING

## 数値を漢数字に変換する　　　　　　　　　　　　　　∨

**書　式**　NUMBERSTRING(数値, 書式)

**計算例**　NUMBERSTRING(12000,1)
　　　　　数値［12000］を漢数字［一万二千］に変換する。

**機　能**　NUMBERSTRING関数は、指定した数値を漢数字に変換する関数です。通常、数値を入力したセルに表示形式を設定しても、表示が変わるだけで文字列には変換されませんが、NUMBERSTRING関数を使用すると、数値は書式設定された文字列に変換されます。つまり、文字列の扱いになるので計算には利用できません。

**解　説**　NUMBERSTRING関数は、<関数ライブラリ>や<関数の挿入>ダイアログボックスには表示されないので、関数の書式に従ってセルに直接入力します。［書式］には以下の1〜3を入力します。入力によって表示が変化します。

| 書　式 | 変換文字 |
|---|---|
| 1 | 「一、二、三、…」、位取りの「十、百、千、万、…」 |
| 2 | 「壱、弐、参、…」、位取りの「拾、百、阡、萬、…」 |
| 3 | 「〇、一、二、三、…」 |

| 文字列操作 | 数値／文字列 | (2010) (2013) (2016) (2019) (365) |
|---|---|---|

ティー

# T

## 文字列を抽出する　　　　　　　　　　　　　　　　∨

**書　式**　T(値)

**計算例**　T("あいう")
　　　　　文字列［あいう］を返す。

**機　能**　T関数は［値］が文字列を参照する場合のみ、その文字列を返します。値が文字列以外のデータを参照している場合は、空白文字列［""］を返します。
　　　　　T関数は主に、セル参照によって文字列だけを抽出する場合に使われる関数です。

数学／三角　1
統計　2
日付・時刻　3
財務　4
論理　5
情報　6
検索・行列　7
データベース　8
文字列操作　9
エンジニアリング　10
キューブ　WEB　11
互換性関数　12

| 文字列操作 | 数値／文字列 | 2010 2013 2016 2019 365 |
|---|---|---|

アスキー

# ASC

## 文字列を半角に変換する　⌄

**書　式**　ASC(文字列)

**計算例**　ASC(" エクセル")
全角の文字列 [エクセル] を半角「ｴｸｾﾙ」に変換する。

**機　能**　ASC関数は、指定した文字列内の全角の英数カナ文字を半角文字に変換します。文字列を引数に直接指定する場合は、計算例のように「"」で囲みます。文字列に記号がある場合は、対応する半角や全角の記号があればその記号だけが処理されます。

関連　**JIS** ……………………………… P.235

| 文字列操作 | 数値／文字列 | 2010 2013 2016 2019 365 |
|---|---|---|

ジス

# JIS

## 文字列を全角に変換する　⌄

**書式例**　JIS(文字列)

**計算例**　JIS(" ﾜｰﾄﾞ ")
半角の文字列 [ﾜｰﾄﾞ] を全角「ワード」に変換する。

**機　能**　JIS関数は、指定した文字列内の半角の英数カナ文字を全角文字に変換します。

### 使用例　文字列の全角／半角の変換例　⌄

下表では、A列に入力された文字列を、ASC関数 (B列) とJIS関数 (C列) を用いて半角と全角に変換しています。

| | A | B | C |
|---|---|---|---|
| 1 | 文字列 | 全角→半角 | 半角→全角 |
| 2 | | ASC | JIS |
| 3 | 123 | 123 | １２３ |
| 4 | 株式会社 | 株式会社 | 株式会社 |
| 5 | メグテクノロジー | ﾒｸﾞﾃｸﾉﾛｼﾞｰ | メグテクノロジー |
| 6 | ﾒｸﾞﾃｸﾉﾛｼﾞｰ | ﾒｸﾞﾃｸﾉﾛｼﾞｰ | メグテクノロジー |
| 7 | 株式会社メグテクノロジー | 株式会社ﾒｸﾞﾃｸﾉﾛｼﾞｰ | 株式会社メグテクノロジー |
| 8 | 株式会社 メグテクノロジー | 株式会社 ﾒｸﾞﾃｸﾉﾛｼﾞｰ | 株式会社　メグテクノロジー |
| 9 | 株式会社　メグテクノロジー | 株式会社 ﾒｸﾞﾃｸﾉﾛｼﾞｰ | 株式会社　メグテクノロジー |
| 10 | 株式会社 メグテクノロジー | 株式会社ﾒｸﾞﾃｸﾉﾛｼﾞｰ | 株式会社メグテクノロジー |
| 11 | | | |

09-13

関連　**ASC** ……………………………… P.235

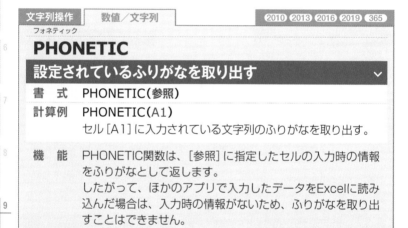

バリュー

# VALUE

## 文字列を数値に変換する　　　∨

**書　式**　VALUE(**文字列**)

**計算例**　VALUE("2020")

文字列として指定した [2020] を数値の [2020] に変換する。

**機　能**　VALUE関数は、文字列を数値に変換します。
変換した結果がエラーになる場合は、N関数を試してみてください（P.177参照）。

フォネティック

# PHONETIC

## 設定されているふりがなを取り出す　　　∨

**書　式**　PHONETIC(**参照**)

**計算例**　PHONETIC(A1)

セル [A1] に入力されている文字列のふりがなを取り出す。

**機　能**　PHONETIC関数は、[参照] に指定したセルの入力時の情報をふりがなとして返します。
したがって、ほかのアプリで入力したデータをExcelに読み込んだ場合は、入力時の情報がないため、ふりがなを取り出すことはできません。

アッパー

# UPPER

## 英字を大文字に変換する　　　∨

**書　式**　UPPER(**文字列**)

**機　能**　UPPER関数は、文字列に含まれる「英字をすべて大文字に変換する」関数です。使用例は、PROPER関数 (P.237) を参照してください。

ロウアー

# LOWER

## 英字を小文字に変換する

**書　式**　LOWER(文字列)

**機　能**　LOWER関数は、文字列に含まれる「英字をすべて小文字に変換する」関数です。使用例は下のPROPER関数を参照してください。

---

プロパー

# PROPER

## 英単語の先頭文字を大文字に、以降を小文字に変換する

**書　式**　PROPER(文字列)

**機　能**　PROPER関数は、文字列中の英単語の先頭文字を大文字に、2文字目以降の英字を小文字に変換する関数です。
元の文字列を変換したい場合は、PROPER関数を適用して変換した文字列を値として貼り付けます。

### 使用例　大文字／小文字に変換する

下表では、A列の文字列を大文字／小文字に変換します。
B列は、UPPER関数を利用して英字を大文字に変換します。C列は、PROPER関数を利用して先頭文字を大文字に変換します。
それぞれは文字列で表示されていますが、セル内は数式が入力されています。これを文字列として扱うには、コピーしてほかのセルに貼り付ける必要があります。ここでは、B列(大文字)の文字列をD列にコピーし、E列でLOWER関数を利用して、小文字に変換しています。

| | A | B | C | D | E |
|---|---|---|---|---|---|
| 1 | 氏名 (変換前) | 大文字変換 | 先頭大文字変換 | 貼り付け (値) | 小文字変換 |
| 2 | michael lopes | MICHAEL LOPES | Michael Lopes | MICHAEL LOPES | michael lopes |
| 3 | brad jackson | BRAD JACKSON | Brad Jackson | BRAD JACKSON | brad jackson |
| 4 | 佐々木 順子 | 佐々木 順子 | 佐々木 順子 | 佐々木 順子 | 佐々木 順子 |
| 5 | 中山 篤 | 中山 篤 | 中山 篤 | 中山 篤 | 中山 篤 |
| 6 | jennifer cage | JENNIFER CAGE | Jennifer Cage | JENNIFER CAGE | jennifer cage |
| 7 | | | | | |
| 8 | | | | | |

09-14

D列はB列の大文字を
値として貼り付け

文字列操作　　文字コード　　　　　2010 2013 2016 2019 365

キャラクター

# CHAR

## 文字コードを文字に変換する ⌄

**書　式**　CHAR(数値)

**計算例**　CHAR(9250)
数値 [9250] に対応する文字列「あ」を返す。

**機　能**　CHAR関数は [数値] をASCIIあるいはJISコード番号とみなし、それに対応する文字を返します。
たとえば、文字コード [9280] [12340] [65] を [数値] に指定して、それぞれの文字コードに対応する文字列を返します。

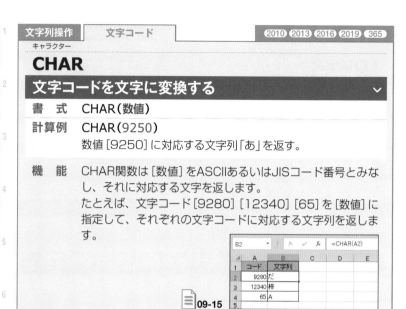

09-15

文字列操作　　文字コード　　　　　2010 2013 2016 2019 365

ユニコード・キャラクター

# UNICHAR

## Unicode番号を文字に変換する ⌄

**書　式**　UNICHAR(数値)

**計算例**　UNICHAR(66)
[数値] で指定するUnicode番号 [66] で表される文字 [B] を返す。

**機　能**　UNICHAR関数は、[数値] で指定したUnicode番号の文字を返します。Unicode番号によっては、表示できない文字もあります。

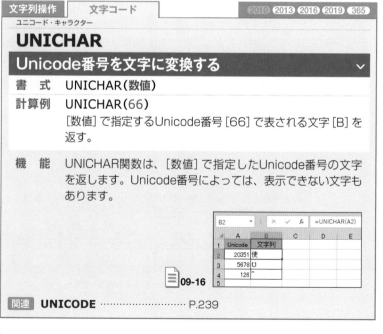

09-16

**関連**　UNICODE ……………………… P.239

数学／三角　2

統計

3　日付／時刻

4　財務

5　論理

6　情報

7　検索／行列

8　データベース

9　文字列操作

10　エンジニアリング

11　キューブ／web

12　互換性関数

## 文字列操作 ｜ 文字コード

(2010) (2013) (2016) (2019) (365)

コード

# CODE

## 文字を文字コードに変換する

**書　式** CODE(文字列)

**計算例** CODE("A")

文字列 [A] に対応するコード番号 [65] を返す。

**機　能** CODE関数はCHAR関数とは逆に、文字列の先頭文字に対応するASCIIあるいはJISコード番号を返します。

たとえば、文字列 [あ] [技] [G] を [文字列] に指定して、それぞれの文字列に対応する文字コードを返します。

| | A | B | C | D | E |
|---|---|---|---|---|---|
| 1 | 文字列 | コード | | | |
| 2 | あ | 9250 | | | |
| 3 | 技 | 13627 | | | |
| 4 | G | 71 | | | |
| 5 | | | | | |

B2　＝CODE(A2)

09-17

**関連** **CHAR** ................................ P.238

---

## 文字列操作 ｜ 文字コード

(2010) (2013) (2016) (2019) (365)

ユニコード

# UNICODE

## Unicode番号を調べる

**書　式** UNICODE(文字列)

**計算例** UNICODE(" さくら")

[さくら] の最初の文字の [さ] のUnicode番号 [12373] を返す。

**機　能** UNICODE関数は、文字のUnicode番号を調べます。文字列の場合は、先頭の1文字目のUnicode番号を調べます。

| | A | B | C | D |
|---|---|---|---|---|
| 1 | 文字列 | ユニコード | UNICHAR | |
| 2 | さくら | 12373 | さ | |
| 3 | | | | |

B2　＝UNICODE(A2)

09-18

---

### MEMO ｜ Unicode

Unicode (ユニコード) とは、ユニコードコンソーシアムにより策定された、世界標準の文字コードです。

数学／三角 1
統計 2
日付／時刻 3
財務 4
論理 5
情報 6
検索／行列 7
データベース 8
文字列操作 9
エンジニアリング 10
キューブ 11
Web 12
互換性関数

文字列操作　　　　国際化　　　　　2010 2013 2016 2019 365

ナンバー・バリュー

# NUMBERVALUE

## 地域表示形式で表された文字列を数値に変換する　∨

**書　式**　NUMBERVALUE(文字列,[小数点記号],[桁区切り記号])

**計算例**　NUMBERVALUE("1.234,56",",",".")
[文字列]の[1.234,56]の小数点記号を、日本で使用されている[1,234.56]の表示形式の数値に変換する。

**機　能**　NUMBERVALUE関数は、[文字列]の数字の桁区切り記号などを変換します。国や地域によって、桁区切り記号や小数点の記号が異なります。この計算例では、ドイツなどで用いる[1.234,56]を[1,234.56]にするために、小数点記号を[,]、桁区切り記号を[.]に指定し変換しています。

---

文字列操作　　　　比較　　　　　2010 2013 2016 2019 365

イグザクト

# EXACT

## 2つの文字列が等しいかを比較する　∨

**書　式**　EXACT(文字列1, 文字列2)

**計算例**　EXACT("Excel","excel")
指定した2つの文字列[Excel]と[excel]は異なるので、[FALSE]を返す。

**機　能**　EXACT関数は、2つの文字列を比較してまったく同じである場合は[TRUE]を、そうでない場合は[FALSE]を返します。英字の大文字と小文字や全角と半角は区別されますが、書式設定の違いは無視します。この関数は、ワークシートに入力した文字列の照合などに使用することができます。

| C2 | ▾ | : | × | ✓ | fx | =EXACT(A2,B2) |
|---|---|---|---|---|---|---|

| | A | B | C |
|---|---|---|---|
| 1 | 氏名 | 再入力 | 確認 |
| 2 | 青木 正也 | 青木 雅也 | FALSE |
| 3 | michael lopes | michael lopes | TRUE |
| 4 | brad jackson | Brad Jackson | FALSE |
| 5 | 加藤 忠志 | 加藤 忠志 | TRUE |
| 6 | 山元 二郎 | 山本 二郎 | FALSE |
| 7 | | | |

📄 09-19

クリーン

# CLEAN

## 文字列から印刷できない文字を削除する　　　〜

**書　式**　CLEAN(文字列)

**計算例**　CLEAN(" 加瀬・忠志")
　　　文字列[加瀬・忠志]から印刷できない文字「・」が削除され、
　　　[加瀬 忠志]と表示される。

**機　能**　Excelでは、印刷できない文字列が「・」で表示されます。この文字列は、記号の「・」(中黒)ではなく、ほかのアプリで作成したデータを読み込んだときやMacで作成されたExcelのファイルを開いた場合などに表示されます。このような印刷できない文字列を削除する場合は、CLEAN関数を使用します。

---

トリム

# TRIM

## 不要なスペースを削除する　　　〜

**書　式**　TRIM(文字列)

**計算例**　TRIM(" 青木　　正也")
　　　文字列[青木　正也](半角スペースが3つ入力されている)から余分なスペースが削除され、[青木 正也]と表示される。

**機　能**　TRIM関数は、文字列に複数のスペースが連続して含まれている場合に、単語間のスペースを1つずつ残して、それ以外の不要なスペースを削除します。たとえば、ほかのアプリで作成されたテキスト形式のファイルを読み込んだときなど、不要なスペースを削除する場合に使用します。

| | A | B |
|---|---|---|
| 1 | 氏名 | スペース削除 |
| 2 | 青木　正也 | 青木 正也 |
| 3 | michael  lopes | michael lopes |
| 4 | brad jackson | brad jackson |
| 5 | 加藤　忠志 | 加藤 忠志 |
| 6 | 山本　二郎 | 山本 二郎 |
| 7 | | |

B2　=TRIM(A2)

09-20

リピート

# REPT

## 文字列を繰り返して表示する

| 書　式 | REPT(文字列, 繰り返し回数) |
|---|---|

**計算例** REPT("咲いた",2)

　　　　文字列 [咲いた] が [2回] 繰り返され、[咲いた咲いた] と表示される。

**機　能** REPT関数は、文字列を指定された回数だけ繰り返して表示します。この関数を使用して、セル幅いっぱいに文字列を表示したり、ワークシートに簡易グラフを作成したりすることができます。

[繰り返し回数] に [0] を指定すると、空白の文字列が挿入されます。また、小数点がある場合は、小数点以下は切り捨てられます。なお、REPT関数で作成される文字列の長さは、全角/半角の区別なく、32,767文字までです。

**解　説** 売上高や入場者数などの数値を比較するには、グラフを作成してデータを視覚化するのが効果的です。グラフを作成するのが面倒な場合には、REPT関数を利用します。売上高や入場者数などの数値分だけ同じ文字を表示する簡易グラフが作成できるので便利です。ただし、小数点以下は無視されます。

### 使用例　簡易グラフの作成

下表では、入場者数の比較を簡易グラフで示しています。セル [B7] が「10.4」、セル [B8] が「10.8」ですが、小数点以下が無視されるため、両者とも「■」は10個繰り返されています。

| C3 | ▼ : × ✓ fx | =REPT("■",B3) |
|---|---|---|

| | A | B | C |
|---|---|---|---|
| 1 | 映画別入場者数比較表 | | |
| 2 | 映画タイトル | 入場者数 | 入場者数の比較 |
| 3 | 宇宙の戦い | 20.3 | ■■■■■■■■■■■■■■■■■■■■ |
| 4 | 森と空の子 | 18.4 | ■■■■■■■■■■■■■■■■■■ |
| 5 | 風の詩を聴きながら | 14.4 | ■■■■■■■■■■■■■■ |
| 6 | スパイ作戦Part3 | 13.1 | ■■■■■■■■■■■■■ |
| 7 | クジラと少年の旅 | 10.4 | ■■■■■■■■■■ |
| 8 | 魔法界の冒険 | 10.8 | ■■■■■■■■■■ |
| 9 | 白雪姫物語 | 9.8 | ■■■■■■■■■ |
| 10 | 僕らの人生ゲーム | 8.7 | ■■■■■■■■ |
| 11 | | (万人) | |

09-21

# 第 10 章
# エンジニアリング

Excel のエンジニアリング関数には、10進数を16進数に変換するなどの基数変換、2つの数値の比較、単位の変換という技術計算などでよく使われるものから、複素数の変換や実数部、虚数部を求めるといった複素数に関するさまざまな計算をするための関数が多数用意されています。また、誤差関数の積分値の計算やベッセル関数の計算など、複雑な計算も関数を使用して求めることができます。

| エンジニアリング | ビット演算 | 2010 2013 2016 2019 365 |
|---|---|---|

ビット・アンド

# BITAND

## 論理積を求める（ビット演算）　∨

**書　式**　BITAND(数値 1, 数値 2)

**計算例**　BITAND(9,14)

[数値1] と [数値2] を2進数表記にした際に、両方のビット
が「1」となるビットの合計「8」を返す。

**機　能**　BITAND関数は、[数値1] と [数値2] で指定した数値を2進
数表記にした際、それぞれの数値のビットが「1」の場合に、
ビット位置ごとに合計して返します。
計算例は、下段のBITOR関数を参照してください。

| エンジニアリング | ビット演算 | 2010 2013 2016 2019 365 |
|---|---|---|

ビット・オア

# BITOR

## 論理和を求める（ビット演算）　∨

**書　式**　BITOR(数値 1, 数値 2)

**計算例**　BITOR(9,14)

[数値1] と [数値2] を2進数表記にした際に、いずれかビッ
トが「1」となるビットの合計「15」を返す。

**機　能**　BITOR関数は、[数値1] と [数値2] で指定した数値を2進数
表記にした際、両方もしくはいずれか一方の数値のビットが
「1」の場合に、そのビット位置の値を合計して返します。

### 使用例　2つの数値のビットを計算する　∨

下表では、計算例の数値から、論理積（BITAND関数）、論理和（BITOR
関数）、排他的論理和（BITXOR
関数）を求めています。

| B5 | ▾ | : | × | ✓ | fx | =BITOR(B2,B3) |
|---|---|---|---|---|---|---|

| ▲ | A | B | C | D |
|---|---|---|---|---|
| 1 |  | 10進数 | 2進数 |  |
| 2 | [数値1] | 9 | 1001 |  |
| 3 | [数値2] | 14 | 1110 |  |
| 4 | 論理積 | 8 | 1000 |  |
| 5 | 論理和 | 15 | 1111 |  |
| 6 | 排他的論理和 | 7 | 111 |  |
| 7 |  |  |  |  |

📄 10-01

ビット・エクスクルーシブ・オア

# BITXOR

## 排他的論理和を求める (ビット演算)     ∨

**書　式**　BITXOR(数値1, 数値2)

**計算例**　BITXOR(9,14)
[数値1]と[数値2]を2進数表記にした際に、いずれか一方
のビットが「1」となるビットの合計「7」を返す。

**機　能**　BITXOR関数は、[数値1]と[数値2]で指定した数値を2進
数表記にした際、いずれか一方の数値のビットが「1」の場合
に「1」、それ以外の場合は「0」となって返します。
計算例は、BITOR関数 (P.244) を参照してください。

ビット・レフト・シフト

# BITLSHIFT

## ビットを左シフトする     ∨

**書　式**　BITLSHIFT(数値, シフト数)

**計算例**　BITLSHIFT(6,1)
[数値]の[6]を2進数表記にした[110]を、[シフト数]で
指定した[1ビット]分、左にシフトすると[1100]になる。
これを10進数表記にした[12]を返す。

**機　能**　BITLSHIFT関数は、[数値]で指定した2進数の値の各ビッ
トを、[シフト数]で指定した桁数 (ビット)分、左にシフトさ
せます。このとき、シフトして空いた桁には自動的に0が入り、
その値を10進数表記で返します。
[シフト数]がマイナスの場合は、右へシフトすることになり
ます。

**関連**　**BITRSHIFT** …………………… P.246

---

#### MEMO | 2進数

2進数など、n進数で表記されたものを10進数表記に変換するには、DECIMAL
関数 (P.21参照) を、10進数表記をn進数表記に変換するにはBASE関数 (P.21
参照) を使用できます。

# BITRSHIFT

## ビットを右シフトする　　　　　　　　　　　　　　　∨

**書　式**　BITRSHIFT(数値, シフト数)

**計算例**　BITRSHIFT(6,1)
　　　　　[数値]の[6]を2進数表記した[110]を、[シフト数]で指定した[1ビット]分、右にシフトすると[11]になる。これを10進数表記にした[3]を返す。

**機　能**　BITRSHIFT関数は、[数値]で指定した2進数の値の各ビットを、[シフト数]で指定した桁数(ビット)分、右にシフトさせます。このとき、1桁目(右端)の値は削除され、その値を10進数表記で返します。
　　　　　たとえば「110」を右に1桁右にシフトすると「11」になり、「55」が返ります。
　　　　　なお、[シフト数]がマイナスの場合は、左へシフトすることになります。

**関連**　BITLSHIFT ……………………… P.245

# DEC2BIN

## 10進数を2進数に変換する　　　　　　　　　　　　∨

**書　式**　DEC2BIN(数値 [, 桁数])

**計算例**　DEC2BIN(100)
　　　　　10進数の[100]を2進数の[1100100]に変換する。

**機　能**　DEC2BIN関数は10進数を2進数に変換します。[-512]より小さい数や[511]より大きい数は指定できません。
　　　　　[桁数]に2進表記で桁数を指定し、先頭に[0]を補完することができます。[桁数]を省略すると、必要最低限の桁数で表示します。
　　　　　[数値]に負の数を指定すると、桁数の指定は無視されて10桁の2進数が返されます。最上位ビットは符号を表し、残りの9ビットが数値の大きさを表します。なお、負の数は2の補数を使って表現します。

2010 2013 2016 2019 365

デシマル・トゥ・ヘキサデシマル

# DEC2HEX

## 10進数を16進数に変換する ∨

**書　式**　DEC2HEX(数値 [, 桁数])

**計算例**　DEC2HEX(100,4)
10進の [100] を16進の [0064] に変換する。

**機　能**　DEC2HEX関数は10進数を16進数に変換します。
この関数では [-549,755,813,888] より小さい数や、
[549,755,813,887] より大きい数は指定できません。
[桁数] で16進表記での桁数を指定し、先頭に [0] を補完することができます。[桁数] を省略すると、必要最低限の桁数で表示します。
[数値] に負の数を指定すると、桁数の指定は無視されて10桁の16進数 (40ビット) が返されます。
最上位ビットは符号を表し、残りの39ビットが数値の大きさを表します。

---

2010 2013 2016 2019 365

デシマル・トゥ・オクタル

# DEC2OCT

## 10進数を8進数に変換する ∨

**書　式**　DEC2OCT(数値 [, 桁数])

**計算例**　DEC2OCT(100,4)
10進の [100] を8進の [0144] に変換する。

**機　能**　DEC2OCT関数は10進数を8進数に変換します。
[-536,870,912] より小さい数や、[536,870,911] より大きい数を指定することはできません。
[桁数] で8進表記での桁数を指定し、先頭に [0] を補完することができます。[桁数] を省略すると、必要最低限の桁数で表示します。
[数値] に負の数を指定すると、桁数の指定は無視されて10桁の8進数 (30ビット) が返されます。
最上位ビットは符号を表し、残りの29ビットが数値の大きさを表します。なお、負の数は2の補数を使って表現します。

数学・三角　1
統計　2
日付・時刻　3
財務　4
論理　5
情報　6
検索・行列　7
データベース　8
文字列操作　9
エンジニアリング　10
キューブ Web　11
互換性関数　12

バイナリ・トゥ・デシマル

# BIN2DEC

## 2進数を10進数に変換する ∨

**書 式** BIN2DEC(数値)

**計算例** BIN2DEC(1010)

2進数の [1010] を10進数の [10] に変換する。

**機 能** BIN2DEC関数は2進数を10進数に変換します。2進数に指定できる文字数は10文字（10ビット）までです。
[数値] の最上位のビットは符号を、残りの9ビットは数値の大きさを表します。なお、負の数は2の補数を使って表現します。

### 使用例 2進数を10進数に変換する ∨

下表では、2進数の数値が入力しているセルを参照して10進数に変換しています。

| B2 | ▼ | × ✓ fx | =BIN2DEC(A2) | | |
|---|---|---|---|---|---|
| | A | B | C | D | E |
| 1 | 2進数 | 10進数 | | | |
| 2 | 101 | 5 | | | |
| 3 | 1010 | 10 | | | |
| 4 | 10100 | 20 | | | |
| 5 | 11110 | 30 | | | |
| 6 | 1100100 | 100 | | | |
| 7 | | | | | |

🗎 10-02

---

### MEMO | 10進数表記と2進数表記

物の数を数えたりお金の計算をしたりする際に使われるのは、0から9までの数字です。0から1ずつ加えていき9に1を加えると桁上がりをし、「10」になります。このように0から9までの10個の数字の組み合わせの表記方法を「10進数」といいます。これに対し「2進数」は0と1の2つの数字の表記方法で、1に1を加えると桁上がりをし、「10」になります。ただし、「10」は「じゅう」と読むのではなく、「いちぜろ」もしくは「いちまる」と読みます。「0」と「1」の2つの数字の組み合わせで表すので、「2進数」といいます。
2進数は、世の中にあるほとんどのコンピューターで利用されているものです。一般的なコンピューターでは、「0」（信号がない）と「1」（信号がある）の組み合わせてさまざまな処理を行っています。このときに欠くことができないのが2進数の考え方です。
たとえば、10進数表記の「54」を2進数表記にすると「110110」と桁が多くなります。しかし、コンピューターの演算装置は「5」や「4」を理解できないので、2進数の考え方が大切になります。2進数表記を10進数表記に変換するには「BIN2DEC関数」を、その逆は「DEC2BIN関数」を使用します。

数学/三角 1 統計 日付・時刻 3 財務 4 論理 情報 6 検索・行列 7 データベース 文字列操作 9 エンジニアリング 10 キューブ WEB 11 互換性関数 12

バイナリ・トゥ・ヘキサデシマル

# BIN2HEX

## 2進数を16進数に変換する

| 書　式 | BIN2HEX(数値 [, 桁数]) |
|---|---|
| 計算例 | BIN2HEX(1100100) |
| | 2進数の[1100100]を16進数の[64]に変換する。 |
| 機　能 | BIN2HEX関数は2進数を16進数に変換します。2進数に指定できる文字数は10文字（10ビット）までです。なお、負の数は2の補数を使って表現します。 |
| | [桁数]で16進表記での桁数を指定し、先頭に[0]を補完することができます。[桁数]を省略すると、必要最低限の桁数で表示します。 |
| | [数値]に負の数を指定すると、桁数の指定は無視されて10桁の16進数（40ビット）が返されます。 |
| | 最上位ビットは符号を表し、残りの39ビットが数値の大きさを表します。 |

バイナリ・トゥ・オクタル

# BIN2OCT

## 2進数を8進数に変換する

| 書　式 | BIN2OCT(数値 [, 桁数]) |
|---|---|
| 計算例 | BIN2OCT(1100100) |
| | 2進数の[1100100]を8進数の[144]に変換する。 |
| 機　能 | BIN2OCT関数は2進数を8進数に変換します。2進数に指定できる文字数は10文字（10ビット）までです。なお、負の数は2の補数を使って表現します。 |
| | [数値]の最上位のビットは符号を、残りの9ビットは数値の大きさを表します。 |
| | [桁数]は、変換結果の桁数を1〜10の整数で指定します。8進表記での桁数を指定し、先頭に[0]を補完することができます。[桁数]を省略すると、必要最低限の桁数で表示します。 |

エンジニアリング | 基数変換
ヘキサデシマル・トゥ・デシマル

# HEX2DEC

## 16進数を10進数に変換する

| 書　式 | HEX2DEC(数値) |
|---|---|
| 計算例 | HEX2DEC("64")<br>16進数の[64]を10進数の[100]に変換する。 |
| 機　能 | HEX2DEC関数は16進数を10進数に変換します。16進数に指定できる文字数は、10文字（40ビット）までです。なお、負の数は2の補数を使って表現します。<br>[数値]の最上位のビットは符号を、残りの39ビットが数値の大きさを表します。 |
| 解　説 | 16進数を[数値]に指定する場合には、半角のダブルクォーテーション"|"で囲んで文字列として指定する必要があります。 |

エンジニアリング | 基数変換
ヘキサデシマル・トゥ・バイナリ

# HEX2BIN

## 16進数を2進数に変換する

| 書　式 | HEX2BIN(数値 [, 桁数]) |
|---|---|
| 計算例 | HEX2BIN("64")<br>16進数の[64]を2進数の[1100100]に変換する。 |
| 機　能 | HEX2BIN関数は16進数を2進数に変換します。16進数に指定できる文字数は、10文字（40ビット）までです。[FFFFFFFE00]より小さい負の数や[1FF]より大きい正の数を指定できません。[数値]の最上位のビットは符号を、残りの39ビットが数値の大きさを表します。<br>[桁数]は1以上10以下の整数で指定します。結果の桁が少ない場合は、先頭に[0]が補われます。 |
| 解　説 | 16進数を[数値]に指定する場合には、半角のダブルクォーテーション"|"で囲んで文字列として指定する必要があります。 |

ヘキサデシマル・トゥ・オクタル

# HEX2OCT

## 16進数を8進数に変換する　∨

書　式　**HEX2OCT(数値 [, 桁数])**

計算例　**HEX2OCT("64")**
16進数の [64] を8進数の [144] に変換する。

機　能　HEX2OCT関数は16進数を8進数に変換します。16進数に指定できる文字数は、10文字(40ビット)までです。[FFE0000000] より小さい負の数や [1FFFFFFFF] より大きい正の数は指定できません。
[数値]の最上位のビット(右から40番目のビット)は符号を、残りの39ビットが数値の大きさを表します。[数値] に負の数を指定すると、桁数の指定は無視されて10桁の8進数(30ビット)が返されます。

解　説　16進数を[数値]に指定する場合には、半角のダブルクォーテーション「"」で囲んで文字列として指定する必要があります。

オクタル・トゥ・バイナリ

# OCT2BIN

## 8進数を2進数に変換する　∨

書　式　**OCT2BIN(数値 [, 桁数])**

計算例　**OCT2BIN(144)**
8進数の [144] を2進数の [1100100] に変換する。

機　能　OCT2BIN関数は8進数を2進数に変換します。
8進数に指定できる文字数は10文字(30ビット)までです。OCT2BIN関数では、[7777777000] より小さい負の数や [777] より大きい正の数を指定できません。
数値の最上位のビットは符号を表し、残りの29ビットは数値の大きさを表します。
[数値] に負の数を指定すると、桁数の指定は無視されて10桁の2進数(10ビット)が返されます。

エンジニアリング　基数変換　(2010)(2013)(2016)(2019)(365)
オクタル・トゥ・デシマル

# OCT2DEC

## 8進数を10進数に変換する　∨

書　式　OCT2DEC(数値)

計算例　OCT2DEC(162)
　　　　8進数の[162]を10進数の[114]に変換する。

機　能　OCT2DEC関数は8進数を10進数に変換します。8進数に指定できる文字数は10文字(30ビット)までです。数値の最上位のビットは符号を表し、残りの29ビットは数値の大きさを表します。なお、負の数は2の補数を使って表現します。

---

エンジニアリング　基数変換　(2010)(2013)(2016)(2019)(365)
オクタル・トゥ・ヘキサデシマル

# OCT2HEX

## 8進数を16進数に変換する　∨

書　式　OCT2HEX(数値 [, 桁数])

計算例　OCT2HEX(162)
　　　　8進数の[162]を16進数の[72]に変換する。

機　能　OCT2HEX関数は8進数を16進数に変換します。8進数に指定できる文字数は10文字(30ビット)までです。
　　　　数値の最上位のビットは符号を表し、残りの29ビットは数値の大きさを表します。
　　　　[桁数]で16進表記での桁数を指定し、先頭に[0]を補完することができます。[桁数]を省略すると、必要最低限の桁数で表示します。
　　　　[数値]に負の数を指定すると、桁数の指定は無視されて10桁の16進数(40ビット)が返されます。最上位ビットは符号を表し、残りの39ビットが数値の大きさを表します。

| B3 | ▾ | : | × | ✓ | fx | =OCT2DEC(A3) |

| | A | B | C |
|---|---|---|---|
| 1 | 8進数 | OCT2DEC関数 | OCT2HEX関数 |
| 2 | | 10進数 | 16進数 |
| 3 | 50 | 40 | 28 |
| 4 | 126 | 86 | 56 |
| 5 | 162 | 114 | 72 |
| 6 | | | |

🗐 10-03

デルタ

# DELTA

## 2つの数値が等しいかどうか調べる　　　　　　　✓

| 書　式 | DELTA(数値1, 数値2) |
|---|---|

| 計算例 | DELTA(A1,B1)<br>セル[A1]とセル[B1]が等しいかどうか調べる。 |
|---|---|

機　能　DELTA関数は、「クロネッカーのデルタ関数」とも呼ばれ、
2つの[数値]が等しいかどうかを調べます。
[数値1]＝[数値2]のとき[1]を返し、それ以外の場合は[0]
を返します。
この関数は、複数の値をふるい分けするときに使用します。
たとえば、複数のDELTA関数の戻り値を合計することによっ
て、等しい[数値]の組の数を計算することができます。ただ
し、整数以外の場合には、発生誤差に注意する必要がありま
す。

ジー・イー・ステップ

# GESTEP

## 数値がしきい値より小さくないか調べる　　　　✓

| 書　式 | GESTEP(数値 [, しきい値]) |
|---|---|

| 計算例 | GESTEP(A1,1.0)<br>セル[A1]が[しきい値＝1.0]より小さいかどうかを調べる。 |
|---|---|

機　能　GESTEP関数は、[数値]が[しきい値]より小さいかどうか
を調べます。しきい値（閾値）とは、動作や表示内容が変わる
境目の値のことです。[数値]≧[しきい値]のとき[1]を返し、
それ以外の場合は[0]を返します。
この関数は、複数の値をふるい分けするときに使用します。
たとえば、複数のGESTEP関数の戻り値を合計することに
よって、しきい値を超えたデータの数を計算することができ
ます。ただし、整数以外の場合には、発生誤差に注意する必
要があります。

# CONVERT

## 数値の単位を変換する　　　　　　　　　　∨

| 書　式 | CONVERT(**数値, 変換前単位, 変換後単位**) |
|---|---|
| 計算例 | CONVERT(1,"yd","cm") |
| | 1ヤードをcmに換算すると91.44cmとなる。 |

機　能　CONVERT関数は、さまざまな[数値]の単位を変換します。たとえば、メートル単位で表示されている距離を、マイル単位に変換することができます。

[変換前単位]と[変換後単位]には、次のような文字列を半角のダブルクォーテーション「"」で囲んで指定することができます。文字列の大文字と小文字は区別されます。

| 単位の種類 | 単位の名称 | 単位 | 単位の種類 | 単位の名称 | 単位 |
|---|---|---|---|---|---|
| 重量 | グラム | g | 時間 | 秒 | sec |
| | スラグ | sg | | | s |
| | ポンド（常衡） | lbm | 圧力 | パスカル | Pa |
| | U（原子質量単位） | u | | | P |
| | オンス（常衡） | ozm | | 気圧 | atm |
| | トン | ton | | | at |
| 距離 | メートル | m | | ミリメートル Hg | mmHg |
| | 法定マイル | mi | 物理的な力 | ニュートン | N |
| | 海里 | Nmi | | ダイン | dyn |
| | インチ | in | | | dy |
| | フィート | ft | | ポンドフォース | lbf |
| | ヤード | yd | エネルギー | ジュール | J |
| | オングストローム | ang | | エルグ | e |
| | パイカ（1/72インチ） | Pica | | カロリー（物理化学的熱量） | c |
| | 光年 | ly | | カロリー（生理学的代謝熱量） | cal |
| 時間 | 年 | yr | | 電子ボルト | eV |
| | 日 | day | | 馬力時 | HPh |
| | | d | | ワット時 | Wh |
| | 時 | hr | | フィートポンド | flb |
| | 分 | mn | | BTU（英国熱量単位） | BTU |
| | | m | | | |

| 単位の種類 | 単位の名称 | 単位 | 単位の種類 | 単位の名称 | 単位 |
|---|---|---|---|---|---|
| 出力 | 馬力 | HP | 容積 | ティースプーン | tsp |
| | | h | | テーブルスプーン | tbs |
| | ワット | W | | オンス | oz |
| | | w | | カップ | cup |
| 磁力 | テスラ | T | | パイント | pt |
| | ガウス | ga | | クォート（米） | qt |
| 温度 | 摂氏 | C | | クォート（英） | uk_qt |
| | | cel | | ガロン | gal |
| | 華氏 | F | | リットル | l |
| | | fah | | | L |
| | 絶対温度 | K | | | lt |
| | | kel | | 立法メートル | m 3 |
| | | | | | m^3 |

次に示す10のべき乗に対応する略語は、[変換前単位] あるいは [変換後単位] に前置することができます。

| 接頭語 | 10 のべき乗 | 略語 | 接頭語 | 10 のべき乗 | 略語 |
|---|---|---|---|---|---|
| exa | 1E+18 | E | deci | 1E−01 | d |
| peta | 1E+15 | P | centi | 1E−02 | c |
| tera | 1E+12 | T | milli | 1E−03 | m |
| giga | 1E+09 | G | micro | 1E−06 | u |
| mega | 1E+06 | M | nano | 1E−09 | n |
| kilo | 1E+03 | k | pico | 1E−12 | p |
| hecto | 1E+02 | h | femto | 1E−15 | f |
| dekao | 1E+01 | e | atto | 1E−18 | a |

### 使用例　単位変換の例

下表では、さまざまな単位を変換して、数値を求めています。

C2　=CONVERT(A2,B2,D2)

| | A | B | C | D | E |
|---|---|---|---|---|---|
| 1 | 数値 | 変換前単位 | 変換結果 | 変換後単位 | |
| 2 | 2 | ozm | 56.69904625 | g | |
| 3 | 80 | yd | 73.152 | m | |
| 4 | 2.5 | hr | 9000 | sec | |
| 5 | 10 | C | 50 | F | |
| 6 | 30 | HP | 22370.99615 | W | |
| 7 | 100 | pt | 47.3176473 | L | |
| 8 | | | | | |

10-04

### MEMO｜複素数

複素数は、「i²=−1」という性質を持つ「虚数単位」を用いて、実数部 [x] および虚数部 [y] で構成され、["x+yi"] または ["x+yj"] という形式の「文字列」で表示されます。引数に複素数を直接指定する場合は、複素数の前後を半角のダブルクォーテーション「"」で囲みます。

COMPLEX関数は、実数部 [x] および虚数部 [y] を ["x+yi"] の形式の [複素数] に変換します。

逆にIMREAL関数は、[複素数] の実数部を、IMAGINARY関数は虚数部を返します。

IMCONJUGATE関数は、文字列 ["x+yi"] の形式で指定された [複素数] の複素共役 ["x−yi"] を返します。

Excelの複素関数の戻り値は、係数や絶対値などは数値ですが、そうでない場合は、戻り値はすべて文字列になります。

| 関数名と書式 | 関数の機能 |
| --- | --- |
| COMPLEX<br>(実数,虚数 [,虚数単位]) | 実数部 [x] と虚数部 [y] から複素数 [x+yi] を作成する |
| IMREAL (複素数) | 複素数 [x+yi] から実数部 [x] を取り出す |
| IMAGINARY (複素数) | 複素数 [x+yi] から虚数部 [y] を取り出す |
| IMCONJUGATE (複素数) | 複素数 [x+yi] から共役複素数 [x−yi] を作成する |
| IMABS (複素数) | 複素数 [x+yi] から絶対値 [r] を求める |
| IMARGUMENT (複素数) | 複素数 [x+yi] から偏角 [θ] を求める |
| IMSUM (複素数1 [,複素数2] …) | 複素数 [a+bi] と複素数 [c+di] の和を求める |
| IMSUB (複素数1 [,複素数2]) | 複素数 [a+bi] と複素数 [c+di] の差を求める |
| IMPRODUCT<br>(複素数1 [,複素数2] …) | 複素数 [a+bi] と複素数 [c+di] の積を求める |
| IMDIV (複素数1,複素数2) | 複素数 [a+bi] と複素数 [c+di] の商を求める |
| IMPOWER (複素数,数値) | 複素数 [a+bi] のべき乗を求める |
| IMSQRT (複素数) | 複素数 [a+bi] の平方根を求める |
| IMSIN (複素数) | 複素数 [a+bi] の正弦を求める |
| IMCOS (複素数) | 複素数 [a+bi] の余弦を求める |
| IMTAN (複素数) | 複素数 [a+bi] の正接を求める |
| IMSEC (複素数) | 複素数 [a+bi] の正割を求める |
| IMCSC (複素数) | 複素数 [a+bi] の余割を求める |
| IMCOT (複素数) | 複素数 [a+bi] の余接を求める |
| IMSINH (複素数) | 複素数 [a+bi] の双曲線正弦を求める |
| IMCOSH (複素数) | 複素数 [a+bi] の双曲線余弦を求める |
| IMSECH (複素数) | 複素数 [a+bi] の双曲線正割を求める |
| IMCSCH (複素数) | 複素数 [a+bi] の双曲線余割を求める |
| IMEXP (複素数) | 複素数 [a+bi] の指数関数を求める |
| IMLN (複素数) | 複素数 [a+bi] の自然対数を求める |
| IMLOG10 (複素数) | 複素数 [a+bi] の常用対数を求める |
| IMLOG2 (複素数) | 複素数 [a+bi] の2を底とする対数を求める |

エンジニアリング | 複素数 | 2010 2013 2016 2019 365

1 数学/三角

2 統計

3 日付/時刻

4 財務

5 論理

6 情報

7 検索/行列

8 データベース

9 文字列操作

10 エンジニアリング

11 キューブ Web

12 互換性関数

コンプレックス

# COMPLEX

## 実数/虚数を指定して複素数を作成する ∨

| 書 式 | COMPLEX(実数, 虚数 [, 虚数単位]) |
| --- | --- |
| 計算例 | COMPLEX(2,3,"i") 実数 [2]、虚数 [3]、虚数単位記号 [i] から複素数 [2+3i] を を作成する。 |
| 機 能 | COMPLEX関数は、実数係数 [x] および虚数係数 [y] を ["x+yi"] の形式の [複素数] に変換します。 |

---

エンジニアリング | 複素数 | 2010 2013 2016 2019 365

イマジナリー・リアル

# IMREAL

## 複素数の実数部を取り出す ∨

| 書 式 | IMREAL(複素数) |
| --- | --- |
| 計算例 | IMREAL("2+3i") 複素数 [2+3i] の実数係数 [2] を返す。 |
| 機 能 | IMREAL関数は、複素数 [x+yi] から実数部 [x] を取り出します。 |

---

エンジニアリング | 複素数 | 2010 2013 2016 2019 365

イマジナリー

# IMAGINARY

## 複素数の虚数部を取り出す ∨

| 書 式 | IMAGINARY(複素数) |
| --- | --- |
| 計算例 | IMAGINARY("2+3i") 複素数 [2+3i] の虚数係数 [3] を返す。 |
| 機 能 | IMAGINARY関数は、複素数 [x+yi] から虚数部 [y] を取り出します。 |

イマジナリー・コンジュゲイト

# IMCONJUGATE

## 複素数の複素共役を求める ∨

書　式　IMCONJUGATE(複素数)

計算例　IMCONJUGATE("2+3i")
　　　　複素数 [2+3i] の複素共役 [2-3i] を返す。

機　能　IMCONJUGATE関数は、文字列 ["x+yi"] の形式で指定され
　　　　た [複素数] の複素共役 ["x-yi"] を求めます。

---

イマジナリー・アブソリュート

# IMABS

## 複素数の絶対値を求める ∨

書　式　IMABS(複素数)

計算例　IMABS("3+4i")
　　　　複素数 [3+4i] の絶対値 [5] を返す。

機　能　IMABS関数は、複素数 [x+yi] から以下の式で定義される絶
　　　　対値 [r] を求めます。

$$r = \sqrt{x^2 + y^2}$$

---

イマジナリー・アーギュメント

# IMARGUMENT

## 複素数の偏角を求める ∨

書　式　IMARGUMENT(複素数)

計算例　IMARGUMENT("1+1i")
　　　　複素数 [1+1i] の偏角 [$\pi/4$] を返す。

機　能　IMARGUMENT関数は、複素数 [x+yi] を極形式で表した場
　　　　合の偏角 (戻り値の単位はラジアン) を求めます。

イマジナリー・サム

# IMSUM

## 複素数の和を求める　　　　　　　　　　　∨

書　式　IMSUM(複素数 1[, 複素数 2,…])

計算例　IMSUM("1+2i","2+3i")
　　　　複素数 [1+2i] と [2+3i] の和 [3+5i] を返す。

機　能　IMSUM関数は、1～255個の [複素数] の和を求めます。複素数 [a+bi] と複素数 [c+di] から [ (a+c)+(b+d) i] を作成します。

---

イマジナリー・サブトラクション

# IMSUB

## 2つの複素数の差を求める　　　　　　　　∨

書　式　IMSUB(複素数 1, 複素数 2)

計算例　IMSUB("1+2i","2+3i")
　　　　複素数 [1+2i] と [2+3i] の差 [-1-i] を返す。

機　能　IMSUB関数は、2つの [複素数] の差を求めます。複素数 [a+bi]と複素数[c+di]から[(a-c)+(b-d)i]を作成します。

---

イマジナリー・プロダクト

# IMPRODUCT

## 複素数の積を求める　　　　　　　　　　　∨

書　式　IMPRODUCT(複素数 1[, 複素数 2,…])

計算例　IMPRODUCT("1+2i","1-2i")
　　　　複素数 [1+2i] と [1-2i] の積 [5] を返す。

機　能　IMPRODUCT関数は、1～255個の [複素数] の積を求めます。複素数 [a+bi] と [c+di] から [ (ac-bd)+(ad+bc) i] を作成します。

数学／三角
統計
日付／時刻
財務
論理
情報
検索／行列
データベース
文字列操作
エンジニアリング
キューブ
Web
互換性関数
1
2
3
4
5
6
7
8
9
10
11
12

エンジニアリング　　複素数　　2010 2013 2016 2019 365

イマジナリー・ディバイデット・クオウシエント

# IMDIV

## 2つの複素数の商を求める　　∨

**書　式**　IMDIV(複素数1[, 複素数2,…])

**計算例**　IMDIV(5,"1+2i")
　　　　　[5]を[1+2i]で割った商[1-2i]を返す。

**機　能**　IMDIV関数は、2つの[複素数]の商を返します。複素数[a+bi]と複素数[c+di]から[(ac+bd)/(c²+d²)+i(bc-ad)/(c²+d²)]を作成します。

---

エンジニアリング　　複素数　　2010 2013 2016 2019 365

イマジナリー・パワー

# IMPOWER

## 複素数のべき乗を求める　　∨

**書　式**　IMPOWER(複素数, 数値)

**計算例**　IMPOWER("i",2)
　　　　　実数部[0]、虚数部[1]の複素数[i]の2乗[-1+1.22E-16i](虚数部は0とみなせる)を返す。

**機　能**　IMPOWER関数は、[複素数]のべき乗を返します。[数値]には整数、分数、あるいは負の数を指定することができます。複素数のべき乗は、絶対値[r]をn乗し、角度θをn倍させた値になります。
　　　　　計算例は、虚数部のy=rsinθ=1、すなわち、r=1,θは90度の場合です。本来は2乗すると、2×90=180度(πラジアン)となるため、実数部[rⁿcosnθ]だけが残り、[-1]が解となります。Excelの有効桁数による「π」の誤差から、虚数部にも値が表示されてしまいますが、「0」とみなせる値です。

$$(x + yi)^n = (re^{i\theta})^n = r^n \cos n\theta + ir^n \sin n\theta$$

$$r = \sqrt{x^2+y^2} \qquad y = r\sin\theta$$
$$x = r\cos\theta \qquad \theta = \tan^{-1}(\frac{y}{x})$$

イマジナリー・スクエア

# IMSQRT

## 複素数の平方根を求める

**書　式**　IMSQRT(複素数)

**計算例**　IMSQRT("i")
実数 [0]、虚数 [1] の複素数 [i] の平方根 [0.707+0.707i] を返す。

**機　能**　IMSQRT関数は、[複素数] の平方根を返します。複素数の平方根の式は次のとおりです。計算例は、虚数部のy=rsinθ =1、すなわち、r=1,θは90度の場合です。したがって、「i」の平方根はθが45度の場合の余弦（コサイン）と正弦（サイン）で表されます。[0.707] とは、θを45度にした場合の余弦と正弦の値です。

$$\sqrt{x + yi} = \sqrt{r}\cos\frac{\theta}{2} + i\sqrt{r}\sin\frac{\theta}{2}$$

$$r = \sqrt{x^2+y^2} \quad y = r\sin\theta$$
$$x = r\cos\theta \quad \theta = \tan^{-1}\left(\frac{y}{x}\right)$$

**関連**　**IMSIM** ······························ P.261
　　　　**IMCOS** ····························· P.262

---

イマジナリー・サイン

# IMSIN

## 複素数の正弦（サイン）を求める

**書　式**　IMSIN(複素数)

**計算例**　IMSIN(PI()&"i")
実数 [0]、虚数 [π] の複素数 [πi] の正弦は [π] ラジアンにおけるSINH関数となり、[11.55i] を返す。

**機　能**　IMSIN関数は、[複素数] の正弦（サイン）を返します。

$$\sin(x + yi) = \sin(x)\cosh(y)-\cos(x)\sinh(y)i$$

エンジニアリング　　複素数　　　　　　　　2010 2013 2016 2019 365

イマジナリー・コサイン

# IMCOS

## 複素数の余弦 (コサイン) を求める ∨

**書 式** IMCOS(複素数)

**計算例** IMCOS(PI()&"i")
実数部 [0]、虚数部 [π] の複素数 [πi] の正弦は [π] ラジアンにおけるCOSH関数となり、[11.59] を返す。

**機 能** IMCOS関数は、[複素数] の余弦（コサイン）を求めます。
複素数の正弦の式は、次のとおりです。

$$\cos(x + yi) = \cos(x)\cosh(y) - \sin(x)\sinh(y)i$$

**関連** **COSH** ······························ P.33

---

エンジニアリング　　複素数　　　　　　　　2010 2013 2016 2019 365

イマジナリー・タンジェント

# IMTAN

## 複素数の正接 (タンジェント) を求める ∨

**書 式** IMTAN(複素数)

**計算例** IMTAN("1+2i")
複素数 [1+2i] の正接 [0.0338128260798967+1.014791361614663i] を返す。

**機 能** IMTAN関数は、[複素数] の正接（タンジェント）を求めます。

---

#### MEMO ｜三角関数の引数に複素数を使う

SIN関数やACOS関数など三角関数の引数に使用できるのは実数のみで、複素数を使用するとエラー値 [#VALUE!] が返されます。
三角関数の引数に複素数を使用する場合は、エンジニアリング関数のIMSIN関数（P.261）、IMCOS関数（P.262）など、複素数を用いることができる関数を利用します。

イマジナリー・セカント

# IMSEC

## 複素数の正割（セカント）を求める　∨

| 書　式 | IMSEC(複素数) |
|---|---|
| 計算例 | IMSEC("1+2i")<br>複素数 [1+2i] の正割 [0.151176298265577+0.2269736753937221i] を返す。 |
| 機　能 | IMSEC関数は、[複素数] の正割（セカント）を求めます。 |

イマジナリー・コセカント

# IMCSC

## 複素数の余割（コセカント）を求める　∨

| 書　式 | IMCSC(複素数) |
|---|---|
| 計算例 | IMCSC("1+2i")<br>複素数 [1+2i] の余割 [0.228375065599687-0.141363021612408i] を返す。 |
| 機　能 | IMCSC関数は、[複素数] の余割（コセカント）を求めます。 |

イマジナリー・コタンジェント

# IMCOT

## 複素数の余接（コタンジェント）を求める　∨

| 書　式 | IMCOT(複素数) |
|---|---|
| 計算例 | IMCOT("1+2i")<br>複素数 [1+2i] の複素数の余接 [0.0327977555337526-0.984329226458191i] を返す。 |
| 機　能 | IMCOT関数は、[複素数] の余接（コタンジェント）を求めます。 |

エンジニアリング　　複素数　　(2010) (2013) (2016) (2019) (365)

ハイパーボリック・イマジナリー・サイン

# IMSINH

## 複素数の双曲線正弦を求める　　∨

**書　式**　IMSINH(複素数)

**計算例**　IMSINH("1+2i")
複素数 [1+2i] の複素数の双曲線正弦 [-0.489056259041294+1.40311925062204i] を返す。

**機　能**　IMSINH関数は、[複素数] の双曲線正弦（ハイパーボリック・サイン）を求めます。

---

エンジニアリング　　複素数　　(2010) (2013) (2016) (2019) (365)

ハイパーボリック・イマジナリー・コサイン

# IMCOSH

## 複素数の双曲線余弦を求める　　∨

**書　式**　IMCOSH(複素数)

**計算例**　IMCOSH("1+2i")
複素数 [1+2i] の複素数の双曲線余弦 [-0.64214812471552+1.06860742138278i] を返す。

**機　能**　IMCOSH関数は、[複素数] の双曲線余弦（ハイパーボリック・コサイン）を求めます。

---

エンジニアリング　　複素数　　(2010) (2013) (2016) (2019) (365)

ハイパーボリック・イマジナリー・セカント

# IMSECH

## 複素数の双曲線正割を求める　　∨

**書　式**　IMSECH(複素数)

**計算例**　IMSECH("1+2i")
複素数 [1+2i] の複素数の双曲線正割 [-0.41314934426694-0.687527438655479i] を返す。

**機　能**　MSECH関数は、[複素数] の双曲線正割（ハイパーボリック・セカント）を求めます。

ハイパーボリック・イマジナリー・コセカント

# IMCSCH

## 複素数の双曲線余割を求める　　　∨

**書　式**　IMCSCH(複素数)

**計算例**　IMCSCH("1+2i")
複素数 [1+2i] の複素数の双曲線余割 [-0.2215009308 50509-0.6354937992539i] を返す。

**機　能**　IMCSCH関数は、[複素数] の双曲線余割（ハイパーボリック・コセカント）を返します。

---

イマジナリー・エクスポーネンシャル

# IMEXP

## 複素数の指数関数を求める　　　∨

**書　式**　IMEXP(複素数)

**計算例**　IMEXP(PI()&"i")
実数部 [0]、虚数部 [π] の複素数 [πi] の自然対数を底とするべき乗 [-1+3.23E-15i]（虚数部は0とみなせる）を返す。

**機　能**　IMEXP関数は、自然対数を底とする [複素数] のべき乗を求めます。式は次のとおりです。虚数部を [π] としているため、実数部 [cosy] だけが残り、[-1] が解となります。Excelの「π」の有効桁数により誤差が発生して「0」になるべきところ、虚数部にも値が表示されてしまいますが、「0」とみなせる値です。

$$\text{IMEXP} = e^{(x+yi)} = e^x e^{yi} = e^x(\cos y + i\sin y)$$

下表は、各複素数の指数を求めてます。

| | A | B | C |
|---|---|---|---|
| 1 | 複素数 | IMEXP関数 | |
| 2 | 1+i | 1.46869393991589+2.287355287178848i | |
| 3 | 2+i | 3.99232404844127+6.21767631236797i | |
| 4 | 3+i | 10.852261914198+16.9013965351501i | |
| 5 | | | |

B2　× ✓ fx　=IMEXP(A2)

10-05

**265**

数学／三角

統計

日付／時刻

財務

論理

情報

検索／行列

データベース

文字列操作

エンジニアリング

キューブ／Web／互換性関数

イマジナリー・ログ・ナチュラル

# IMLN

## 複素数の自然対数を求める ∨

書　式　IMLN(複素数)

機　能　IMLN関数は、[複素数]の自然対数を求めます。
　　　　複素数の式は、次のとおりです。

$$\ln(x + yi) = \ln\sqrt{x^2 + y^2} + i\arctan\left\{\frac{y}{x}\right\}$$

---

イマジナリー・ログ・テン

# IMLOG10

## 複素数の常用対数を求める ∨

書　式　IMLOG10(複素数)

機　能　IMLOG10関数は、[複素数]の10を底とする対数(常用対数)
　　　　を求めます。
　　　　複素数の式は、次のとおりです。

$$\log_{10}(x + yi) = (\log_{10} e)\ln(x + yi)$$

---

イマジナリー・ログ・トゥ

# IMLOG2

## 複素数の2を底とする対数を求める ∨

書　式　IMLOG2(複素数)

機　能　IMLOG2関数は、[複素数]の2を底とする対数を求めます。
　　　　複素数の式は、次のとおりです。

$$\log_2(x + yi) = (\log_2 e)\ln(x + yi)$$

エラー・ファンクション

# ERF

エラー・ファンクション・プリサイス

# ERF.PRECISE

## 誤差関数の積分値を求める　　　　　　　　　　　　　∨

| 書　式 | ERF(下限 [, 上限]) |
|---|---|
| 計算例 | ERF(1.0,1.5)<br>[1.0] ～ [1.5] の範囲で、誤差関数の積分値を返す。 |

| 書　式 | ERF.PRECISE(上限) |
|---|---|
| 計算例 | ERF.PRECISE(1.5)<br>[0] ～ [1.5] の範囲で、誤差関数の積分値を返す。 |

| 機　能 | ERF関数は、[下限] ～ [上限] の範囲で、誤差関数の積分値を求めます。[上限] を省略すると、[0] ～ [下限] の範囲での積分値を返します。これは、ERF.PRECISE関数と同じ意味になります。 |
|---|---|

エラー・ファンクション・シー

# ERFC

エラー・ファンクション・シー・プリサイス

# ERFC.PRECISE

## 相補誤差関数の積分値を求める　　　　　　　　　　∨

| 書　式 | ERFC(下限) |
|---|---|
| 計算例 | ERFC(1.0)<br>[1] ～ [∞] の範囲で、相補誤差関数の積分値を返す。 |

| 書　式 | ERFC.PRECISE(下限) |
|---|---|
| 計算例 | ERFC.PRECISE(1.0)<br>[1] ～ [∞] の範囲で、相補誤差関数の積分値を返す。 |

| 機　能 | ERFC関数とERFC.PRECISE関数は、[下限] ～ [∞] (無限大) の範囲で、相補誤差関数の積分値を求めます (P.268の MEMO参照)。 |
|---|---|

## MEMO ｜誤差積分と ERF 関数／ERFC 関数

### ●標準正規分布と誤差積分

ERF（ERF.PRECISE）関数は、標準正規分布の確率密度関数を、区間 [−∞]～[∞] の代わりに区間 [0]～[∞] で積分して、その値が [1] になるように正規化し直したものです。熱統計力学におけるマックスウェル・ボルツマン分布の積分関数に相当し、その被積分関数の形状から「誤差積分」と呼ばれます。

$$\text{NORMSDIST}(z) = \int_{-\infty}^{z} \frac{1}{\sqrt{2\pi}} e^{-\left(\frac{x^2}{2}\right)} dx$$

$$\Rightarrow \left[ \begin{array}{l} \dfrac{x}{\sqrt{2}} \to t \\ \int_{-\infty}^{\infty} f(x)dx = 1 \to \int_{0}^{\infty} f(x)dx = 1 \end{array} \right] \Rightarrow \text{ERF}(x) = \frac{2}{\sqrt{\pi}} \int_{0}^{x} e^{-t^2} dt$$

### ●ERF関数とERFC関数

ERF（ERF.PRECISE）関数は [下限] から [上限] までの誤差関数の積分値を返します。[下限] と [上限] の両方を指定すると定積分に相当し、[下限] だけを指定すると [下限] までの原始関数に相当します。

ERFC（ERFC.PRECISE）関数は引数 [x] に指定した数値から [∞] の範囲での誤差関数の積分値を返すので、[下限] だけを指定したERF関数と相補関係（加え合わせると1になる）になります。よって、「相補誤差関数」と呼ばれます。それぞれの振る舞いを下図に示します。

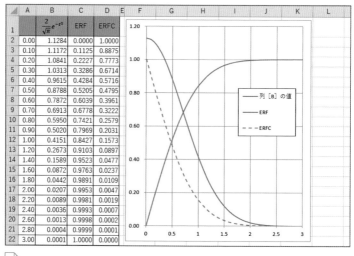

| | A | B | C | D |
|---|---|---|---|---|
| 1 | | $\frac{2}{\sqrt{\pi}} e^{-t^2}$ | ERF | ERFC |
| 2 | 0.00 | 1.1284 | 0.0000 | 1.0000 |
| 3 | 0.10 | 1.1172 | 0.1125 | 0.8875 |
| 4 | 0.20 | 1.0841 | 0.2227 | 0.7773 |
| 5 | 0.30 | 1.0313 | 0.3286 | 0.6714 |
| 6 | 0.40 | 0.9615 | 0.4284 | 0.5716 |
| 7 | 0.50 | 0.8788 | 0.5205 | 0.4795 |
| 8 | 0.60 | 0.7872 | 0.6039 | 0.3961 |
| 9 | 0.70 | 0.6913 | 0.6778 | 0.3222 |
| 10 | 0.80 | 0.5950 | 0.7421 | 0.2579 |
| 11 | 0.90 | 0.5020 | 0.7969 | 0.2031 |
| 12 | 1.00 | 0.4151 | 0.8427 | 0.1573 |
| 13 | 1.20 | 0.2673 | 0.9103 | 0.0897 |
| 14 | 1.40 | 0.1589 | 0.9523 | 0.0477 |
| 15 | 1.60 | 0.0872 | 0.9763 | 0.0237 |
| 16 | 1.80 | 0.0442 | 0.9891 | 0.0109 |
| 17 | 2.00 | 0.0207 | 0.9953 | 0.0047 |
| 18 | 2.20 | 0.0089 | 0.9981 | 0.0019 |
| 19 | 2.40 | 0.0036 | 0.9993 | 0.0007 |
| 20 | 2.60 | 0.0013 | 0.9998 | 0.0002 |
| 21 | 2.80 | 0.0004 | 0.9999 | 0.0001 |
| 22 | 3.00 | 0.0001 | 1.0000 | 0.0000 |

10-06

ベッセル・ジェイ

# **BESSELJ**

## ベッセル関数Jn(x)を計算する　　∨

**書　式**　BESSELJ(x,n)

ベッセル関数Jn(x)を返す。

**機　能**　BESSELJ関数は、第1種ベッセル関数（第1種円柱関数）[Jn(x)]を計算します。
変数を[x]とする[n]次の第1種ベッセル関数Jn(x)は、次の数式で表されます。ここで、Γ(n+k+1)はガンマ関数を表します。

$$J_n(x) = \sum_{s=0}^{\infty} \frac{(-1)^s}{s!(n+s)!}\left(\frac{x}{2}\right)^{n+2s}$$

ベッセル・ワイ

# **BESSELY**

## ベッセル関数Yn(x)を計算する　　∨

**書　式**　BESSELY(x,n)

ベッセル関数Yn(x)を返す。

**機　能**　BESSELY関数は、第2種ベッセル関数（第2種円柱関数）[Yn(x)]を計算します。この関数は、「ウェーバー関数」あるいは「ノイマン関数」とも呼ばれます。
変数を[x]とする[n]次の第2種ベッセル関数Yn(x)は、次の数式で表されます。

$$Y_n(x) = \lim_{v \to n} \frac{\cos(v\pi)J_v(x) - J_{-v}(x)}{\sin(v\pi)}$$

$$= \frac{1}{\pi}\left[\frac{\partial J_v(x)}{\partial v} - (-1)^n \frac{\partial J_{-v}(x)}{\partial v}\right]_{v \to n}$$

## MEMO｜ベッセル関数とベッセル方程式

「ベッセル関数」は「ベッセル方程式」と呼ばれる、自然界のさまざまな現象が従う二次微分方程式の一般解を構成します。

この方程式は、シュレージンガーの波動方程式から熱伝導、膜振動まで非常に広い範囲をカバーします。

ベッセル方程式には下に示すように2つの種類があり、それぞれに2つずつの一般解が用意されているので、都合4種類の関数が必要です。

### ●n次のベッセル方程式

$$\frac{d^2y}{dx^2} + \frac{1}{x}\frac{dy}{dx} + \left(1 - \frac{n^2}{x^2}\right)y = 0$$

$$\Rightarrow y = \begin{cases} aJ_n(x) + bJ_{-n}(x) & \text{[n：非整数]} \\ aJ_n(x) + bY_n(x) & \text{[n：整数]} \end{cases}$$

$$J_n(x) = \sum_{s=0}^{\infty} \frac{(-1)^s}{s!(n+s)!}\left(\frac{x}{2}\right)^{n+2s} \quad \text{[第1種ベッセル関数]}$$

$$Y_n(x) = \lim_{v \to n} \frac{\cos(v\pi)J_v(x) - J_{-v}(x)}{\sin(v\pi)} \quad \text{[第2種ベッセル関数]}$$

### ●n次の変形ベッセル方程式

$$\frac{d^2y}{dx^2} + \frac{1}{x}\frac{dy}{dx} - \left(1 + \frac{n^2}{x^2}\right)y = 0$$

$$\Rightarrow y = \begin{cases} aI_n(x) + bI_{-n}(x) & \text{[n：非整数]} \\ aK_n(x) + bK_n(x) & \text{[n：整数]} \end{cases}$$

$$I_n(x) = (i)^{-n}J_n(ix) = \sum_{s=0}^{\infty} \frac{1}{s!(n+s)!}\left(\frac{x}{2}\right)^{n+2s}$$

[第1種変形ベッセル関数]

$$K_n(x) = \left(\frac{\pi}{2}\right)(i)^{v+1}\{J_v(ix) + iY_v(ix)\}$$

$$= \lim_{v \to n}\left(\frac{\pi}{2}\right)\frac{I_v(x) - I_{-v}(x)}{\sin(v\pi)} \quad \text{[第2種変形ベッセル関数]}$$

ベッセル・アイ

# BESSELI

## 変形ベッセル関数In(x)を計算する　　　　∨

**書　式**　BESSELI(x,n)
　　　　　変形ベッセル関数In(x)を返す。

**機　能**　BESSELI関数は、第1種変形ベッセル関数 [In(x)] を計算します。
　　　　　この関数は、純虚数を引数としたときのベッセル関数Jnに相当します。
　　　　　変数を [x] とする [n] 次の第1種変形ベッセル関数In(x)は、次の数式で表されます。

$$I_n(x) = (i)^{-n} J_n(ix)$$

ベッセル・ケイ

# BESSELK

## 変形ベッセル関数Kn(x)を計算する　　　　∨

**書　式**　BESSELK(x,n)
　　　　　変形ベッセル関数Kn(x)を返す。

**機　能**　BESSELK関数は、第2種変形ベッセル関数 [Kn(x)] を計算します。
　　　　　この関数は、純虚数を引数としたときのベッセル関数JnとYnの和に相当します。
　　　　　変数を [x] とする [n] 次の第2種変形ベッセル関数Kn(x)は、次の数式で表されます。

$$K_n(x) = \frac{\pi}{2} i^{n+1} (J_n(ix) + iY_n(ix))$$

## MEMO | 4つのベッセル関数のそれぞれの振る舞い

### ●ベッセル関数の用途と振る舞い

第1種ベッセル関数Jn(x)の値は全領域で有限値を取りながら振動し、第2種ベッセル関数Yn(x)は [x=0] で発散しますが振動しながら [x=∞] で値が収束します。Jn(x)やYn(x)は、極座標や円柱座標で現れ、「有限領域における振動」などの問題に有効です。

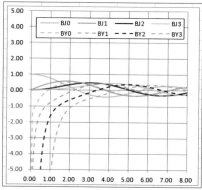

10-07

### ●変形ベッセル関数の用途と振る舞い

第1種変型ベッセル関数In(x)は [x=0] で有限値を取りますが [x=∞] では発散し、第2種変型ベッセル関数Kn(x)はその逆です。In(x)やKn(x)は、極座標や円柱座標で現れ、境界値から外側に向かった「拡散」の問題に有効です。

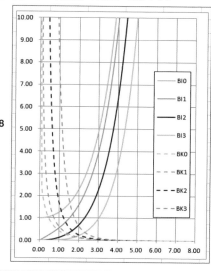

10-08

# 第11章

# キューブ／Web

キューブ（CUBE）とは、自分の使用しているパソコンにネットーワークで接続された外部のデータベースを指します。このデータベースから必要な情報を取り出したり、データベースの数値を使用して計算したりするための関数をキューブ関数といいます。

Web 関数は、XML 形式の文書から必要なデータを取り出したり、Web サービスからデータを取り出したりするのに使用します。

| キューブ | セット | (2010)(2013)(2016)(2019)(365) |

キューブ・セット

# CUBESET

## キューブからセットを取り出す

**書　式**　CUBESET(接続名, セット式 [, キャプション] [, 並べ替え順序] [, 並べ替えキー])

**計算例**　CUBESET(" 集客数分析 ","[Product].[All Products]. Children"," 店舗名 ")
SQLサーバーに [集客数分析] という接続名で接続して、取り出した [[Product].[All Products].Children] というセットから [店舗名] というキャプションを返す。

**機　能**　CUBESET関数は、SQLサーバーのキューブにあるメンバーあるいは組のセットを取り出します。
このとき、取り出すセットは、[セット式] に指定されたメンバーや組が存在するかどうかを確認します。[接続名]と[セット式] 以外の引数は省略できます。

| キューブ | セット | (2010)(2013)(2016)(2019)(365) |

キューブ・セット・カウント

# CUBESETCOUNT

## キューブセットにある項目数を求める

**書　式**　CUBESETCOUNT(セット)

**計算例**　CUBESETCOUNT(CUBESET(" 集客数分析 ","[Product]. [All Products].Children"," 店舗名 ")
CUBESET関数で指定したセットに含まれる項目数を返す。

**機　能**　CUBESETCOUNT関数は、[セット] で指定したキューブセットに含まれる項目数をカウントします。

### MEMO｜キューブ関数と SQL サーバー

「キューブ」とは外部のデータベースを示す言葉で、キューブ関数で使用するキューブを作成する場合は、マイクロソフト社が提供するSQLサーバー（Microsoft SQL Server Analysis Services）が必要です。このため、一般ユーザーが利用する機会はまれで、中から大規模のデータベースを扱う場合など用途は限られます。

1 数学／三角

2 統計

3 日付／時刻

4 財務

5 論理

6 情報

7 検索／行列

8 データベース

9 文字列操作

10 エンジニアリング

11 キューブ／Web

12 互換性関数

| キューブ | セット | 2010 2013 2016 2019 365 |
|---|---|---|

キューブ・バリュー

# CUBEVALUE

## キューブから指定したセットの集計値を求める　　　∨

**書　式** CUBEVALUE(セット, メンバー式 1[, メンバー式 2,…])

**計算例** CUBEVALUE(" 集客数分析","[Product].[All Products].
Children")
SQLサーバーに [集客数分析] という接続名で接続して、
[[Product].[All Products].Children] メンバーで指定した
キューブの合計値を返す。

**機　能** CUBEVALUE関 数 は、Microsoft SQL Server Analysis
Servicesのキューブに [セット] で指定されたメンバーや組
のセットをもとに、[メンバー式] で指定したキューブの合計
値を求めます。

| キューブ | メンバー | 2010 2013 2016 2019 365 |
|---|---|---|

キューブ・メンバー

# CUBEMEMBER

## キューブからメンバーまたは組を取り出す　　　∨

**書　式** CUBEMEMBER(接続名, メンバー式 [, キャプション])

**計算例** CUBEMEMBER("集客数分析","[Product].[All Products].
Children"," 店舗名 ",)
SQLサーバーに [集客数分析] という接続名で接続して、取
り出した [[Product].[All Products].Children] というセッ
トを検索します。メンバーや組が存在する場合は、「店舗名」
というキャプションを返す。

**機　能** CUBEMEMBER関数は、Microsoft SQL Server Analysis
Servicesのキューブにメンバーや組が存在するかどうかを
返します。
このとき、[メンバー式] で指定したメンバーや組が存在する
場合は、[キャプション] で指定した文字列が表示されます。

数学/三角 1
統計 2
日付・時刻 3
財務 4
論理 5
情報 6
検索・行列 7
データベース 8
文字列操作 9
エンジニアリング 10
キューブ/Web 11
互換性関数 12

| キューブ | メンバー | | 2010 2013 2016 2019 365 |
|---|---|---|---|

キューブ・メンバー・プロパティ

# CUBEMEMBERPROPERTY

## キューブからメンバーのプロパティの値を求める　　∨

**書　式**　CUBEMEMBERPROPERTY(**接続名,メンバー式,**
**プロパティ**)

**計算例**　CUBEMEMBERPROPERTY("**集客数分析**","[Product].
[All Products].Children","**新宿店**")

SQLサーバーに[集客数分析]という接続名で接続して、指定してたメンバーを検索し、[プロパティ]で指定した「新宿店」が存在するときは、そのプロパティを返す。

**機　能**　CUBEMEMBERPROPERTY関数は、メンバーがキューブ内に存在しているかどうかを確認します。[メンバー式]で指定したメンバーが存在するときは、そのメンバーのプロパティの値を求めます。

| キューブ | メンバー | | 2010 2013 2016 2019 365 |
|---|---|---|---|

キューブ・ランクド・メンバー

# CUBERANKEDMEMBER

## キューブで指定したランクのメンバーを求める　　∨

**書　式**　CUBERANKEDMEMBER(**接続名, セット式, ランク** [,
**キャプション**])

**計算例**　CUBERANKEDMEMBER("**集客数分析**",CUBESET
("Visitor","Summer","[2016].[June]","[2016].[July]",
"[2016].[August]"),1,"**トップ月**")

SQLサーバーに[集客数分析]という接続名で接続して、CUBESET関数で取り出したセットから[ランク]で指定した1番目のメンバーを返し、「トップ月」と表示する。

**機　能**　CUBERANKEDMEMBER関数は、[セット式]から[ランク]で指定した位置（順位）のメンバーを求めます。[キャプション]を省略した場合は、見つかったメンバーのキャプションが表示されます。

**関連**　**CUBESET** ‥‥‥‥‥‥‥‥‥‥ P.274

キューブ・ケーピーアイ・メンバー

# CUBEKPIMEMBER

## 主要業績評価指標（KPI）のプロパティを求める　∨

**書　式**　CUBEPIMEMBER(接続名,KPI 名,KPI のプロパティ **[,** キャプション**]**)

**計算例**　CUBEPIMEMBER(" 販売分析","MySalesKPI",3," 状態")
SQLサーバーに [集客数分析] という接続名で接続し、指定したKPI [MySalesKPI] から [3] 状況を取り出し、「状態」というキャプションを返す。

**機　能**　CUBEPIMEMBER関数は、キューブの主要業績評価指標（KPI：Key Performance Indicator）から [プロパティ] で指定した指標を求めます。

エンコード・ユーアールエル

# ENCODEURL

## 文字列をURL形式にエンコードする　∨

**書　式**　ENCODEURL(文字列)

**機　能**　ENCODEURL関数は、[文字列] で指定した文字列をURLエンコード（URLとして利用できるコード）に変換します。日本語やスペースがURLとして表記できるように変換され、WebページのURL表示などに使用できます。

**解　説**　ENCODEURL関数は、Excel for Macでは使用できません。

---

### MEMO | Web 関数

Web関数は、Web APIと呼ばれるインターネット上のデータから目的の情報やデータを取得するためのものです。Web APIとは、コンピュータプログラムの提供する機能を外部の別のプログラムから呼び出して利用するための手順のことで、これによって、外部のWebサイトの機能や情報を取り込んだり、Web上で公開されている機能や情報を利用したりすることが可能になります。

| Web | データ取得 | 2010 2013 2016 2019 365 |

フィルター・エックスエムエル

# FILTERXML

## XML文書から必要な情報を取り出す　　　∨

**書　式** FILTERXML(XML, パス)

**計算例** FILTERXML(A2,"//link")

セル [A2] にあるXML形式のデータから、取り出したい情報がある「//link」というパスを指定する。

**機　能** FILTERXML関数は、[XML]で指定したXML形式のデータからパスにあるデータを取り出します。指定されたパスが複数存在する場合は、複数のデータが配列として返されます。

**解　説** FILTERXML関数は、Excel for Macでは使用できません。

---

| Web | データ取得 | 2010 2013 2016 2019 365 |

ウェブ・サービス

# WEBSERVICE

## Webサービスからデータを取得する　　　∨

**書　式** WEBSERVICE(URL)

**計算例** WEBSERVICE("http://weather.livedoor.com/
forecast/rss/3.xml")

[URL] で指定したWebサービスからデータを取得する。

**機　能** WEBSERVICE関数は、[URL]で指定したWebサービスからデータを取得します。取得できるデータはXML形式またはJSON形式のデータです。取得したデータがXML形式の場合は、FILTERXML関数を利用して、さらに必要な情報を取り出すことができます。

引数がデータを取得できない、無効な文字列、32767文字（セルの許容範囲）を超えている、URLが2048文字を超えているなどの場合は、エラー値 [#VALUE!] が表示されます。

**解　説** WEBSERVICE関数は、Excel for Macでは使用できません。

関連 **FILTERXML** ……………… P.278

# 第 12 章
# 互換性関数

Excel は新しいバージョンが出るたびに、関数の追加や改良が行われています。新しい関数が追加された場合は原則として新しい関数を使いますが、古いバージョンでは最新の関数を使用できません。このため、異なるバージョン間で使用する場合は、互換性関数を使用します。

この章では、互換性関数の解説と、対応する現行の関数を参照先として示しています。

## 互換性関数 ｜ 数学／三角 ｜ 2010 2013 2016 2019 365

シーリング

# CEILING

## 指定値の倍数に切り上げる ✓

書　式　CEILING(数値, 基準値)

現行の関数　**CELING.PRECISE** ……………… P.13

---

## 互換性関数 ｜ 数学／三角 ｜ 2010 2013 2016 2019 365

フロア

# FLOOR

## 指定値の倍数に切り捨てる ✓

書　式　FLOOR(数値, 基準値)

現行の関数　**FLOOR.PRECISE** ………………… P.14

---

## 互換性関数 ｜ 統計 ｜ 2010 2013 2016 2019 365

モード

# MODE

## 最頻値を求める ✓

書　式　MODE(数値 1[, 数値 2,…])
　　　　[数値1][数値2]…の中から最頻値（モード）を抽出する。

現行の関数　**MODE.SINGL** ……………………… P.52

---

## 互換性関数 ｜ 統計 ｜ 2010 2013 2016 2019 365

ランク

# RANK

## 順位を求める ✓

書　式　RANK(数値, 範囲 [, 順序])
　　　　[数値]が[範囲]の中で[順序]（0または省略で降順、1は昇順）
　　　　で指定したほうから数えて何番目になるかを求める。

現行の関数　**RANK.EQ** ……………………………… P.60

クアタイル

# QUARTILE

## 四分位数を求める ⌄

書　式　QUARTILE(配列, 戻り値)
[配列] に含まれるデータから [戻り値]（[0] 最小値、[1] 25%、[2] 50%、[3] 75%、[4] 最大値）に対応する四分位数を抽出する。

現行の関数　**QUARTILE.INC** ⋯⋯⋯⋯⋯⋯⋯ P.62

パーセンタイル

# PERCENTILE

## 百分位数を求める ⌄

書　式　PERCENTILE(配列, 率)
[配列] に含まれるデータを小さいほうから数えて、[率] の位置に相当する値を求める。

現行の関数　**PERCENTILE.INC** ⋯⋯⋯⋯⋯ P.63

パーセントランク

# PERCENTRANK

## 百分率での順位を求める ⌄

書　式　PERCENTRANK(配列,x [, 有効桁数])
[x] が [配列] 内のどの位置に相当するかを百分率（0〜1）で求める。

現行の関数　**PERCENTRANK.INC** ⋯⋯⋯⋯ P.63

互換性関数　　統計　　2010 2013 2016 2019 365

バリアンス

# VAR

## 不偏分散を求める

書　式　VAR(数値1[, 数値2,…])

引数を母集団（全体）の標本（いくつかのサンプル）とみなして、母集団の分散の推定値（不偏分散）を求める。

現行の関数　**VAR.S** ………………………………… P.64

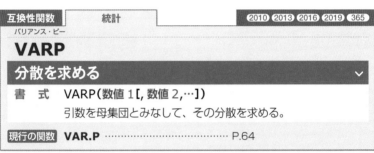

互換性関数　　統計　　2010 2013 2016 2019 365

バリアンス・ピー

# VARP

## 分散を求める

書　式　VARP(数値1[, 数値2,…])

引数を母集団とみなして、その分散を求める。

現行の関数　**VAR.P** ………………………………… P.64

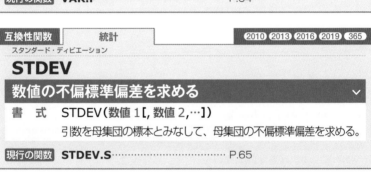

互換性関数　　統計　　2010 2013 2016 2019 365

スタンダード・ディビエーション

# STDEV

## 数値の不偏標準偏差を求める

書　式　STDEV(数値1[, 数値2,…])

引数を母集団の標本とみなして、母集団の不偏標準偏差を求める。

現行の関数　**STDEV.S** ………………………………… P.65

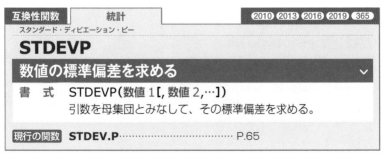

互換性関数　　統計　　2010 2013 2016 2019 365

スタンダード・ディビエーション・ピー

# STDEVP

## 数値の標準偏差を求める

書　式　STDEVP(数値1[, 数値2,…])

引数を母集団とみなして、その標準偏差を求める。

現行の関数　**STDEV.P** ………………………………… P.65

数学／三角

統計

日付／時刻

財務

論理

情報

検索／行列

データベース

文字列操作

エンジニアリング

キューブ／Web

互換性関数

| 互換性関数 | 統計 | 2010 2013 2016 2019 365 |

バイノミアル・ディストリビューション

# BINOMDIST

## 二項分布の確率を求める ∨

書 式　BINOMDIST(成功数, 試行回数, 成功率, 関数形式)
[成功率]で示す確率で事象が発生する場合に、[試行回数]の
うち[成功数]だけの事象が発生する確率を求める。

現行の関数　**BINOM.DIST** ......................... P.70

---

| 互換性関数 | 統計 | 2010 2013 2016 2019 365 |

クリテリア・バイノミアル

# CRITBINOM

## 二項分布確率が目標値以上になる最小回数を求める ∨

書 式　CRITBINOM(試行回数, 成功率, 基準値α)
二項分布の成功確率が基準値以上になるための最小の回数を
求める。

現行の関数　**BINOM.INV** .......................... P.71

---

| 互換性関数 | 統計 | 2010 2013 2016 2019 365 |

ネガティブ・バイノミアル・ディストリビューション

# NEGBINOMDIST

## 負の二項分布の確率を求める ∨

書 式　NEGBINOMDIST(失敗数, 成功数, 成功率)
試行の[成功率]が一定のとき、[成功数]で指定した回数の
試行が成功するまでに[失敗数]の回数の試行が失敗する確率
を求める。

現行の関数　**NEGBINOM.DIST** ................... P.72

**互換性関数** | 統計 | 2010 2013 2016 2019 365

ハイパー・ジオメトリック・ディストリビューション

# HYPGEOMDIST

## 超幾何分布の確率を求める ∨

書 式　HYPGEOMDIST(標本の成功数, 標本の大きさ,
　　　　母集団の成功数, 母集団の大きさ)
　　　　一定数の標本が成功する確率を求める。

現行の関数　**HYPGEOM.DIST** ………………… P.73

**互換性関数** | 統計 | 2010 2013 2016 2019 365

ポアソン

# POISSON

## ポアソン分布の確率を求める ∨

書 式　POISSON(イベント数, 平均, 関数形式)

現行の関数　**POISSON.DIST** ………………… P.74

**互換性関数** | 統計 | 2010 2013 2016 2019 365

ノーマル・ディストリビューション

# NORMDIST

## 正規分布の確率を求める ∨

書 式　NORMDIST(x, 平均, 標準偏差, 関数形式)
　　　　一定数の標本が成功する確率を求める。

現行の関数　**NORM.DIST** ………………… P.76

**互換性関数** | 統計 | 2010 2013 2016 2019 365

ノーマル・スタンダード・ディストリビューション

# NORMSDIST

## 標準正規分布の確率を求める ∨

書 式　NORMSDIST(値)
　　　　標準正規分布の累積分布関数の値を求める。

現行の関数　**NORM.S.DIST** ………………… P.77

| 互換性関数 | 統計 | | 2010 2013 2016 2019 365 |
| --- | --- | --- | --- |

ノーマル・インバース

# NORMINV

## 正規分布の累積分布関数の逆関数値を求める　∨

書　式　**NORMINV(確率, 平均, 標準偏差)**
[平均]と[標準偏差]に対する正規累積分布関数の[確率]から逆関数値（もとの値）を求める。

**現行の関数** **NORM.INV** ……………………… P.78

---

| 互換性関数 | 統計 | | 2010 2013 2016 2019 365 |
| --- | --- | --- | --- |

ノーマル・スタンダード・インバース

# NORMSINV

## 標準正規分布の累積分布関数の逆関数値を求める　∨

書　式　**NORMSINV(確率)**
[平均]が0、[標準偏差]が1の標準正規分布で、累積分布関数の[確率]から逆関数値（もとの値）を求める。

**現行の関数** **NORM.S.INV** ……………………… P.78

---

| 互換性関数 | 統計 | | 2010 2013 2016 2019 365 |
| --- | --- | --- | --- |

ログ・ノーマル・ディストリビューション

# LOGNORMDIST

## 対数正規分布の確率を求める　∨

書　式　**LOGNORMDIST(x, 平均, 標準偏差)**
[平均][標準偏差]で決まる対数正規分布において、変数[x]に対する累積確率を求める。

**現行の関数** **LOGNORMDIST** ……………… P.80

1 数学/三角
2 統計
3 日付/時刻
4 財務
5 論理
6 情報
7 検索/行列
8 データベース
9 文字列操作
10 エンジニアリング
11 キューブ Web
12 互換性関数

| | |
|---|---|
| 1 | 数学／三角 |
| 2 | 統計 |
| 3 | 日付／時刻 |
| 4 | 財務 |
| 5 | 論理 |
| 6 | 情報 |
| 7 | 検索／行列 |
| 8 | データベース |
| 9 | 文字列操作 |
| 10 | エンジニアリング |
| 11 | キューブ／web |
| 12 | 互換性関数 |

---

**互換性関数** | 統計 | 2010 2013 2016 2019 365

ベータ・インバース

# BETAINV

## ベータ分布の累積分布関数の逆関数値を求める ∨

書 式　BETAINV(確率, *α*, *β* [,A] [,B])

　　　　ベータ分布の累積分布関数の逆関数値（もとの値）を求める。

現行の関数　**BETA.INV** P.82

---

**互換性関数** | 統計 | 2010 2013 2016 2019 365

ガンマ・ディストリビューション

# GAMMADIST

## ガンマ分布関数の値を求める ∨

書 式　GAMMADIST(x, *α*, *β*, 関数形式)

現行の関数　**GAMMA.DIST** P.84

---

**互換性関数** | 統計 | 2010 2013 2016 2019 365

ガンマ・ログ・ナチュラル

# GAMMALN

## ガンマ関数の自然対数を求める ∨

書 式　GAMMALN(x)

現行の関数　**GAMMALN.PRECISE** P.84

---

**互換性関数** | 統計 | 2010 2013 2016 2019 365

ガンマ・インバース

# GAMMAINV

## ガンマ分布の累積分布関数の逆関数値を求める ∨

書 式　GAMMAINV(確率, *α*, *β*)

　　　　パラメータ（*α*, *β*）のガンマ分布において、累積分布関数の

　　　　逆関数値（もとの値）を求める。

現行の関数　**GAMMA.INV** P.85

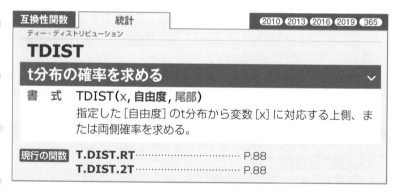

**互換性関数** | **統計** | 2010 2013 2016 2019 365

ワイブル

# WEIBULL

## ワイブル分布の値を求める  ⌄

書 式　WEIBULL(x, α, β, 関数形式)

ワイブル分布（機械や物体が壊れる、劣化する現象になる確率）の値を求める。

現行の関数　**WEIBULL.DIST**························ P.85

---

**互換性関数** | **統計** | 2010 2013 2016 2019 365

コンフィデンス

# CONFIDENCE

## 正規分布の標本から母平均の片側信頼区間の幅を求める  ⌄

書 式　CONFIDENCE(α, 標準偏差, 標本の大きさ)

正規母集団の標本から求めた平均値が間違える危険率をαとした場合において、信頼区間の幅を求める。

現行の関数　**CONFIDENCE.NORM**············ P.86

---

**互換性関数** | **統計** | 2010 2013 2016 2019 365

ティー・ディストリビューション

# TDIST

## t分布の確率を求める  ⌄

書 式　TDIST(x, 自由度, 尾部)

指定した [自由度] のt分布から変数 [x] に対応する上側、または両側確率を求める。

現行の関数　**T.DIST.RT**································· P.88
　　　　　　**T.DIST.2T**································· P.88

数学／三角　統計　日付／時刻　財務　論理　情報　検索／行列　データベース　文字列操作　エンジニアリング　キューブ　Web　互換性関数

1 2 3 4 5 6 7 0 9 10 11 12

数学/三角 1

統計 2

日付/時刻 3

財務 4

論理 5

情報 6

検索/行列 7

データベース 8

文字列操作 9

エンジニアリング 10

キューブ web 11

12 互換性関数

互換性関数 | 統計 | 2010 2013 2016 2019 365

ティー・インバース

# TINV

## t分布の両側逆関数値を求める ∨

書 式　**TINV(両側確率, 自由度)**
　　　　t分布の両側確率から逆関数値を求める。

現行の関数 **T.INV.2T** ................................ P.89

互換性関数 | 統計 | 2010 2013 2016 2019 365

ティー・テスト

# TTEST

## t検定の確率を求める ∨

書 式　**TTEST(配列1, 配列2, 尾部, 検定の種類)**
　　　　[配列1]と[配列2]のデータの平均に差があるかどうかを検
　　　　定する。

現行の関数 **T.TEST** .................................. P.90

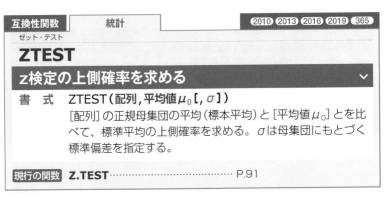

互換性関数 | 統計 | 2010 2013 2016 2019 365

ゼット・テスト

# ZTEST

## z検定の上側確率を求める ∨

書 式　**ZTEST(配列, 平均値$\mu_0$ [, σ])**
　　　　[配列]の正規母集団の平均(標本平均)と[平均値$\mu_0$]とを比
　　　　べて、標準平均の上側確率を求める。σは母集団にもとづく
　　　　標準偏差を指定する。

現行の関数 **Z.TEST** .................................. P.91

| 互換性関数 | 統計 | | 2010 2013 2016 2019 365 |
| --- | --- | --- | --- |

エフ・ディストリビューション

## FDIST

### F分布の上側確率を求める ⌄

書　式　FDIST(x, **自由度**1, **自由度**2)

F分布に従う変数 [x] に対して上側確率を求める。

現行の関数　**F.DIST.RT** ⋯⋯⋯⋯⋯⋯⋯⋯⋯⋯⋯⋯ P.92

| 互換性関数 | 統計 | | 2010 2013 2016 2019 365 |
| --- | --- | --- | --- |

エフ・インバース

## FINV

### F分布の上側確率から確率変数を求める ⌄

書　式　FINV(**確率**, **自由度**1, **自由度**2)

現行の関数　**F.INV.RT** ⋯⋯⋯⋯⋯⋯⋯⋯⋯⋯⋯⋯ P.93

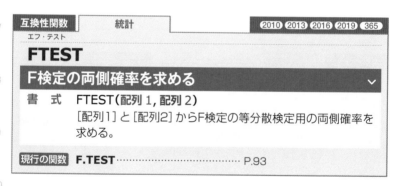

| 互換性関数 | 統計 | | 2010 2013 2016 2019 365 |
| --- | --- | --- | --- |

エフ・テスト

## FTEST

### F検定の両側確率を求める ⌄

書　式　FTEST(**配列**1, **配列**2)

[配列1] と [配列2] からF検定の等分散検定用の両側確率を
求める。

現行の関数　**F.TEST** ⋯⋯⋯⋯⋯⋯⋯⋯⋯⋯⋯⋯⋯ P.93

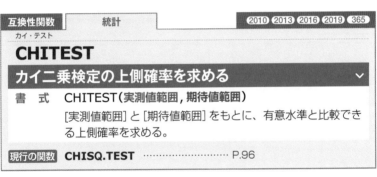

カイ・ディストリビューション

# CHIDIST

## カイ二乗分布の上側確率を求める

書 式　CHIDIST(x, 自由度)
　　　　X²検定で利用するカイ二乗分布の上側確率を求める。

現行の関数　CHISQ.DIST.RT ..................... P.94

カイ・インバース

# CHIINV

## カイ二乗分布の上側確率から確率変数を求める

書 式　CHIINV(上側確率, 自由度)

現行の関数　CHISQ.INV.RT ..................... P.94

カイ・テスト

# CHITEST

## カイ二乗検定の上側確率を求める

書 式　CHITEST(実測値範囲, 期待値範囲)
　　　　[実測値範囲] と [期待値範囲] をもとに、有意水準と比較できる上側確率を求める。

現行の関数　CHISQ.TEST ..................... P.96

| 互換性関数 | 統計 | | 2010 2013 2016 2019 365 |

コバリアンス

# COVAR

## 母共分散を求める

書　式　COVAR(配列1, 配列2)

2組の対応するデータの偏差の積の平均値を求める。

現行の関数 **COVARIANCE.P** ·················· P.98

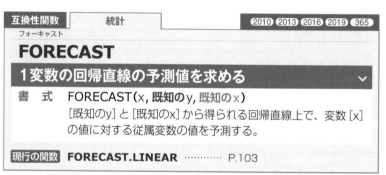

| 互換性関数 | 統計 | | 2010 2013 2016 2019 365 |

フォーキャスト

# FORECAST

## 1変数の回帰直線の予測値を求める

書　式　FORECAST(x, 既知のy, 既知のx)

[既知のy] と [既知のx] から得られる回帰直線上で、変数 [x]
の値に対する従属変数の値を予測する。

現行の関数 **FORECAST.LINEAR** ············ P.103

# 付　録

Excelの関数を利用するための基本的な知識
を紹介します。
算術演算子や比較演算子などの演算子の種類
やセル参照、数値や日付／時刻などの表示形
式とそれらの書式記号について、また、配列
数式と配列定数の使い方について解説してい
ます。
本書内では、これらについての解説を省いて
いますので、随時参考にしてください。

# 演算子の種類とセル参照

## ◎演算子の種類

演算子とは、演算（加算や減算など）が割り当てられた半角の記号（「＋」や「－」）のことです。演算子には「算術演算子」「比較演算子」「文字列演算子」「参照演算子」があり、優先順位が高いほうから計算が行われます。同じ優先順位の演算子がある場合は、数式の左から順に計算されます。計算順序を変更するには、先に計算したい部分を半角の「( )」（カッコ）で囲みます。

### ▓算術演算子

算術演算子は、加減乗除やべき乗など、数式の中や関数の中の算術式を記述するための演算子です。数値を組み合わせて演算を行い、計算結果として数値を返します。減算を行う「－」は、負の符号としても使用されます。

### ▓比較演算子

比較演算子は、2 つの値や式を比較して、等しいか等しくないか、大きいか小さいかなど、真偽の結果から、論理値として TRUE（1）または FALSE（0）を返します。比較演算子は、引数に論理式を指定する論理関数などで使用されます。

### ▓文字列演算子

文字列演算子は「&」だけです。「&」は複数の文字列を結合して、1 つの文字列に変換します。比較演算子のうち「＝」だけは、文字列にも使用できます。

### ▓参照演算子

参照演算子は、計算に使用するセル範囲を定義するための演算子で、「：」（コロン）、「,」（カンマ）、半角スペースがあります。「( )」（カッコ）は使えません。

| | 演算子 | 記 号 | 読み／意味 |
|---|---|---|---|
| 1 | 算術演算子 | % | パーセンテージ |
| | | ^ | べき乗 |
| | | *、/ | 乗算、除算 |
| | | +、− | 加算、減算、負号 |
| 2 | 比較演算子 | =、<、>、<=、>=、<> | 大きさの比較 |
| 3 | 文字列演算子 | & | 文字列の結合 |
| 4 | 参照演算子 | : | コロン |
| | | , | カンマ |
| | | ▏*1 | 半角スペース |

*1　スペースは半角空けます。色で示しています。

| 算術演算子 | 処　理 | 優先順位 | 算術演算子 | 処　理 | 優先順位 |
|:---:|:---|:---:|:---:|:---|:---:|
| ＋ | 加算（足し算） | 5 | ／ | 除算（割り算） | 4 |
| － | 減算（引き算） | 5 | ＾ | べき乗 | 3 |
| － | 負号 | 1 | ％ | パーセンテージ | 2 |
| ＊ | 乗算（掛け算） | 4 | | | |

## ◎セル参照

あらかじめワークシートに入力されている値を数式の中で利用する場合は、セル参照を使います。単に1つのセルを参照する場合には参照演算子は不要ですが、セル範囲を組み合わせる場合には、参照演算子を使用します。

### ■「:」（コロン）を使用する

「:」（コロン）は、連続したセル範囲を指定する参照演算子で、「セル範囲の左上のセル：右下のセル」の形で記述します。

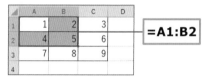

### ■「,」（カンマ）を使用する

「,」（カンマ）は、隣接していないセルを同時に指定する参照演算子で、「セル番地,セル番地,…」の形で記述します。

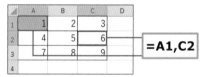

### ■半角スペースを使用する

半角スペースは、2つのセル範囲の交差範囲を指定する参照演算子で、セル範囲の名前やラベルと組み合わせて使用されます。

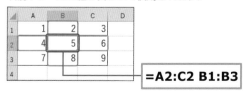

## ■比較演算子

比較演算子は、左辺と右辺の数値を比較するための演算子で、「=」「>」「<」「>=」「<=」「<>」の6種類があり、主に条件式の記述に使用されます。

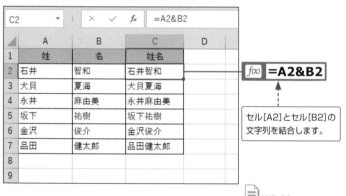

$f(x)$ **=IF(E3>=70,"合格","不合格")**

| G3 | ▼ | ⋮ | × | ✓ | $f_x$ | =IF(E3>=70,"合格","不合格") |

| ◢ | A | B | C | D | E | F | G |
|---|---|---|---|---|---|---|---|
| 1 | No | 氏名 | 試験結果 | | | | 合否 |
| 2 | | | 国語 | 数学 | 英語 | 3科目合計 | |
| 3 | 1 | 石井　智和 | 78 | 85 | 72 | 235 | 合格 |
| 4 | 2 | 犬貝　夏海 | 85 | 78 | 62 | 225 | 不合格 |
| 5 | 3 | 永井　麻由美 | 68 | 80 | 100 | 248 | 合格 |
| 6 | 4 | 坂下　祐樹 | 96 | 58 | 68 | 222 | 不合格 |
| 7 | 5 | 金沢　俊介 | 71 | 63 | 95 | 229 | 合格 |
| 8 | 6 | 品田　健太郎 | 73 | 94 | 70 | 237 | 合格 |
| 9 | | | | | | | |

付録-01

## ■文字列演算子

文字列演算子「&」は、文字列を連結して1つの文字列にする演算子です。この演算子を使用すると、数式の結果は文字列になります。

| C2 | ▼ | ⋮ | × | ✓ | $f_x$ | =A2&B2 |

| ◢ | A | B | C | D |
|---|---|---|---|---|
| 1 | 姓 | 名 | 姓名 | |
| 2 | 石井 | 智和 | 石井智和 | |
| 3 | 犬貝 | 夏海 | 犬貝夏海 | |
| 4 | 永井 | 麻由美 | 永井麻由美 | |
| 5 | 坂下 | 祐樹 | 坂下祐樹 | |
| 6 | 金沢 | 俊介 | 金沢俊介 | |
| 7 | 品田 | 健太郎 | 品田健太郎 | |
| 8 | | | | |
| 9 | | | | |

$f(x)$ **=A2&B2**

セル[A2]とセル[B2]の
文字列を結合します。

付録-02

# 表示形式と書式記号

Excel のセルの書式と表示形式を紹介します。また、表示設定においては、[ユーザー定義]でユーザー独自に設定ができる表示形式があります。これらの書式記号と使い方も紹介します。

## ◎書式と書式記号

表示形式は、1～4個の「書式」で構成され、間は「;」(セミコロン)で区切られ、それぞれ適用対象が異なります。書式が2つしかない場合は、「書式1」が「正の数とゼロ」、「書式2」が「負の数」に適用されます。
使用できる書式記号を表にまとめています。なお、書式記号はすべて半角で入力します。

書式1 ; 書式2 ; 書式3 ; 書式4

正の数の書式　　負の数の書式　　[0] の書式　　文字列の書式

| 分 類 | 表 示 |
|---|---|
| 標準 | セルの初期設定の表示形式です。セル内では数値を右揃えで、文字列を左揃えで表示されます。 |
| 数値 | 数値を表示します。小数点以下の表示桁数や負の数の表示方法などを指定できます。 |
| 通貨 | 金額を「,」で区切って表示します。「¥」の表示／非表示、負の数の表示方法などを指定できます。 |
| 会計 | 金額を表示します。「¥」の表示／非表示、値が「0」の場合は「－」と表示されます。「¥」はセルの左端に、数値は右揃えで表示されます。 |
| 日付 | 西暦や和暦で日付を表示します。日付と時刻をともに表示することもできます。右揃えで表示されます。 |
| 時刻 | 時刻をさまざまな形式で表示します。右揃えで表示されます。 |
| パーセンテージ | 数値に「%」を付けて百分率を表示します。小数点以下の桁数も指定できます。右揃えで表示されます。 |
| 分数 | 分数の形式で数値を表示します。小数部を分数で表示するときの分母を指定できます。帯分数の整数部と分数の間にはスペースが挿入され、右揃えで表示されます。 |
| 指数 | 指数の形式で数値を表示します。小数点以下の桁数を指定できます。右揃えで表示されます。 |

| 分 類 | 表 示 |
|---|---|
| 文字列 | データを文字列として表示します。数値も文字列として扱われるため、セル内に左揃えで表示されます。 |
| その他 | 郵便番号や電話番号として表示します。または、数値の正負記号「△」「▲」、漢数字などを自動的に表示します。 |
| ユーザー定義 | オリジナルの表示形式を作成できます。 |

## ◎書式記号一覧

### ■数値の書式を指定する書式記号

数値を表示する場合、小数やパーセント、分数などの書式記号を指定します。

| 書式記号 | 意 味 |
|---|---|
| . | 値を小数で表示します。「.」(ピリオド)の左側に整数部の書式を、右側に小数部の書式を指定します。 |
| % | 値を百分率で表示します。100倍した数値に「%」を付けて表示します。 |
| / | 値を分数で表示します。「/」の左側に分子の書式を、右側に分母の書式を指定します。分母や分子は、指定桁数が多いほど精度が上がります。 |
| E+、E−、e+、e− | 値を指数で表示します。「E+」または「e+」を指定すると、指数部が正の場合は「+」を、負の場合は「−」を表示します。「E−」または「e−」を指定すると、指数部が負の場合だけ「−」を表示します。「E+」「E−」「e+」「e−」の左側には仮数部の書式を指定し、右側には [0] または「#」で指数部の書式を指定します。 |
| , | 3桁ごとに桁区切りの「,」(カンマ)を表示します。また、位取りの書式記号 [0]「?」「#」の末尾に指定した場合は、数値を1,000で割ってから四捨五入して表示します。 |

### ■数値の位取りをする書式記号

セルに数値を表示するには、小数部と整数部を「.」(ピリオド)で区切り、その両側に位取りの書式記号を指定します。位取りの書式記号は、入力値の桁数が指定した桁数に満たない場合の表示方法によって使い分けます。

いずれの書式記号も、整数部の桁数が指定した桁数より多い場合は、そのまま値を表示します。また、小数部の桁数が指定した桁数より多い場合は、指定した桁数になるように四捨五入して表示します。

| 書式記号 | 意　味 |
|---|---|
| 0 | 数字を表示します。値の整数部または小数部の桁数が、指定した桁数に満たない場合は、その桁数になるまで「0」を表示します。 |
| ? | 数字を表示します。値の整数部または小数部の桁数が、指定した桁数に満たない場合は、その桁数分のスペースが空けられるので、小数点の位置を揃えることができます。 |
| # | 数字を表示します。値の整数部または小数部の桁数が、指定した桁数に満たない場合でも、「0」やスペースで桁数は補われません。 |

### ■文字を表示する書式記号

文字を表示する場合は、指定する書式記号を利用します。
なお、符号や演算子などに使用される記号（「−」「+」「=」「<」「>」「^」「&」「:」「(」「)」「'」「'」「~」「.」「{」「}」「$」「¥」）と半角スペースを表示する場合は、文字を表示する書式記号「!」や「"」で指定する必要はありません。

| 書式記号 | 意　味 |
|---|---|
| ! | 「!」の後ろに指定した半角の文字を1文字表示します。 |
| " | 「"」(ダブルクォーテーション)で囲んで指定した文字列を表示します。 |
| @ | セルに入力されている文字列を指定した位置に表示します。 |
| * | 「*」の後ろに指定した文字を、セル幅が満たされるまで繰り返し表示します。1つの書式に「*」を複数指定することはできません。 |
| _ | 「_(アンダーバー)」の後ろに指定した文字と同じ文字幅分のスペースを空けます。 |

### ■日付や時刻を表示する書式記号

日付や時刻の各要素を区切る「 / 」「−」「 : 」などの記号は、日付や時刻の書式記号と組み合わせて指定する場合、文字を表示する書式記号で指定する必要はありません。
ただし、「年」「月」「日」や「時」「分」「秒」などの日本語で各要素を区切る場合は、これらの文字を半角の「"」（ダブルクォーテーション）で囲んで指定します。

| 書式記号 | 意　味 |
|---|---|
| d | 日付の「日」を数字(1～31)で表示します。 |
| dd | 日付の「日」を2桁の数字(01～31)で表示します。 |
| ddd | 曜日を英語(Sun～Sat)で表示します。 |
| dddd | 曜日を英語(Sunday～Saturday)で表示します。 |
| aaa | 曜日を日本語(日～土)で表示します。 |

| 書式記号 | 意　味 |
|---|---|
| aaaa | 曜日を日本語(日曜日～土曜日)で表示します。 |
| m | 日付の「月」を数字(1 ～12)で表示します。 |
| mm | 日付の「月」を2桁の数字(01～12)で表示します。 |
| mmm | 日付の「月」を英語(Jan～Dec)で表示します。 |
| mmmm | 日付の「月」を英語(January～December)で表示します。 |
| mmmmm | 日付の「月」を英語の頭文字だけ(J～D)で表示します。 |
| yy | 日付の「年(西暦)」を2桁の数字(00～99)で表示します。 |
| yyyy | 日付の「年(西暦)」を4桁の数字(1900～9999)で表示します。 |
| g | 日付の年号をアルファベット(R、H、S、T、M)で表示します。 |
| gg | 日付の年号を日本語(令、平、昭、大、明)で表示します。 |
| ggg | 日付の年号を日本語(令和、平成、昭和、大正、明治)で表示します。 |
| e | 日付の「年(和暦)」を数字で表示します。 |
| ee | 日付の「年(和暦)」を2桁の数字で表示します。 |
| h | 時刻の「時」を数字(0～23)で表示します。 |
| hh | 時刻の「時」を2桁の数字(00～23)で表示します。 |
| m | 時刻の「分」を数字(0～59)で表示します。 |
| mm | 時刻の「分」を2 桁の数字(00～59)で表示します。 |
| s | 時刻の「秒」を数字(0～59)で表示します。 |
| ss | 時刻の「秒」を2桁の数字(00～59)で表示します。 |
| s.0 | 時刻の「秒」を1/10秒まで表示します。 |
| s.00 | 時刻の「秒」を1/100秒まで表示します。 |
| s.000 | 時刻の「秒」を1/1000秒まで表示します。 |
| ss.0 | 時刻の「秒」を2桁の数字で1/10秒まで表示します。 |

▼西暦や元号の表示例

| | A | B | C | D |
|---|---|---|---|---|
| 1 | 設定した書式 | 入力した文字 | 表示 | |
| 2 | yy (西暦の下2桁) | 2020/7/25 | 20 | |
| 3 | yyyy (西暦4桁) | 2020/7/25 | 2020 | |
| 4 | g (元号の頭文字) | 2020/7/25 | R | |
| 5 | ggg (元号の漢字) | 2020/7/25 | 令和 | |
| 6 | | | | |

付録-03

| 書式記号 | 意　味 |
|---|---|
| ss.00 | 時刻の「秒」を2桁の数字で1/100秒まで表示します。 |
| ss.000 | 時刻の「秒」を2桁の数字で1/1000秒まで表示します。 |
| AM/PM | 時刻を12時間表示に変換して、「AM」または「PM」を付けて表示します。この書式記号は、時刻の書式記号の後ろに指定します。 |
| am/pm | 時刻を12時間表示に変換して、「am」または「pm」を付けて表示します。この書式記号は、時刻の書式記号の後ろに指定します。 |
| A/P | 時刻を12時間表示に変換して、「A」または「P」を付けて表示します。この書式記号は、時刻の書式記号の後ろに指定します。 |
| a/p | 時刻を12時間表示に変換して、「a」または「p」を付けて表示します。この書式記号は、時刻の書式記号の後ろに指定します。 |
| [h] | 「時」の経過時間を数字で表示します。24時を超える時間を[26][48]のように表示できます。 |
| [hh] | 「時」の経過時間を2桁の数字で表示します。 |
| [m] | 「分」の経過時間を数字で表示します。60分を超える時間を[70][120]のように表示できます。 |
| [mm] | 「分」の経過時間を2桁の数字で表示します。 |
| [s] | 「秒」の経過時間を数字で表示します。60秒を超える時間を[70][120]のように表示できます。 |
| [ss] | 「秒」の経過時間を2桁の数字で表示します。 |

「m」「mm」は、日付の書式記号と組み合わせて指定すると「月」を表示し、時刻の書式記号と組み合わせて指定すると「時」を表示します。

経過時間を表示する書式記号は、時刻の書式の先頭以外には指定できません。たとえば、「hh:[mm]:ss」のように指定することはできません。

▼月や曜日の表示例

|  | A | B | C | D |
|---|---|---|---|---|
| 1 | 設定した書式 | 入力した文字 | 表示 |  |
| 2 | m（月） | 2021/10/19 | 10 |  |
| 3 | mmm（月の英字3文字） | 2021/10/19 | Oct |  |
| 4 | ddd（曜日の英字3文字） | 2021/10/19 | Tue |  |
| 5 | aaaa（曜日の漢字） | 2021/10/19 | 火曜日 |  |
| 6 |  |  |  |  |

付録-04

**301**

### ■色を指定する書式記号

表示色を指定することが可能です。「色の名前」で指定できるのは 8 色、「色番号」で指定できるのは 56 色あり、書式記号を書式の先頭に指定します。
セルの書式でフォントの色が設定されている場合でも、表示形式で指定されている色のほうが優先されます。

| 書式記号 | 意 味 |
|---|---|
| [色] | 色(黒、白、赤、緑、青、黄、紫、水色)は、[黒]のように「[ ]」で囲んで指定します。 |
| [色 n] | 上記8色以外の色を指定するには、色番号で指定します(下表参照)。たとえば色番号9の「濃い赤」を指定するには、[色9]のように指定します。 |

#### ▼色の表示例

| | A | B | C | D |
|---|---|---|---|---|
| 1 | 設定した書式 | 入力した文字 | 表示 | |
| 2 | [青] ggg mm.dd | 2021/10/19 | 令和 10.19 | |
| 3 | [赤] hh:mm | 15時23分 | 15:23 | |
| 4 | [色14] ##,### | 2345678 | 2,345,678 | |
| 5 | | | | |

 付録-05

#### ▼色番号

| | | | | | | | |
|---|---|---|---|---|---|---|---|
| 1 | 黒 | 15 | 25%灰色 | 29 | 紫 | 43 | ライム |
| 2 | 白 | 16 | 50%灰色 | 30 | 濃い赤 | 44 | ゴールド |
| 3 | 赤 | 17 | グレー | 31 | 青緑 | 45 | オレンジ |
| 4 | 明るい緑 | 18 | プラム | 32 | 青 | 46 | 濃いオレンジ |
| 5 | 青 | 19 | アイボリー | 33 | スカイブルー | 47 | ブルーグレー |
| 6 | 黄色 | 20 | 薄い水色 | 34 | 薄い水色 | 48 | 40%灰色 |
| 7 | ピンク | 21 | 濃い紫 | 35 | 薄い緑 | 49 | 濃い青緑 |
| 8 | 水色 | 22 | コーラル | 36 | 薄い黄色 | 50 | シーグリーン |
| 9 | 濃い赤 | 23 | オーシャンブルー | 37 | ペールブルー | 51 | 濃い緑 |
| 10 | 緑 | 24 | アイスブルー | 38 | ローズ | 52 | オリーブ |
| 11 | 濃い青 | 25 | 濃い青 | 39 | ラベンダー | 53 | 茶 |
| 12 | 濃い黄色 | 26 | ピンク | 40 | ベージュ | 54 | プラム |
| 13 | 紫 | 27 | 黄色 | 41 | 薄い青 | 55 | インディゴ |
| 14 | 青緑 | 28 | 水色 | 42 | アクア | 56 | 80%灰色 |

## 配列数式と配列定数

### ◎配列

「配列」は、「n × m の矩形のデータ」をひとかたまりで扱います。都合のよいことに、ワークシートのセルは配列の要素と見ることができるため、Excel の関数の中には「引数に配列を指定できる」という代わりに「引数にセル範囲を指定できる」と表現している場合があります。

### ◎配列数式と配列定数

配列には、「配列数式」と「配列定数」があります。「配列数式」は、引数に「配列として定義された複数の値」や「セル範囲」を参照する数式で、複数のデータからの計算結果を、一度に複数のセルに出力したり、まとめて 1 つのセルに出力したりすることができます。

関数を使った配列数式では、ワークシートのセルに値（定数）を入力せずに、引数に直接配列を入力することもできます。この配列は「配列定数」と呼ばれます。配列定数は、次のような特定の書式に従って入力します。

① 配列定数は、中カッコ「{ }」で囲みます。

② 異なる列の値はカンマ「 , 」で区切ります。

たとえば、値「10、20、30」を表すには、{10,20,30} と入力します。この配列定数は、1 × 3 配列と呼ばれ、1 列× 3 行のセル範囲を参照するのと同じ働きをします。

③ 異なる行の値はセミコロン「 ; 」で区切ります。

たとえば、ある行の値「10、20、30」とそのすぐ下の行の値「40、50、60」を表すには、2 × 3 配列の配列定数 {10,20,30;40,50,60} を入力します。

### ◎配列引数と配列範囲

引数に「配列として定義された複数の値」の組みを「配列引数」と呼びます。また、1 つの数式から複数のセルに計算結果を出力した場合は、複数のセルが 1 つの数式を共有することになります。この 1 つの数式を共有するセル範囲を「配列範囲」と呼びます。

## ◎配列数式の使い方

配列定数を利用すると、次のようなことができます。

### ■「セル範囲⇒セル範囲」の計算ができる

複数のデータから同時に複数のデータを得る計算ができるようになるので、Excel
でも次の計算が可能になります。

①行列の計算ができる

逆行列を求める（MINVERSE関数、P.36参照）

行列の積を求める（MMULT関数、P.37参照）

②行と列を交換できる（TRANSPOSE 関数、P.198 参照）

③度数分布が計算できる（FREQUENCY関数、P.59参照）

### ■「セル範囲ごと」の計算ができる

セル範囲に一度に同じ関数を入力することができるので、操作がかんたんになりま
す。セルを 1 つずつ変更することができないので、誤操作の防止にもなります。

## ◎適応例

最初は関数を使わずに、配列数式だけで合計を求める例です。第 2 行と第 3 行の
計算は、配列数式として 1 回で入力しています。

配列数式として入力する場合には、入力する複数のセルからなるセル範囲を選択し
てから関数を入力し、[Ctrl] + [Shift] + [Enter] を押して入力を確定します。

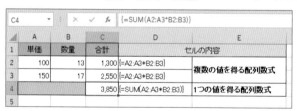

付録-06

次は、配列定数の例です。引数に配列を入力しておいて、配列を引数とする関数を
配列数式として入力すると、あたかも 1 行 4 列のセル範囲があったかのように、
配列の要素が返されます。

付録-07

3番目は、引数も戻り値も配列定数の関数の計算例です。2行2列のセル範囲を引数として、逆行列を求める MINVERSE 関数が、2行2列のセル範囲を返しています。

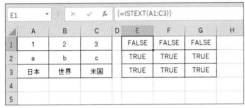

付録-08

最後も、引数も戻り値も配列定数の関数の計算例です。この関数は、引数も戻り値も配列定数である必要はないのですが、3行3列のセル範囲を引数として、3行3列のセル範囲を返しています。このように利用すると、1回ですべての操作が完了し、コピーする必要がありません。

付録-09

# 用語索引

# 目的別索引

# 関数索引

**■ お問い合わせの例**

**FAX**

1 お名前
技術 太郎

2 返信先の住所または FAX 番号
03-XXXX-XXXX

3 書名
今すぐ使えるかんたん mini PLUS
Excel 関数超事典
[2019/2016/2013/2010/365
対応版]

4 本書の該当ページ
39 ページ

5 ご使用の OS とソフトウェアのバージョン
Windows 10 Pro
Excel 2019

6 ご質問内容
数式がエラーになってしまう

**お問い合わせについて**

本書に関するご質問については、本書に記載されている内容に関するもののみとさせていただきます。本書の内容と関係のないご質問につきましては、一切お答えできませんので、あらかじめご了承ください。また、電話でのご質問は受け付けておりませんので、必ず FAX か書面にて下記までお送りください。
なお、ご質問の際には、必ず以下の項目を明記していただきますようお願いいたします。

1 お名前
2 返信先の住所または FAX 番号
3 書名
今すぐ使えるかんたん mini PLUS
Excel 関数超事典
[2019/2016/2013/2010/365 対応版]
4 本書の該当ページ
5 ご使用の OS とソフトウェアのバージョン
6 ご質問内容

なお、お送りいただいたご質問には、できる限り迅速にお答えできるよう努力いたしておりますが、場合によってはお答えするまでに時間がかかることがあります。また、回答の期日をご指定なさっても、ご希望にお応えできるとは限りません。あらかじめご了承くださいますよう、お願いいたします。ご質問の際に記載いただいた個人情報は、ご質問の返答以外の目的には使用いたしません。また、返答後はすみやかに破棄させていただきます。

**お問い合わせ先**

問い合わせ先
〒 162-0846
東京都新宿区市谷左内町 21-13
株式会社技術評論社　書籍編集部
「今すぐ使えるかんたん mini PLUS
Excel 関数超事典
[2019/2016/2013/2010/365対応版]」質問係

FAX 番号　03-3513-6167
URL：https://book.gihyo.jp/116

# 今すぐ使えるかんたん
## mini PLUS
### Excel 関数超事典

**[2019/2016/2013/2010/365 対応版]**

2020 年 6 月 5 日　初版　第 1 刷発行

著者● AYURA
発行者●片岡 巖
発行所●株式会社 技術評論社
東京都新宿区市谷左内町 21-13
電話　03-3513-6150　販売促進部
03-3513-6160　書籍編集部
担当●荻原 祐二
装丁●岡崎 善保（志岐デザイン事務所）
本文デザイン●リンクアップ
製本／印刷●図書印刷株式会社

**定価はカバーに表示してあります。**

ISBN 978-4-297-11337-7 C3055
Printed in Japan